高等院校计算机任务驱动教改教材

# 程序设计基础
# （Python语言）
# （微课视频版）

陈守森　刘衍琦　邵　燕　主　编
张言上　任爱华　副主编

清華大学出版社
北　京

## 内容简介

本书由实践经验丰富的企业工程师和教学能力突出的专业教师联合编写，全书共分为九章，从程序运行环境等基础知识开始讲起，包括运行一个程序、分析一个程序、设计一个程序、逻辑思维和控制结构、列表与数据类型拓展、函数、面向对象程序设计简介等内容，并在此基础上拓展到可视化程序设计思维等相关概念，最后一章介绍了常用程序设计的案例。读者能够通过本书的学习，进而向程序设计更高阶段过渡。相关算法采用 Python 语言加以实现。全书语言通俗易懂、知识紧凑，且内容深入浅出、逻辑性强。

本书既可以作为应用型本科和高职高专学生的教材，也可以作为自学程序设计人员的教材及参考资料。



**图书在版编目(CIP)数据**

程序设计基础：Python 语言：微课视频版/陈守森，刘衍琦，邵燕主编. —北京：清华大学出版社，2023.5

高等院校计算机任务驱动教改教材

ISBN 978-7-302-62888-0

Ⅰ. ①程…  Ⅱ. ①陈… ②刘… ③邵…  Ⅲ. ①软件工具－程序设计－高等学校－教材  Ⅳ. ①TP311.56

中国国家版本馆 CIP 数据核字(2023)第 037593 号

**责任编辑**：张龙卿
**封面设计**：曾雅菲　徐巧英
**责任校对**：袁　芳
**责任印制**：杨　艳

**出版发行**：清华大学出版社
　**网　　址**：http://www.tup.com.cn，http://www.wqbook.com
　**地　　址**：北京清华大学学研大厦 A 座　　**邮　　编**：100084
　**社 总 机**：010-83470000　　**邮　　购**：010-62786544
　**投稿与读者服务**：010-62776969，c-service@tup.tsinghua.edu.cn
　**质量反馈**：010-62772015，zhiliang@tup.tsinghua.edu.cn
　**课件下载**：http://www.tup.com.cn，010-83470410
**印 装 者**：三河市天利华印刷装订有限公司
**经　　销**：全国新华书店
**开　　本**：185mm×260mm　　**印　　张**：14.75　　**字　　数**：356 千字
**版　　次**：2023 年 5 月第 1 版　　**印　　次**：2023 年 5 月第 1 次印刷
**定　　价**：49.00 元

产品编号：098564-01

# 前　言

习近平总书记在党的“二十大”报告中指出：教育、科技、人才是全面建设社会主义现代化国家的基础性、战略性支撑。必须坚持科技是第一生产力、人才是第一资源、创新是第一动力，深入实施科教兴国战略、人才强国战略、创新驱动发展战略，这三大战略共同服务于创新型国家的建设。职业教育与经济社会发展紧密相连，对促进就业创业、助力经济社会发展、增进人民福祉具有重要意义。

当前人们的工作和生活可以说已处处离不开信息技术的应用，而软件技术则是信息技术的重要基础，熟悉和了解软件运行方式、基本原理是程序设计人员的必备能力。“万丈高楼平地起”，再优秀的软件，也是由一条条指令按照一定顺序和规则组成的，这种按照一定顺序和规则组成的指令集即形成了所谓的程序。程序对问题的描述和处理方式不同于人类社会中的自然语言，而程序设计的顺序和规则也不同于人们日常生活和工作中思考问题的方式。换句话讲，软件由若干程序组成，而程序是按照适应计算机的思维和逻辑加以设计，因此了解、熟悉、掌握程序设计思维，对于程序设计人员来说十分必要。

随着社会上对具备一定信息技术能力人员的需求量越来越大，以就业为导向的高等教育，越来越多的专业开始开设程序设计基础课程，以拓宽、加强学生的编程能力。近几年，国内不少城市在学生初、高中阶段就普及推广了 Python 语言，不少学生都有了一定的 Python 语言基础，但是初中和高中阶段教育毕竟以升学为导向，大部分学生对程序设计缺乏系统的了解，也缺乏“学以致用”的能力。本书以学生相对比较熟悉的 Python 语言为基础，对程序设计理论进行了系统描述。通过本课程的学习，大部分学生能够做到初步了解和熟悉软件设计的基本流程、思维、模式、架构、方法，实现信息技术与专业技能融合发展，以更好地适应社会岗位。

本书内容主要包括以下方面。

(1) 逻辑思维培养。利用逻辑思维并通过运用计算机相关技术来进行问题求解，通过软件设计控制机械、电子设备以帮助人们更好地完成工作。逻辑思维是程序设计和软件设计的基础，是进一步学习计算机知识的基础，学习程序设计首先要培养学生的逻辑思维。

(2) 程序设计基础知识。基于综合考虑，本教程采用 Python 语言来实现和描述每一个程序以及思维，Python 语言本身功能和特点远远超过本书范围，推荐部分学习能力较强的学生参考相关 Python 语言教材，而本书则是重点应用 Python 来实现。本书每章都有案例，最后实现了一个完整的小软件，让读者能够对软件设计有初步、完整的认识。

(3) 部分程序设计技巧。一个熟练的程序员，其效率是一个刚毕业大学生的几倍，甚至是数十倍。在程序设计过程中，有很多技巧能够提高程序设计效率，或者是程序本身运行效率。本书融合了行业工程师丰富的开发经验，能够帮助读者快速入门，并掌握程序设计的相关技巧。

本书部分章节配备了电子活页内容，随书提供完整教学大纲、授课 PPT、教案、程序代码、视频讲解，并提供在线解答等服务，真诚希望能够和广大同行、读者交流。

由于编者水平有限，不足之处在所难免，敬请广大读者批评、指正，编者将不胜感激。

编 者

2023 年 1 月

# 目　录

# 第1章　运行一个程序

第1章

**基础知识目标**

- 掌握计算机硬件、软件的基本概念。
- 掌握程序开发软硬件环境的概念及其在软件开发中的作用。
- 了解程序语言的发展历史，掌握Python语言的发展历史。
- 理解程序与指令定义，初步了解程序运行的过程。

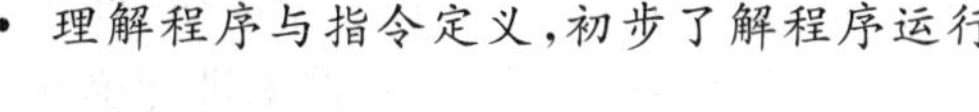

**实践技能目标**

- 熟练下载Python和PyCharm两个软件，并进行安装。
- 进行环境设置，配置相应参数。
- 能够熟练建立工程，并成功运行示例程序。
- 熟练填写任务工单。

**课程思政目标**

- 理解信息化进程中创新的作用，激发创新欲望。
- 了解创新和科研工作流程。
- 建立规范意识，养成遵守规章制度的习惯。

程序是一组计算机能够识别的指令，按照一定顺序和规则组合在一起，实现设计者设想的某个功能。例1-1用Python语言实现一段程序，该程序实现功能非常简单，即从键盘输入两个整数，然后输出这两个数之和。

**例1-1**　输入两个整数，求和并输出。

```
a = int(input("请输入整数 a = "))
b = int(input("请输入整数 b = "))
c = a + b
print("a + b =", c)
```

这是一个简单的求和程序源代码，但是对于初学者来讲，这些代码该放到哪里去执行才能够得到想要的结果？怎样才能让计算机去执行这些代码或者指令呢？或者说，要经过一个什么样的过程，才能得到我们想要的结果？这段程序运行时需要从键盘输入两个数，在什么时候以什么样的形式输入数据呢？输入的数据经过计算后，又将结果输出到哪里呢？

通常情况下，在设计环境中设计好程序，由设计环境（设计软件）来编译和运行。当安装好相应软件后，在程序运行过程中，会弹出一个运行窗口，要求输入两个数字，这时只需要输入两个数字,比如 123 和 456,就能得到相应的结果。当得到了想要的结果时,可以关闭程序运行窗口,结束程序。

程序运行界面如图 1-1 所示。

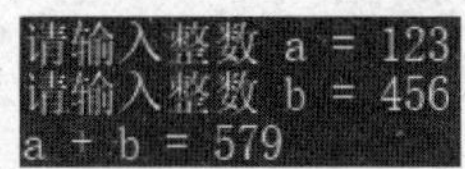


图 1-1　程序运行界面

下面简单介绍一下计算机软硬件基础知识,通过运行一个程序,读者可了解程序运行环境、开发环境,且通过安装 Python 语言开发环境实践训练,学会使用具体软件工具开发程序。

## 1.1　程序与计算机

计算机是能够存储和操作信息的智能电子设备,而计算机系统是指与计算机相关的硬件和软件。计算机与计算机系统(系统是由一些相互联系、相互制约的若干部分结合而成的,具有特定功能的一个有机整体)是有区别的,在日常工作、生活中,人们一般对计算机和计算机系统不加以区别,当需要进行区分时,往往通过计算机硬件和软件来进行单独区分。

如图 1-2 所示,计算机由运算器、控制器、存储器、输入设备和输出设备等五个逻辑部件组成。在一定程度上,具备这五个逻辑部件的电子仪器设备,都可以当作计算机来处理。

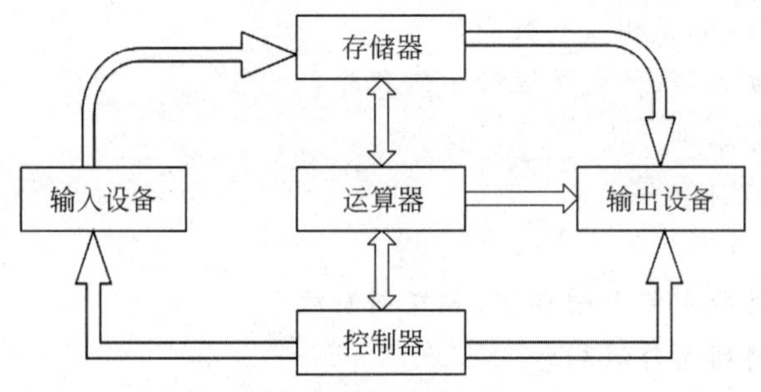


图 1-2　计算机逻辑结构图

需要特别指出,计算机硬件设备构成并不是严格与这些逻辑结构一一对应。一台计算机也不是必须包括所有硬件设备,但是一定要具备上述五种逻辑结构。如图 1-3 所示,一台计算机硬件设备主要包括主机箱、主板、CPU、显卡、声卡、硬盘、网卡、内存、显示器、键盘、鼠标等设备。

### 1. 程序与内存

存储器是计算机组成的重要部分,其主要功能就是存储程序和数据,正是因为有了存储器,计算机才能具备"记忆"功能,是计算机智能化的基础条件之一。如图 1-3 所示,计算机主要的存储器是硬盘和内存。因此,在例 1-1 中,程序(即机器指令)通过键盘输入,键盘和鼠标即计算机系统的输入设备,输入完成的程序被存储在计算机硬盘中。由于硬盘中数据即使在掉电情况下也可以保存,因此存储在硬盘中的程序代码不会丢失,方便设计人员再次打开文件继续编辑,也可以通过 U 盘等外部存储设备复制到其他的计算机上进行编辑。

编辑好的程序代码被存储在硬盘上,此时该程序代码无法直接运行,当设计人员通过编

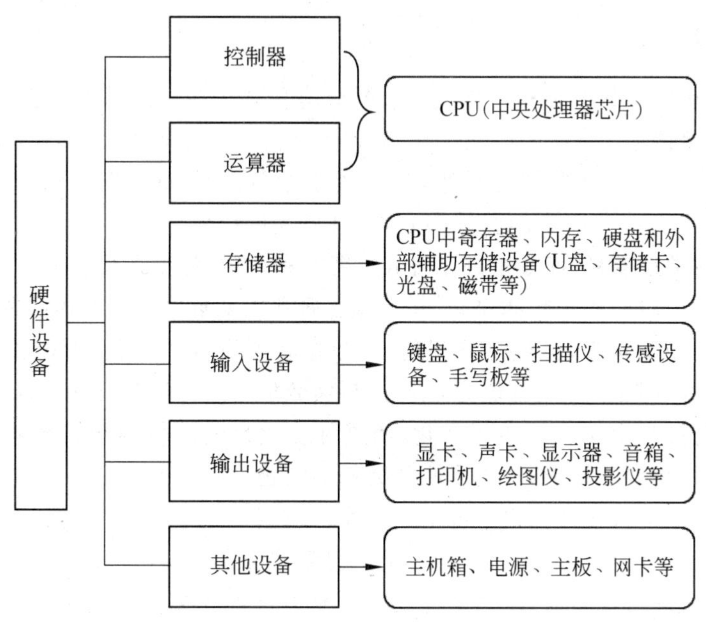


图 1-3　计算机硬件与逻辑结构

译系统下达编译指令时，代码从计算机硬盘中调入内存中进行错误检查，一旦发现没有问题，程序通过了编译，则生成一个可执行文件，并保存在硬盘上。如图 1-4 所示，程序在存储与运行过程中将内存作为程序运行的载体，当启动程序时需要将程序从硬盘加载到内存，并由内存为程序运行提供基础环境。执行完毕的程序，如果存在结果，则可将结果通过显示器或打印机等输出设备输出。

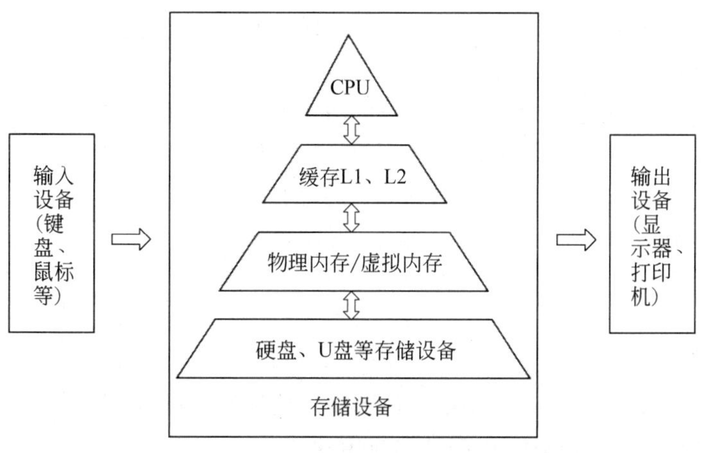


图 1-4　程序存储与运行

在例 1-1 中已经指出，程序是一组计算机能够识别的指令，这些指令按照一定顺序组合，以文件形式保存而成为程序，在内存中运行。通过运行该程序，计算机可以依据这些指令，有条不紊地工作。为了使计算机系统能实现各种功能，需要不同的成千上万的程序，这些程序可以“同时”运行，也可以按照程序设计人员的意志，依次执行。

**2. 程序与软件**

一般来讲,程序=数据结构+算法。数据结构和算法在后续课程中会进一步描述和讲解,这里只作简单概述。

数据结构是程序中对数据的描述,是对指定数据类型和数据的组织形式。例如,在例 1-1 中的 a、b、c 都是程序中的变量,int()则是将变量转为整数类型的内置函数,这也表明变量 a、b 是整数类型变量,而 c 正是 a 与 b 二者之和,也是整型变量。

算法是程序中对操作步骤的定义,一个算法通常用来解决某个具体问题,程序中数据在算法开始有一个初始状态,经过一系列运算,数据状态发生了变化,形成了一个最终状态。例如,例 1-1 中的 c 变量,开始其值为 0,经过自然数加法这种运算方法,最终得到了一个和,在这个程序运行过程中,c 值发生了变化,而这种变化是通过数据状态转移实现,通过这种变化,我们得到了想要的结果,解决了两个数相加问题。

软件不仅包括运行在计算机系统上的程序,还包括相关文档和数据。程序往往是实现一个单一功能的文件,而软件则一般是若干个程序结合在一起,这些程序彼此之间有一定的逻辑关系,形成一个有机整体,统一来完成一项业务。软件文档则包括开发文档、说明性文档和用户手册等,这些文档是对程序的有力支持,是软件不可分割的一部分。数据是软件运行的基础,软件运行离不开数据,在软件设计、运行维护阶段都要充分考虑数据,数据既是程序设计的基础,也是软件的核心。

程序设计过程和软件设计过程也不同,狭义的程序设计过程,指的是解决问题的过程,而软件设计过程则更复杂一些。关于软件开发的方法论有很多,但是大多数是从“瀑布模型”演化而来的,1970 年温斯顿·罗伊斯(Winston Royce)提出了著名的“瀑布模型”,如图 1-5 所示,即把软件开发过程分为制订计划、需求分析、软件设计、程序编写、软件测试和运行维护六个基本活动过程,并且规定了它们自上而下、相互衔接的固定次序,如同瀑布流水,逐级下落。同时,在软件设计过程中也会按阶段产生程序设计之外的工作内容,如图 1-6 所示,初始阶段与设计阶段均存在部分文档及规范文件等相关的工作。因此,程序设计工作只是软件设计工作中的一部分,程序设计不等同于软件设计。

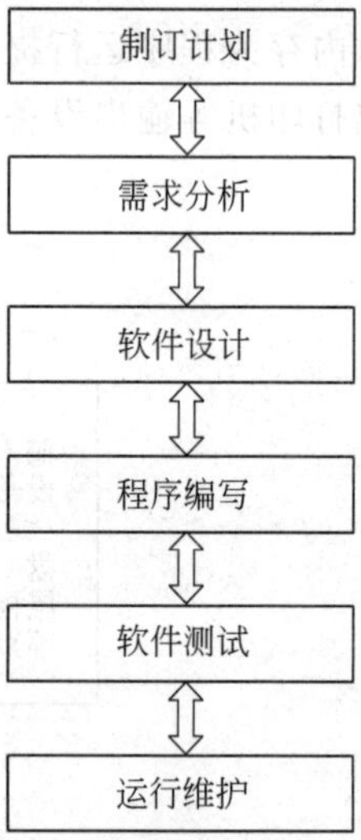

图1-5 软件开发瀑布模型

**3. 软件分类**

通常情况下,我们把软件分为系统软件和应用软件两大类,也有的把软件分为系统软件、数据库、中间件和应用软件。

(1) 系统软件。系统软件通常是指操作系统,是管理和控制计算机硬件与软件资源的计算机程序,其他软件必须运行在操作系统软件平台上。操作系统使得普通计算机用户不需要直接操作硬件,就能够顺利地对硬件进行管理,并且安装和使用必要的应用软件,操作系统软件按应用领域划分主要有三种,即桌面操作系统、服务器操作系统和嵌入式操作系统。

桌面操作系统主要用于个人计算机上。个人计算机市场从硬件架构上来说主要分为两

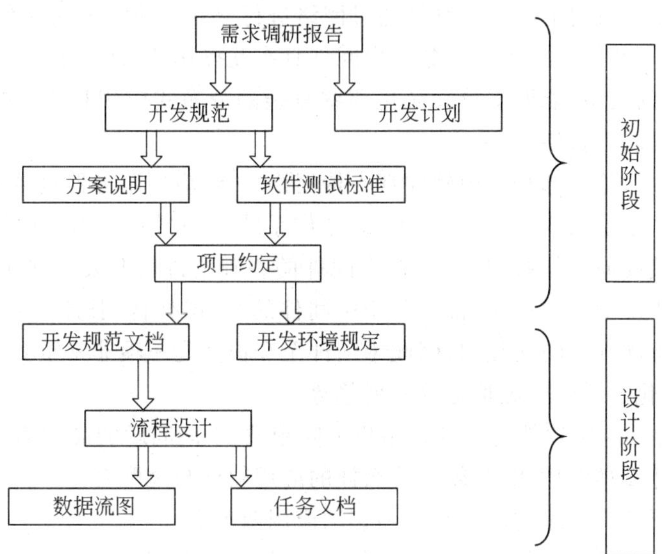


图 1-6　软件设计过程中的部分文档及规范文件

大阵营，即 PC 与 Mac；从软件上可主要分为两大类，分别为类 UNIX 操作系统和 Windows 操作系统。UNIX 和类 UNIX 操作系统包括 Mac OS X、Linux 发行版（如 Debian、Ubuntu、Linux Mint、openSUSE、Fedora 等）；Windows 操作系统主要是由微软公司开发设计，主要包括 Windows 98、Windows 2000、Windows 7、Windows 8、Windows 10 等。

服务器操作系统一般指的是安装在大型计算机上的操作系统，比如 Web 服务器、应用服务器和数据库服务器等。服务器操作系统主要分为三大类，包括 UNIX 系列的 SUN Solaris、IBM-AIX、HP-UX、FreeBSD、OS X Server 等，Linux 系列的 Red Hat Linux、CentOS、Debian、Ubuntu Server 等，Windows 系列的 Windows NT Server、Windows Server 2008、Windows Server 2012、Windows Server 2019 等。

嵌入式操作系统是应用在嵌入式系统的操作系统。嵌入式系统广泛应用在生活的各个方面，涵盖范围从便携设备到大型固定设施，如数码相机、手机、平板电脑、家用电器、医疗设备、交通灯、航空电子设备和工厂控制设备等，越来越多嵌入式系统安装有实时操作系统。在嵌入式领域常用的操作系统有嵌入式 Linux、Windows Embedded、VxWorks 等，以及广泛使用在智能手机或平板电脑等消费电子产品的操作系统，如 Android、iOS、Symbian、Windows Phone 和 BlackBerry OS 等。

（2）数据库。数据库软件包括数据库本身和数据库管理系统，数据库本身指的是以一定方式储存在一起，能为多个用户共享，具有尽可能小的冗余度，且与应用程序彼此独立的数据集合。而数据库管理系统可帮助用户快速便捷地操作数据集合，用以建立、使用和维护数据库，并且保障数据库的安全性和完整性。常见的数据库管理系统软件有 Sybase、DB2、Oracle、MySQL、Access、Visual FoxPro、SQL Server 等，其中以 Oracle 数据库最为出名。数据是任何软件的基础，数据库相关技术和数据管理软件的发展，也对软件技术乃至信息技术的发展有巨大的推动作用。

（3）中间件。中间件是一类连接软件组件和应用的计算机软件，它包括一组服务，以便于运行在一台或多台机器上的多个软件通过网络进行交互。通常中间件介于操作系统和应用软件之间,为应用软件运行提供服务。中间件具有互操作性,推动了一致分布式体系架构演进,采用中间件的架构,能够支持并简化那些复杂的分布式应用程序,包括 Web 服务器、事务监控器和消息队列软件等。

在 2000 年以后,绝大部分应用软件都支持网络功能,应用服务器也越来越多,为了便于应用开发,出现了"三层架构"的开发技术,即操作系统、中间件、应用软件三层开发架构,应用软件开发不直接面向操作系统,而是在中间件的基础上进行开发。在 1.2 节中将着重介绍的.NET 技术和 Java 开发技术,都是基于中间件的"三层架构"技术。由于中间件技术能够消除用户和系统软件之间的隔阂,因此中间件至今仍然是一项非常重要的技术,并且正呈现出业务化、服务化、一体化、虚拟化等发展趋势。

(4) 应用软件。应用软件是为满足用户不同领域、不同问题的应用需求而提供的软件。计算机能够实现什么样的功能,必须有什么样的应用软件与之配套。

应用软件主要分为传统的应用软件和移动应用两大类。

传统的应用软件最常见的有办公自动化软件、影音图像处理软件、安全辅助软件、游戏娱乐软件和支持程序设计的软件等,这些软件可以安装在操作系统上,供不同领域用户使用。可以通过软件著作权来保护软件开发者的权益,软件经过登记后,软件著作权人享有发表权、开发者身份权、使用权、使用许可权和获得报酬权,而未经过软件著作权人许可将软件进行复制、分发或通过其他方式获取利益的,就可被认定为侵权行为。但是也有一些软件,其源代码是开放的,全球各地的技术人员都可以对这些软件进行改进和编写,并为这些软件的发展、推广做贡献,例如,Linux 操作系统就是一个开源的操作系统。

另一大类常见的应用软件是移动应用,通常是指在手机和平板电脑上的应用软件,通过这类软件来满足手机和平板电脑用户的需求。随着移动设备的流行,在移动设备上的应用也越来越多,社会上针对这些应用进行开发的企业也越来越多。

## 1.2 程序与环境

在初步了解计算机软硬件之后,接下来继续学习支持程序运行的软件环境。程序能够在计算机上运行,需要安装一些特定的软件。同样道理,如果要用某种计算机语言进行程序开发,也需要安装开发环境,以支持这种语言开发程序。

### 1. 运行环境

运行环境是一个软件运行所要求的各种条件,包括软件环境和硬件环境。软件环境即操作系统平台和运行环境平台,例如,Java 软件需要 JVM(Java virtual machine)支持,以及相应版本的操作系统支持;而一些常见的软件,如一些驱动程序,往往需要运行在 Windows 32、Windows 64、Linux 或 Mac 等不同的操作系统版本下,就是因为这些软件是在不同硬件环境下运行的。

### 2. 开发环境

开发环境也包括硬件开发环境和软件开发环境，硬件开发环境即计算机硬件系统需要支持开发所需要的工具软件；软件开发环境是指为支持开发和设计软件而使用的一组软件，软件设计需要有适合的程序语言，程序语言也需要有相应的开发环境。有的程序语言开发环境比较简单，如汇编语言、C 语言等，在一个简单的编辑软件中就可以进行设计和运行；也有的语言开发环境比较复杂，例如 Java 语言、Python 语言和一些其他面向对象程序设计语言，需要功能较为丰富的集成开发环境来支持开发。这些集成开发工具，不仅支持程序语言的设计和开发，同时也能为软件开发提供项目计划、管理、测试等服务。

Python 是当前最为流行的开发语言之一，具有语法灵活、模块众多和跨平台等优点。为提高编程效率，一般需搭建集成开发环境(integrated development environment，IDE)，常用开发环境如下。

(1) IDLE。Python 内置集成开发工具。

(2) Eclipse+PyDev。通过安装 Eclipse 集成开发环境的 PyDev 插件，Eclipse 从而可支持 Python 调试、代码补全和交互式 Python 控制台等，以方便调试开发。

(3) Visual Studio+Python Tools for Visual Studio。通过安装 Visual Studio 集成开发环境的 Python Tools for Visual Studio 工具，Visual Studio 可支持 Python 编程，并方便调试开发。

(4) PyCharm。专门面向 Python 的全功能集成开发环境，提供付费版和免费开源版，用户可以在 PyCharm 中直接运行和调试 Python 程序，支持跨平台部署、源码管理和项目工程，是当前最为流行的 Python 集成开发环境之一。

在程序开发过程中，一个好的开发环境非常重要，能够加快软件设计开发进程，减轻大量的协调、文档工作，提高效率。因此，本书选择 PyCharm 作为 Python 程序开发环境。

而硬件运行环境是指能够支持软件运行的硬件系统，随着计算机软件技术的发展，软件对硬件的要求也越来越高。例如，2GB 内存可以支持 Windows XP 运行，但是对于 Windows 7 或 Windows 10 就显得捉襟见肘了。使用 Java 来开发程序，和使用 Python 语言来开发程序，所需要硬件运行环境也不完全相同。

Python 语言运行环境与开发环境电子活页

任务工单 1-1：学习 Python 语言运行环境和开发环境电子活页，完成 Python 开发环境配置，见表 1-1。

**表 1-1　任务工单 1-1**

| 任务编号 | | 主要完成人 | |
|---|---|---|---|
| 任务名称 | 下载并安装 Python 和 PyCharm，完成 Python 开发环境配置 | | |
| 开始时间 | | 完成时间 | |
| 任务要求 | 1. 下载并安装 Python，注意版本和与操作系统对应。<br>2. 下载并安装 PyCharm，注意是不是免费版本。<br>3. 测试开发环境是否正确。<br>4. 进一步思考软件版权问题 | | |

续表

| | | | |
|---|---|---|---|
| 任务完成情况 | | | |
| 任务评价 | | 评价人 | |

# 1.3 语言与程序

## 1.3.1 程序语言

### 1. 程序语言与自然语言

语言是人类用来沟通交流的工具之一,同时利用这种工具还可以描述、保存人类文明的成果。

计算机作为当前人类社会的一种重要辅助工具,其设计目的是提高人们的工作效率。在1.1节中介绍了计算机及软件系统,知道软件是一些指令的集合,利用这些指令可指挥硬件协同工作。计算机硬件要能够"理解"软件指令,必须要用某种计算机硬件能够理解的方式,才能得出人们想要的结果。也就是说,程序语言是用来书写计算机软件的语言,通过程序语言可以实现人和计算机沟通交流,人可以指挥计算机来完成相应的工作,计算机也可以按照人的意志自动进行工作。

为什么不采用人类自然语言来直接设计软件呢?一方面,自然语言种类繁多、千差万别,不利于计算机来识别。据统计,地球上有五千多种自然语言,显然让计算机识别每一种自然语言在当前阶段是不现实的。另一方面,自然语言在很多时候存在二义性和模糊性问题,一些词语无法作为计算机执行的指令,如汉语中一些"可能""也许"之类的词语,计算机系统显然无法执行。因此,必须单独设计出一套通用指令系统,用以设计计算机软件,指挥计算机硬件系统工作。

(1) 机器语言。最早的程序语言,也称为第一代程序语言,即机器语言。机器语言是用二进制代码表示的指令集合,与每台计算机的CPU等硬件有直接关系,难以理解、难以记忆也难以掌握。普通人难以直接掌握机器语言,因此在机器语言基础上,发展到目前人们容易掌握和使用的程序设计语言,但是,所有程序设计语言最后还需编译成机器语言,驱动计算机执行相应的任务。

(2) 汇编语言。随后出现的第二代程序设计语言,将机器指令符号化,代码更容易被记忆,并且指令能够直接与符号相对应,这就是汇编语言。尽管通过汇编语言采用符号来帮助人们记忆枯燥的指令，但是仍然难以记忆、难学难用，然而由于汇编语言可以面向计算机硬件系统直接编程，并且效率较高，因此只有在一些特殊的场合，才利用汇编语言进行程序设计。

(3) 高级语言。在汇编语言和机器语言基础上，又发展出了第三代程序语言，也就是通常所说的高级程序设计语言。第三代程序语言在形式上接近于算术语言和自然语言，在概念上接近于人们通常使用的概念，因此，高级语言易学易用、便于记忆、通用性强、应用广泛。高级语言的一个命令可以代替几条、几十条甚至几百条汇编语言的指令，书写起来比较精简，大大提高了程序设计的效率。常用的高级程序语言包括以下几种。

C 语言，是一种既具有高级语言的特点，又具有汇编语言特点的程序语言，有时候人们把 C 语言称为中级程序语言。C 语言至今仍是一种非常流行的程序设计语言，也是进一步学习 Java、.NET 等编程语言的基础，不少学校把 C 语言作为入门教学语言。

BASIC 语言是一种结构简单但是功能强大的程序语言，其简单易学而且执行方式灵活，尤其早期微软公司大多数软件都是用 BASIC 语言设计，更是推动了 BASIC 语言的发展。随着程序设计技术的发展，在 BASIC 语言基础上发展出了 VB、VB.NET 等程序设计语言，并且很多语言也借鉴了 BASIC 语言的语法结构。

APT 语言是第一个专用语言，主要用于数控机床程序设计。

FORTRAN 语言，是第一个广泛使用的高级语言，其语法特点非常适合科学计算使用，为广大科研人员使用，在计算机语言发展初期，使用率非常高，随着计算机普及社会各个行业，FORTRAN 语言逐步被淘汰。

COBOL 语言是一种面向商业的通用语言，是 20 世纪在商业程序设计中使用最广泛的语言，现在很多流行的程序语言，都是以它为原型演化出来的，COBOL 语言是一种适用于数据处理的高级程序设计语言。

PASCAL 语言是一种重要的结构化程序设计语言，非常适合教学，曾被广大高校采用作为教学语言。

Perl 语言是广泛应用于 UNIX/Linux 系统管理的脚本语言，至今仍被广泛使用。

C++ 语言是在 C 语言基础上发展出来的，是一种面向对象程序设计语言，便于构建大型软件，并且具有较高的效率，有利于项目管理和开发。

Java 语言是 SUN 公司在 C 语言语法基础上开发并发展起来的，Java 语言不仅仅是一种程序语言，同时还包括了一系列软件开发技术和软件设计思想。Java 语言是一种跨操作系统程序语言，具有高通用性、高安全性和易开发等特性，是目前最流行的程序语言之一。

Python 语言是一种解释型、面向对象的计算机程序设计语言，已经成为当前最流行的全场景编程语言之一，由于其简洁性、易读性以及可扩展性等特点，广泛应用于科学计算、Web 开发、大数据开发、人工智能开发和嵌入式开发等领域，越来越多的院校采用 Python 语言作为程序设计教学语言，本书也以 Python 语言进行演示。

**2. 二进制**

尽管程序语言有很多种，但是计算机只能识别机器语言，即二进制指令，计算机系统核心——CPU 能处理的运算，也只有二进制运算。德国数学家莱布尼兹于 18 世纪提出了二进制计算方法，即只用 0 和 1 两个数字来进行数学计算，由于没有数字 2，在二进制中通过“满 2 进 1”的方法来实现加法，例如：

0+0=0

0+1=1

1+1=10

二进制与十进制之间可以互相转换,0~15的十进制与二进制转换关系见表1-2。

**表1-2 0~15的十进制与二进制转换**

| 十进制 | 二进制 | 十进制 | 二进制 | 十进制 | 二进制 | 十进制 | 二进制 |
|---|---|---|---|---|---|---|---|
| 0 | 0 | 4 | 100 | 8 | 1000 | 12 | 1100 |
| 1 | 1 | 5 | 101 | 9 | 1001 | 13 | 1101 |
| 2 | 10 | 6 | 110 | 10 | 1010 | 14 | 1110 |
| 3 | 11 | 7 | 111 | 11 | 1011 | 15 | 1111 |

对于普通十进制数字,可以通过"除以2求余,逆序排列"的方法来进行转换,二进制转换为十进制,采用按权求和的方法来转换。

**例1-2** 将十进制89转换为二进制表示;将1100100转换为十进制表示。

89÷2=44余1　44÷2=22余0　22÷2=11余0　11÷2=5余1

5÷2=2余1　2÷2=1余0　1÷2=0余1

从最后一个1开始,将余数按逆序排列,即89的二进制表示形式为1011001。

二进制1100100转换成十进制,则采用按权求和的方法,即从最后一位(按2的0次幂计算)开始,依次乘以2的相应次幂,然后求和。

$$
\begin{aligned}
1100100 &= 1\times2^6+1\times2^5+0\times2^4+0\times2^3+1\times2^2+0\times2^1+0\times2^0\\
&=64+32+0+0+4+0+0\\
&=100
\end{aligned}
$$

通过转换,十进制数字可以转换成二进制数字,在计算机中进行运算。除了二进制以外,在计算机领域还经常采取八进制和十六进制来表示数字,这里就不一一介绍了,感兴趣的可以查阅相关资料。

那么计算机又是怎样处理程序语言中的非数字字符的呢?美国国家标准学会(American National Standards Institute)制定了一套二进制与字符之间转换的标准,这套标准被广泛采用,即ASCII码。例如,用二进制0100 0001来表示大写字母A,用二进制0010 0101表示字符"%",通过这种方式,可以将一些常见的字符、字母表示出来。

显然,计算机中所有数据都要转换成为0或1进行处理,因此在存储器中存储的数据最小单元即一位0或一位1,记作1比特(bit),也称为1位。

计算机系统中,存储计量一般以字节(byte)为单位,1字节包含8bit,也就是8位为1字节。例如,0000 0000或1111 1111为1字节,简写为B,常用的存储计量单位依次为:

1KB(kilobyte,千字节)=1024B

1MB(mebibyte,兆字节,简称"兆")=1024KB

1GB(gigabyte,吉字节,又称"千兆")=1024MB

1TB(terabyte,万亿字节,太字节)=1024GB

1PB(petabyte,千万亿字节,拍字节)=1024TB

## 1.3.2 当前通用程序语言

目前，大部分应用软件需要应用到大数据技术和人工智能技术，这两项技术最常用到的编程语言就是 Python 语言。除此之外，当前应用最广泛的程序设计语言是.NET 体系下的系列编程语言和 Java 语言。

### 1. Python 语言

Python 语言诞生于 1990 年，是由著名计算机科学家吉多·范罗苏姆(Guido van Rossum)设计并领导开发。Python 语言发展至今主要包含了两大版本系列，即 Python 2.X 和 Python 3.X，二者之间具有较多的相似性，但也存在一定差异。

(1) Python 2.X。2000 年 10 月，Python 2.X 系列发布，目前最新的为 Python 2.7 版本，并且不再进行重大更新，主要适用于历史遗留 Python 代码。

(2) Python 3.X。2008 年 12 月，开始了 Python 3.X 系列版本的发布，在语法和解释器内部都进行了较多改进，是当前主要流行版本，本书采用 Python 3 语法进行编程演示。

Python 作为一种解释型、面向对象的计算机程序设计语言，广泛应用于科学计算、Web 开发、大数据开发、人工智能开发和嵌入式开发等领域，已成为当前最受欢迎的程序设计语言之一，特别适合快速高效的应用程序开发。此外，Python 语言除了可以解释执行之外，还支持将其源代码通过伪编译方式得到字节码以提高程序运行速度，同时在一定程度上对源代码进行加密，起到源码保护作用。

Python 语言是免费、开源的，具有以下特点。

(1) 简洁且易学。Python 语言是一种解释型编程语言，遵循简单、明确、高效的设计原则，程序语法清晰易读，是程序设计初学者入门首选。

(2) 免费且开源。Python 语言是当前主流开源程序设计语言之一，允许自由下载、阅读和修改，也允许将其包含于其他符合开源协议的软件进行发布。

(3) 高级且易开发。Python 语言是一门高级程序设计语言，用户无须考虑底层实现细节，并且内置包含列表、元组和字典在内的高级数据结构，方便进行程序开发。

(4) 面向对象且易移植。Python 语言支持面向过程和面向对象程序开发，具备类的继承、重载和多态等功能特点，具有较强的可复用性。Python 语言也支持跨平台开发，用其开发的程序在主流的 Windows、Linux 和 Mac 等环境下均可部署和运行，并方便在不同平台上的移植。

(5) 功能丰富且易拓展。Python 语言提供了功能丰富的标准库，也支持通过 pip 等命令支持安装第三方自定义库，方便不同领域应用需求。Python 语言也提供了丰富的 API 和工具，方便进行拓展和集成，便于不同领域程序员协同开发。

(6) 可嵌入其他语言。Python 语言具有可嵌入性，例如将其嵌入 C/C++ 程序中，提高其他程序语言开发的脚本化编程能力。

一旦能够熟练掌握 Python 语言，对于学习程序设计以及其他程序设计语言，并更进一步学习大数据和人工智能算法等课程，都有非常大的帮助。

**2. .NET 体系简介**

.NET 不是一种语言,而是微软公司推出的一个面向 Web 软件设计平台,如图 1-7 所示,在这个平台上可以采用 C#、VB 以及 ASP 等语言。前面已经指出,软件设计和程序设计不同,.NET 体系架构是为了开发和设计软件目的而提出的,甚至可以为一个企业或社会组织提供完整的信息化解决方案。

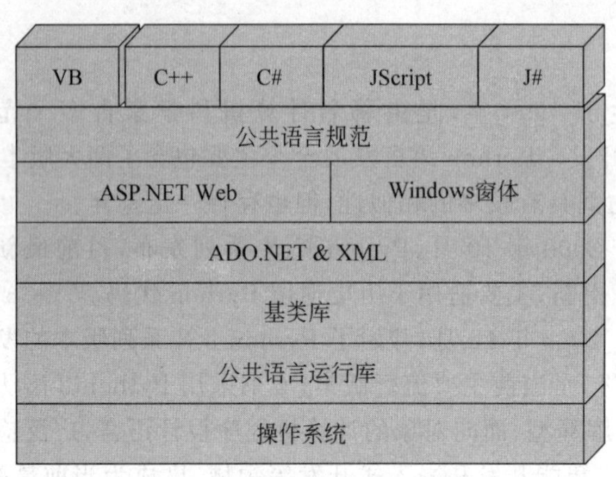


图 1-7 .NET 体系

与其他语言和技术相比,.NET 体系具有功能强大且容易上手的特点,由于微软公司可以提供.NET 体系所需要的操作系统和中间件等所有其他配套软件,因此安装配置相对容易。并且微软公司的软件和技术已经在程序员中形成了统一的应用习惯,所以整个体系和语言容易为人接受。但同时由于一方面过度依赖于微软产品,另一方面相关配套软件需要另行购买,这些因素也成为该项技术发展的桎梏。

**3. Java 语言及相关技术简介**

Java 语言是 SUN 公司于 1995 年推出的程序设计语言,与微软公司 C++ 以及.NET 体系中的 C# 一样,Java 语言也是一种基于 C 语言语法结构的面向对象程序语言,但是 Java 又抛弃了 C 语言中的指针部分,因此它更容易理解。与其他语言相比,Java 语言具有以下特性。

(1) 兼容性。Java 可以运行在几乎所有的操作系统平台之上,这是因为 Java 程序运行是基于 JRE(Java runtime environment)的,并在其上运行、测试应用程序,这样 Java 程序运行不用考虑操作系统平台,从而实现了跨平台兼容。JRE 包括 Java 虚拟机(JVM)、Java 核心类库和支持文件,不同类型操作系统需要不同的 JRE 平台,这样程序设计人员只需要面向 JRE 设计开发程序即可,而不需要考虑跨平台问题。

(2) 安全性。Java 语言常用于网络程序设计,因此必须考虑安全性。Java 语言严格遵守面向对象设计规范,对编译出来的类提供较好的封装,语法上执行严格边界检查和类型转换等安全机制,再加上使用 Java 语言设计的程序大部分是在应用层,很少涉及网络底层,因此具有较高安全性。

(3) 功能强大。Java 本身包括了一系列复杂技术,分为三个体系,提供了十几种技术,支持从个人到企业、从分布式服务器到手持移动设备的各种情况下软件设计,并且提供了良好的架构体系和软件开发规范支持。无论是大型分布式应用计算，还是基于 Android 的应用开发，都可以用 Java 实现。由于 Java 功能十分强大，开发工具多且体系架构又较为复杂，因此对于初学者来讲，上手比较困难，然而一旦掌握了这种工具，就能够适应大多数软件开发设计工作。

除此之外，Java 语言还具有高性能、可移植、健壮性、分布式等特征，这里就不一一介绍了。

# 1.4　指令与程序

## 1.4.1　理解指令

计算机程序是由一条条指令构成的，指令是计算机语言的基础，是指挥计算机进行工作的命令，就像单词和词组在自然语言中的作用一样，通过指令组合构成程序。

为什么计算机能够识别指令，并执行由指令构成的程序呢？

这是因为有内置函数和关键字的存在，计算机系统可以识别计算机语言中内置函数和关键字以及预先定义好的运算符，内置函数和关键字是程序开发编译环境可以识别的字符。在指令中出现的其他词语和字符则通过内置函数和关键字来说明和解析，从而计算机系统能够理解程序中所有指令，并执行这些指令，实现设计者的意图。

下面仍然以开篇案例对内置函数和关键字以及指令来进行简单说明，为了方便起见，把程序每行前面加上一个编号，这个编号在设计程序中是不需要的，如果输入这个编号，程序是不能正确运行的，只是为了阐述方便，使用者在运行测试程序时应去除这些编号。

**例 1-3**　输入两个数，求和并输出结果。

```
1   a = int(input("请输入整数 a = "))
2   b = int(input("请输入整数 b = "))
3   c = a + b
4   print("a + b =", c)
```

在例 1-3 中，只有三个内置函数，分别是 int()、input()、print()，计算机系统可以通过这三个内置函数和相应运算符来理解整个程序。

第 1 行中出现的内置函数 input()，表明此处将接受用户输入数据，此时默认为字符串类型。在后面章节中将详细介绍数据类型和函数的含义。另外，在第 1 行中出现的内置函数 int()，表明此处将接收到的用户输入数据转换为整数类型，并将该整数赋值给变量 a。在后面章节中将详细介绍变量含义。

第 2 行的语法与第 1 行类似，此处是将另外一个整数赋值给变量 b。

第 3 行执行了常见的加法运算，并将结果赋予了变量 c。

第 4 行中出现的内置函数 print()，表明此处将打印(输出)对应的信息。

可以发现，在整个程序中，除了有像 int()、input()、print()这样的内置函数以及定义的变量外，还有“()”“""”“,”等标点符号和“=”“+”等运算符，这些和字符一起构成了一行行指令。在 Python 语言中,每行指令均具有较为清晰的含义,可读性较高,语法也比较简洁。

**注意**: 有的程序设计语言不区分大小写,而 Python 语言是区分大小写的。例如内置函数 int()如果写成 Int()或者 INT(),则程序就出错啦!

### 1.4.2 指令举例

**例 1-4** 直接输出一行文字。

```
print("欢迎使用程序设计基础教程!")
```

这是一个最简单的程序举例,实现简单的输出功能。在前面已经分析了,通过调用内置函数 print()并传入预设字符串进行输出,它的功能是把要输出的内容送到显示器去显示。print()函数是一个由 Python 语言定义的标准函数,可在程序中直接调用。

**例 1-5** 输入一个数,给出其对应的正弦函数值。

```
1  import math
2  x = float(input("请输入一个数 x = "))
3  s = math.sin(x)
4  print("sine of ", x, "is ", s)
```

与例 1-3 相比,在一开始多了一行 import,第 1 行 import math 中的 import 为预留关键字,目的是把已经安装好的 math 包(一般称为包、库或模块)引入程序中,方便程序使用。第 2 行使用内置函数 float()和 input()来表示将用户输入的数字转换为浮点型。第 3 行使用 math.sin 则表示调用前面已导入的 math 包中的 sin()函数,获得输入数据 x 的正弦函数值。第 4 行则是通过内置函数 print 来打印计算结果。

在此案例中使用了 import 来引入包,进而可以在后面的程序中通过 math.sin 来调用正弦函数获取输入数据的正弦值。同时,本例中使用了两个变量 x、s,分别用来表示输入的自变量的值和 sin()函数值。由于 sin()函数要求这两个变量必须是浮点型,故需通过内置的类型转换函数 float()来将 x 转换为浮点型数据。

任务工单 1-2: 在 PyCharm 中运行一个本章案例,见表 1-3。

**表 1-3 任务工单 1-2**

| 任务编号 | | 主要完成人 | |
|---|---|---|---|
| 任务名称 | 运行一个程序 | | |
| 开始时间 | | 完成时间 | |
| 任务要求 | 1. 单独运行一次案例。<br>2. 进一步体验程序运行环境和开发环境。<br>3. 思考如何能够开发出优秀的软件 | | |
| 任务完成情况 | | | |
| 任务评价 | | 评价人 | |

## 1.5　思考与实践

1. 通过网络查阅有关文件类型的知识,并回答什么是可执行文件。

2. 列出你所能想到的所有计算机操作系统。

3. 理解下列名称及其含义。

(1) 系统、硬件系统、软件系统。

(2) 软件、程序、指令、数据结构。

(3) 文件、语言、程序语言。

(4) 环境、运行环境、IDE。

4. 为什么需要计算机语言?计算机语言有哪些分类?分别具有哪些特点?

5. 如何理解程序与指令之间的关系?查阅资料理解计算机为什么能够执行程序。

6. 区别软件、软件运行环境、软件设计环境,并进行运行环境、开发环境的安装和体验。

# 第2章 分析一个程序

**基础知识目标**

- 掌握Python中程序的书写格式。
- 掌握Python中程序的书写风格和注释。
- 理解算法的定义和特点。
- 掌握算法的流程图表示并能熟练地画出三种控制结构对应的流程图。

**实践技能目标**

- 按照书中介绍的方法运行本章开头案例。
- 按照书中的说明画出对应题目的流程图。

第2章

**课程思政目标**

- 培养学生的职业素养和道德规范。
- 培养学生软件工匠精神。
- 培养学生养成认真、细心和严谨的作风。

为了使程序结构层次清晰、可读性好,必须要有良好的书写格式和恰当的注释。我们先来分析一个用Python语言描述的程序,请注意其书写格式(分行和缩进)。该程序实现输出两个整数较大值的功能。接下来通过对该程序进行分析,来进一步理解如何通过指令,使计算机执行相应运算,完成指定功能。

**例2-1** 求两个整数较大值并输出。

```
#print the maxer value of two integers:
a = 100
b = 300
if a >= b:
    print("较大值:")
    print(a)
else:
    print("较大值:")
    print(b)
```

在本例中,先定义了两个变量a和b,并分别赋值为100和300,通过比较,输出了两个数中的较大值。输出结果如图2-1所示。

```
D:\pythonProject1\venv\Scripts\python.exe D:/pythonProject1/2-1.py
较大值：
300
```

图 2-1 例 2-1 的输出结果

细心的读者注意到，程序中有一些特殊格式，例如，例 2-1 中 print("较大值：")前面空出了一些空格；再如，例 2-1 第 1 行以符号 # 开头，这表示接下来这句话是用来说明程序代码功能的，并不被计算机执行，这就是缩进和注释。缩进是一种良好的书写格式，有了缩进，代码条理清晰易于阅读，读者更容易理解程序结构。而注释是一种必须具备的编程习惯，用来向用户说明或解释某些代码的作用和功能，提高程序可读性。

## 2.1 程序的格式

作为初学者，应该从开始编写程序代码时就重视程序代码书写格式和注释，养成良好的编程习惯。因为高质量程序必须具备良好的代码规范和适当的注释，尤其是通过团队协作进行软件开发时，通过统一代码书写格式和注释，可以让团队成员在阅读程序代码时一目了然，在很短时间内看清程序结构并读懂程序，增加程序可读性，也利于将来修改程序时便于修改和维护。

### 2.1.1 程序的书写格式

不同程序设计语言，具有不同书写格式，分段、换行、注释等形式表现也不一样，但是作用基本相同。

#### 1. 缩进

Python 中缩进的作用与其他大多数编程语言不同。在其他编程语言中，缩进仅仅是为了提升代码可读性，增删缩进并不影响程序运行结果；而在 Python 语言中，缩进具有重要的语法意义，缩进的空白数量可变，但是所有代码块语句必须包含相同的缩进空白数量。如果对缩进运用不当，会引发语法或逻辑错误。

如何正确使用缩进呢？应主要遵循以下规则。

(1) 使用一致的缩进方式。Python 中缩进可以是空格缩进，也可以是 Tab 键缩进。通常情况下采用 4 个空格表示一个缩进，也可以使用一个制表符表示一个缩进(Tab 键)。在一般的 IDE(集成程序设计环境)中，都把一个制表符视为 4 个空格。为了防止由于缩进空格数量不同而引发语法错误，一定要避免制表符和空格键混用，应使用一致的缩进方式，即都使用空格缩进或者都使用 Tab 缩进。

(2) 代码块中使用相同缩进。Python 通过缩进来组织代码块，这是 Python 强制要求。在 Python 编程中具有相同缩进的代码被自动视为一个代码块，无论使用了几个空格缩进都可以,但缩进空格数量必须统一。在代码块结束时,通过对代码换行,程序代码的层次结构会更加清晰。

**2. 书写格式**

在Python代码中,也可以有空白行以及空白字符,空白行、空白字符与代码缩进不同,并不是Python语法的一部分,空行或者空白字符会被忽略。书写时不插入空白行或空白字符,Python解释器运行也不会出错。但是空白的作用在于分隔两段不同功能或含义的代码,便于日后代码维护或重构。

在Python中,以下为通常的书写代码规范。

- 在函数之间或类的方法之间用空行分隔,表示一段新的代码的开始。
- 类和函数入口之间也用一空行分隔,以突出函数入口的开始。
- 变量赋值的时候,赋值号左右各留一个空格。
- 逗号后面跟一个空格。

### 2.1.2 注释

在程序代码中某些重要位置添加注释,可以显著提高程序代码可读性,帮助读者快速地读懂程序。另外,软件开发人员在编写程序代码时是否进行注释,直接影响软件后期的可维护性和可修改性。

注释包括说明和帮助两种情况,在代码执行过程中相当于不存在、透明的,程序运行时注释不参与运行,不实现任何功能。但在代码维护、解释、测试等方面,发挥着不可或缺的作用。每一位程序员都应尽量写出高质量注释。

那么,什么地方需要注释呢?虽可以在程序任何地方写注释,但是注释也不宜过多,应根据需要适当添加注释。一般情况下,在变量定义、类属性、类方法、算法设计主要思路、类作用等方面应进行注释。当然,注释过多反而会影响程序阅读。

在Python中提供了两种注释方法,分别是单行注释和多行注释,这一点与其他编程语言(如Java、C#等)没有区别。

**1. 单行注释**

Python中单行注释使用符号#字符作为开头。在#字符后的内容为注释内容,且该符号仅对当前行起作用。

下面是Python中单行注释的一个例子。

**例2-2** 单行注释。

```
#这里是一个单行注释
print("Hello World!")
```

**2. 多行注释**

在Python中多行注释使用一对三个英文单引号或一对三个连写的英文双引号来表

示。如下面这个例子就是多行注释的情况。

**例 2-3**　多行注释。

```
'''
输入一个年份是否为闰年
'''
def isLeapYear():
#函数的执行语句
```

**3. 使用注释注意事项**

- 在实践中,在程序中注释的内容包含程序本身作用描述、程序编写者信息、程序编写时间、修改时间、修改内容等相关信息。
- 单行注释可以放在一行程序后面,也可以放在一行程序上面,程序行较长时一般放在前面。
- 尽量使注释风格保持一致,便于阅读者能够顺畅地阅读程序。

# 2.2　程序的灵魂——算法

著名计算机科学家沃思(Nikiklaus Wirth)曾提出过一个公式,即程序=算法+数据结构。后来有的专家对这个公式加以补充,即程序=数据结构+算法+程序设计方法+语言工具和环境。其中,算法是灵魂,数据结构是加工对象,语言是工具,编程需要采用合适的程序设计方法。一个程序主要包括以下两方面信息。

(1) 对数据的描述。即在程序中要用到哪些数据以及这些数据在计算机内部的存储形式及组织形式,这就是数据结构。

(2) 对操作的描述。即解决问题的步骤,也就是算法。

## 2.2.1　算法的概念

算法是解决问题的方法和步骤,而程序是按照某种或多种控制结构,将算法的步骤组织到一起,然后用某种程序设计语言描述出来。作为算法,往往具备以下五个特性。

(1) 有限性。有限性指任何一种算法必须能在有限的操作步骤内完成。

(2) 确定性。确定性指算法中任何一个操作步骤都清晰无误,不会使人产生歧义或者误解。

(3) 可行性。可行性指算法中任何一个操作步骤在现有计算机软硬件条件下和逻辑思维中都能够实施。

(4) 输入。算法中可以没有数据输入,也可以输入多个需要处理的数据。

(5) 输出。算法执行结束之后必须有数据处理结果输出,没有输出结果的算法毫无意义。

### 2.2.2 常用算法举例

**例 2-4** 求1+2+3+4+5。

(1) 分析。可分步骤来完成,即先取前两个数相加,所得和再与下一个数相加,重复上一步操作直至加完为止。算法可描述如下。

① S1:计算1+2,得到和3。

② S2:计算3+3,得到和6。

③ S3:计算6+4,得到和10。

④ S4:计算10+5,得到和15,输出最终结果15,算法结束。

上述算法虽然没有错误,但是只能用于少量数据相加。试想,如果求1+2+3+…+99+100,如仍采用上述算法就过于烦琐,因此算法需要改进。

(2) 改进分析。通过前面的算法可以发现以下规律。

① 整个过程都在重复地进行加法运算,但只有被加数和加数两个操作数。

② 被加数是上一次加法运算中的和。

③ 加数是上次加法运算中加数增加1。

因此,可以设置两个变量s和i,s表示被加数,其相当于一个累加器,设置其初始值为0;i表示加数,其初始值为1,终止值为5。这样,就可将上述运算过程进行改进,改进后的算法可描述如下。

① S1:定义变量s和i,并设置s初值为0,i初值为1。

② S2:将i累加至s中,可表示为s= s+i;将i值更新为原来值加上1,即i=i+1。

③ S3:如果i≤5,返回S2;否则,输出s值,算法结束。

如果求1+2+3+…+99+100,用改进后的算法,只需将S3中i≤5改为i≤100即可。

如果改求1+3+5+7+9,算法流程不变,只需做数据改动即可。

① S1:s=0,i=1。

② S2:s=s+i,i=i+2。

③ S3:若i≤9,返回S2;否则,输出s值,算法结束。

(3) 思考。

若将例2-4改为求2+4+6+8+…+98+100,算法应如何修改?

**例 2-5** 有20个学生,要求输出成绩在90分以上学生的学号和成绩。

(1) 分析。对于每一个学生,都要进行以下操作,即输入该学生学号和成绩,判断其成绩是否大于或等于90,若是,则输出其学号和成绩。总共有20个学生,所以需要重复20次上述过程。

因为输出信息包含学号和成绩两个内容,因此可以定义两个变量n和g,分别用来存储学生学号和成绩;要控制学生人数是20,还需定义一个变量i用来记录学生个数,i初值为1。当i值小于或等于20时,输入一个学生的学号和成绩并进行判断,然后将i值增加1,再判断i值是否小于或等于20,若是,则再输入一个学生的学号和成绩并进行判断,然后将i的值再次增加1……直到i值大于20时,程序结束。

(2) 经过分析,算法可表示如下。

① S1：1→i。

② S2：输入第 i 个学生学号 n 和成绩 g。

③ S3：如果 g≥90,则输出 n 和 g;否则转 S4。

④ S4：i+1→i。

⑤ S5：若 i≤20，转 S2;否则结束。

**例 2-6**　输入一个 2000—2500 的年份,判断该年份是否是闰年,并输出判断结果。

(1) 初步分析。

首先要清楚闰年的条件,满足下列条件中任意一个,即是闰年。

① 能被 4 整除,但不能被 100 整除。

② 能被 100 整除,又能被 400 整除。

既然满足以上两个条件中的一个就可判断是闰年,因此对于输入年份 year,首先进行第一个条件判断,若不满足,再进行第二个条件判断,最终输出判断结果。

(2) 经过分析,算法可表示如下。

① S1：输入 2000—2500 的一个年份并赋值给变量 year。

② S2：若 year 能被 4 整除但不能被 100 整除,则输出"是闰年",结束;否则转 S3。

③ S3：若 year 能被 400 整除,则输出"是闰年",结束;否则输出"不是闰年",结束。

(3) 若将题目改为：判定 2000—2500 年中每一年是否是闰年,并将结果输出。

(4) 进一步分析。定义一个变量 year,用来存放年份,其值控制在 2000—2500。对于 year 的每一个取值,判断其是否是闰年,若是则输出该年份。

(5) 经过进一步分析,算法可表示如下。

① S1：将 2000 赋值给变量 year。

② S2：若 year≤2500,转 S3;否则结束。

③ S3：若 year 能被 4 整除但不能被 100 整除或者能被 400 整除,则输出 year 的值。

④ S4：year=year+1,转 S2。

**例 2-7**　求 $1-\frac{1}{2}+\frac{1}{3}-\frac{1}{4}+\cdots+\frac{1}{99}-\frac{1}{100}$。

(1) 分析。这个式子与 1+2+3+4+…+99+100 有相似之处,都是求和,因此仍需变量 s 用来存储和,初始值为 0。

第 1 次执行加法运算时,加数是 1,可表示成$\frac{1}{1}$;

第 2 次执行加法运算时,加数是$-\frac{1}{2}$;

第 3 次执行加法运算时,加数是$\frac{1}{3}$;

……

通过分析发现,加数的分母呈规律性的增 1,因此,需定义一个变量 $i$ 用来存储每一项的分母,其初始值是 1,则加数可表示成通式$(-1)^{i+1}\times\frac{1}{i}$。

(2) 该算法可表示如下。

① S1: sum=0, $i$=1。

② S2: $i \leqslant 100$,转 S3;否则,输出 sum 的值,结束。

③ S3: $sum = sum + (-1)^{i+1} \times \frac{1}{i}$, $i = i + 1$,转 S2。

# 2.3 流程图

算法设计好之后,接下来就要准确、清楚地将所设计的算法步骤描述出来,流程图和程序是描写算法最常用的工具。对于初学者来说,此时还未掌握 Python 语法及语句,因此对于初学者来说最好的选择就是流程图,即用图形化方法来描述算法流程。

## 2.3.1 流程图简介

流程图又称为程序框图,是一种用确定的图形、直线、文字说明来形象直观地表示各种操作的方法,符合人们日常的思维习惯,易于理解和学习。流程图中基本图形符号及功能见表 2-1。

**表 2-1 流程图中基本图形符号及功能**

| 图形 | 名称 | 功能 |
|---|---|---|
| (圆角矩形) | 起始框、结束框 | 表示一个算法的起始和结束 |
| (平行四边形) | 输入框、输出框 | 表示一个算法的输入、输出信息 |
| (矩形) | 处理框 | 赋值、计算等处理 |
| (菱形) | 判断框 | 判断条件是否成立 |
| → ↓ | 流程线 | 连接图形 |

## 2.3.2 三种基本结构及流程图

算法是解决某个问题的方法和步骤,在计算机中表现为指令的有限序列。指令是有先后顺序的,这种指令的执行顺序称为执行流程。不同的问题,执行流程可能不同,因此存在流程控制问题。经过多年研究实践证明,无论多么复杂的算法,都可以用三种流程控制结构来描述,即顺序结构、选择结构、循环结构。

### 1. 顺序结构

顺序结构是指按照语句先后顺序,从上而下依次执行,是任何一个算法都离不开的基本结构。

顺序结构用流程图表示如图 2-2 所示。

**例 2-8**　在程序中有 3 个变量 a、b、c，对变量 a 赋值 4，变量 b 的值等于变量 a 的值，变量 c 的值等于变量 b 的值。

这就是一个典型顺序结构，即先定义变量 a、b、c，然后分别给变量 a、b、c 赋值。

用 Python 语言实现代码如下：

```
a=4;
b=a;
c=b;
```

用流程图描述如图 2-3 所示。

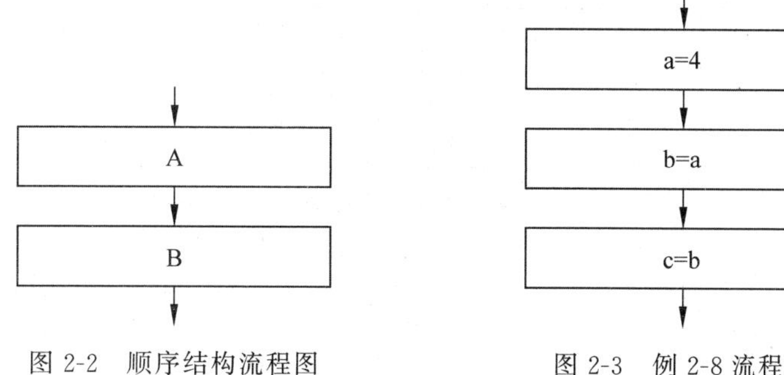


图 2-2　顺序结构流程图　　　图 2-3　例 2-8 流程图

## 2. 选择结构

选择结构是指根据某种条件是否满足来选择程序走向。当条件满足时，执行“成立”分支，条件不满足时，执行“不成立”分支，这叫作双分支选择结构；如果只考虑某个条件满足时要执行的操作，则称为单分支选择结构。

单分支选择结构和双分支选择结构流程图如图 2-4 的(a)、(b)所示。

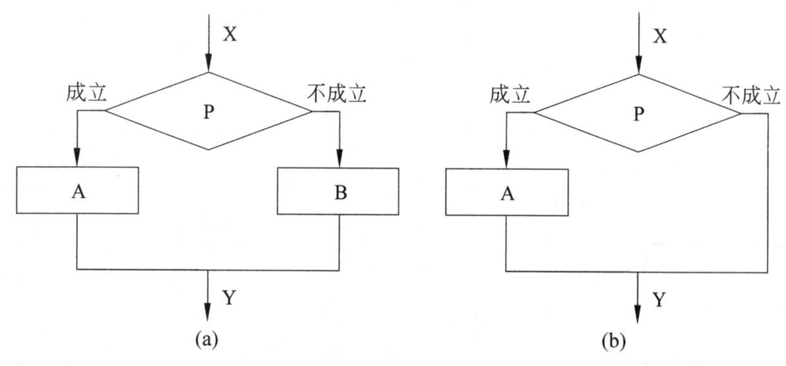


图 2-4　选择结构流程图

如图 2-4(a)所示，从 X 到 Y 的路线是 X→A→Y 还是 X→B→Y 取决于条件 P 是否成立，若成立，执行路线是 X→A→Y，否则就是 X→B→Y；如图 2-4(b)所示，与图 2-4(a)所展示的流程不同的是，当条件 P 不满足时，什么都不执行，从 X 直接到了 Y。

例 2-1 就是典型的双分支选择结构,其完整流程图如图 2-5 所示。

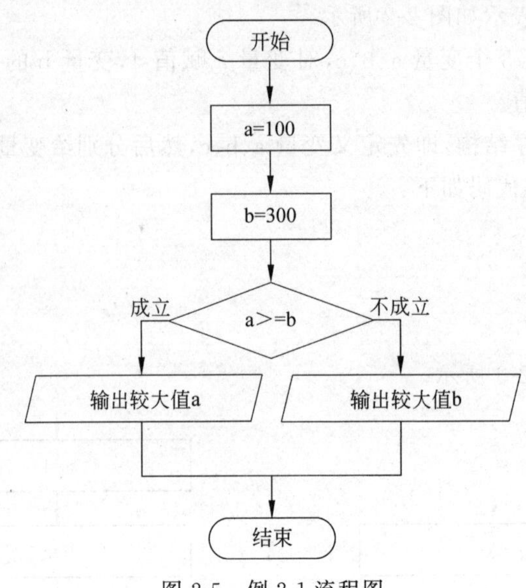


图 2-5 例 2-1 流程图

**3. 循环结构**

循环结构的特点是当满足某个条件时,会反复执行某段代码,用来解决重复进行某些操作的问题。循环需满足的“某个条件”称为循环条件,而反复执行的“某段代码”称为循环体。

循环结构用流程图表示如图 2-6 所示。

循环结构的执行过程是,先进行条件 P 的判断,如果成立,则执行循环体 A,然后去判断 P 是否成立,如果仍然成立,再执行循环体 A……如此重复,直到条件 P 不成立为止,退出循环,继续向下执行循环结构后面的语句。

例 2-4 实现过程用到了循环结构,其完整流程图如图 2-7 所示。

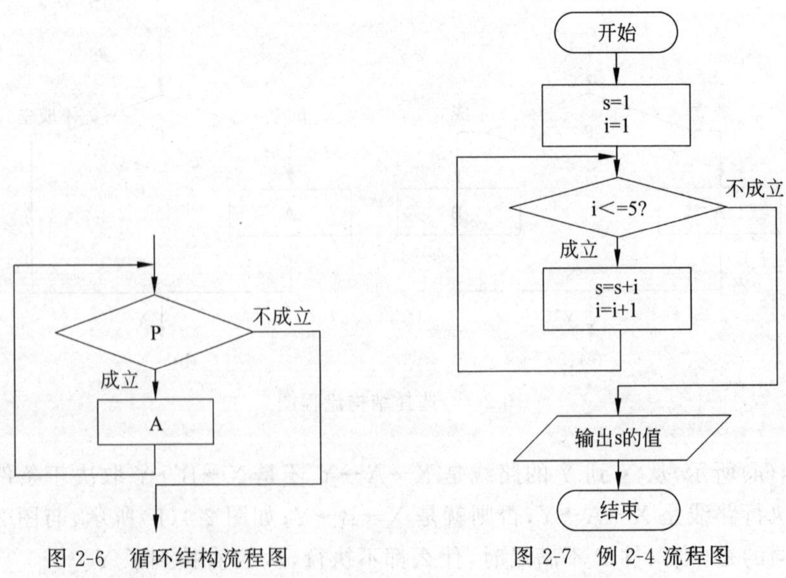


图 2-6 循环结构流程图

图 2-7 例 2-4 流程图

### 2.3.3　流程图举例

当用流程图来描述算法时，结构清晰，逻辑性强，对于初学者来说，更容易理解。本小节通过以下例子分析和流程图描述，帮助大家更好地理解三种结构的使用。

**例 2-9**　输入一个 2000—2500 的年份，判断该年份是否是闰年，并输出判断结果。

（1）分析。

本例中，需定义一个变量 year 以接收从键盘上输入的年份，然后依次对 year 进行两个闰年条件的判断，因此需要用选择结构来实现。

满足下列条件之一，则是闰年。

① 能被 4 整除，但不能被 100 整除。

② 能被 400 整除。

因此，判断 year 是否是闰年的过程可以描述为：

① 用一个双分支的选择结构，判断 year 是否满足能被 4 整除但不能被 100 整除，若满足，则输出判断结果，即 year 是闰年，程序结束；若不满足，则执行步骤②。

② 仍然用一个双分支选择结构，判断 year 能否被 400 整除，若能，则输出判断结果，即 year 是闰年，程序结束；若不能，输出判断结果“year 不是闰年”，程序结束。

（2）按照上述描述过程画出流程图如图 2-8 所示。

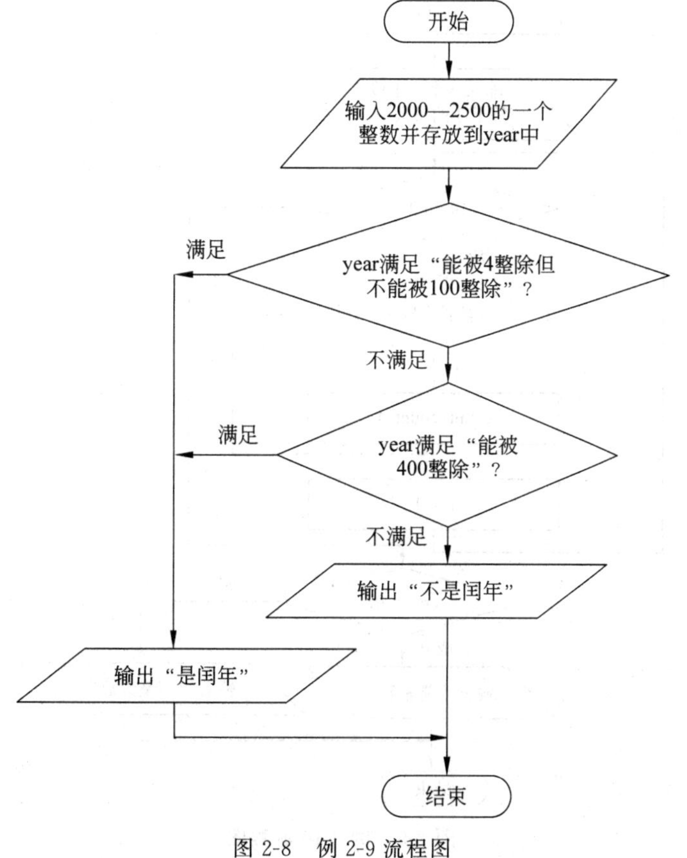


图 2-8　例 2-9 流程图

**例 2-10** 从键盘上输入一个大于或等于 3 的整数,判断是否是素数并输出判断结果。

(1) 分析。

素数即只能被 1 和它本身所整除的数。

从素数定义出发,假如要判断的数是 n,只要能证明 2～n－1 没有一个整数能整除 n,则 n 为素数,否则为非素数。

因此,首先要统计 2～n－1 能整除 n 的数的个数,这是一个循环结构,如果用 count 来存储统计的个数,用 i 来存储 2～n－1 的整数,那么,count 的初始值为 0,i 的初始值为 2,循环条件可以描述为 i 小于或等于 n－1,而循环体可以描述为,如果 n 能被 i 整除,则 count 增加 1。

循环结构结束后,对 count 值进行判断,即如果 count＞0,则说明 n 不是素数,否则,n 是素数。

综上所述,判断一个整数 n 是否是素数的过程可以描述为:

① count＝0,i＝2。

② 输入一个大于或等于 3 的整数存储到 n 中。

③ 统计 2～n－1 能整除 n 的数的个数 count。

④ 对 count 值进行判断,如果 count＝0,则 n 为素数,否则为非素数,结束。

(2) 通过上述分析,可得到流程图,如图 2-9 所示。

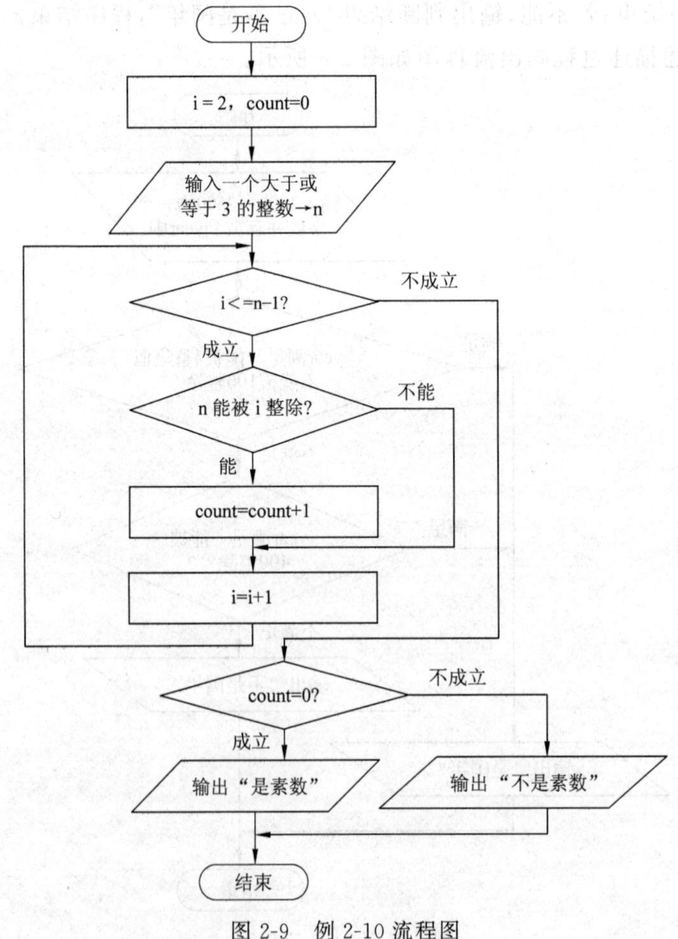


图 2-9 例 2-10 流程图

**例 2-11**　输出 200～300 所有素数。

(1) 分析。本例由例 2-10 演变而来，例 2-10 是对一个数进行是否是素数的判断，而本例是对某个范围内的所有整数进行是否为素数的判断，因此，只需在例 2-10 的基础上，增加一个外部的循环结构，用来控制 n 从 200 逐渐增加 1 直到 300 为止。

另外，修改一下输出，本例中要求输出所有的素数。

(2) 根据上述分析以及例 2-10 的流程图，画出流程图如图 2-10 所示。

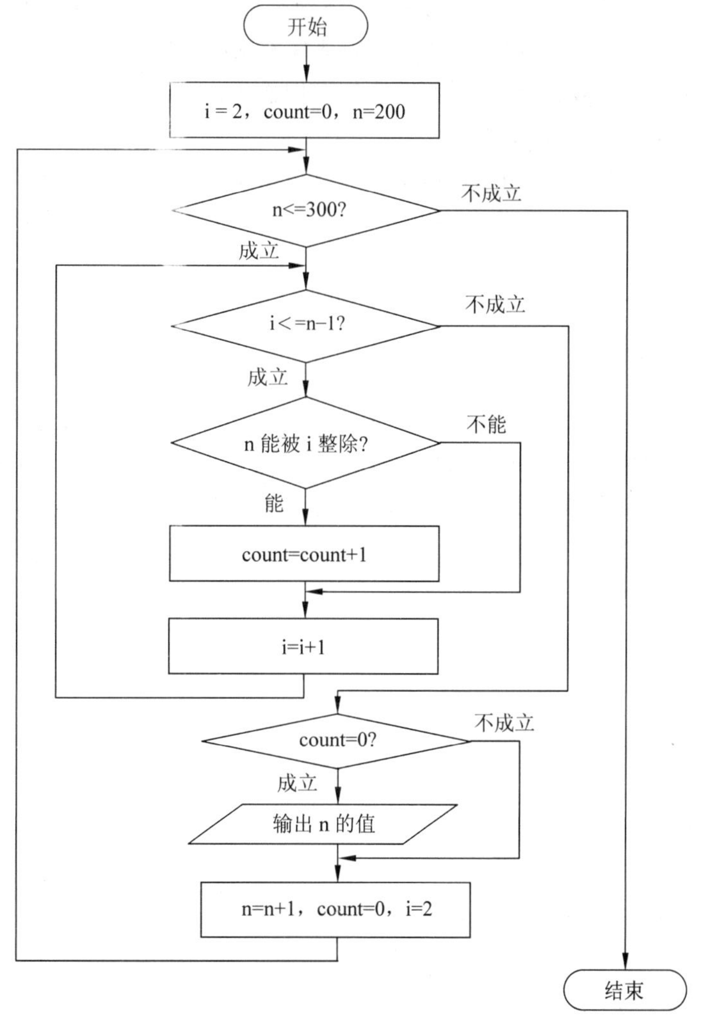


图 2-10　例 2-11 流程图

## 2.4　思考与实践

1. 理解下列名称及其含义。

(1) 程序结构、顺序结构、分支结构、循环结构。

(2) 算法、流程图。

2. 什么是算法？试从日常生活中找到3个例子，描述它们的算法。

3. 为什么要重视程序的格式和注释？试举例说明。

4. 用传统流程图表示求解以下问题的算法。

(1) 有两个瓶子A和B，分别盛放醋和酱油，要求将它们互换(即A瓶原来盛醋，现改为盛酱油，B瓶则相反)。

(2) 假设从A地到B地共有三条线路，分别耗时3、4、5小时，费用分别为150元、100元、50元，请画出流程图根据现有费用不同选择不同的线路。

(3) 有a、b、c、d 4个数，要求按大小顺序把它们输出。

(4) 求$1\times2\times3\times\cdots\times100$的值。

(5) 有一个函数，根据输入$x$的值，输出$y$相应的值。

$$y=\begin{cases}x & (x<1)\\ 2x-1 & (1\leqslant x<10)\\ 3x-1 & (x\geqslant10)\end{cases}$$

(6) 求$\sum_{n=1}^{10}n!$即求$1!+2!+3!+4!+\cdots+10!$的值。

(7) 猴子吃桃问题。猴子第1天摘下若干个桃子，当即吃了一半，还不过瘾，又多吃了一个。第2天早上又将剩下的桃子吃掉一半，又多吃了一个。以后每天早上都吃了前一天剩下的一半零一个。到第10天早上想再吃时，就只剩一个桃子了。求第1天共摘了多少个桃子。

# 第 3 章　设计一个程序

第 3 章

**基础知识目标**

- 掌握标识符概念以及标识符命名规则和行业规范。
- 掌握变量含义及使用。
- 掌握常用数据类型。
- 掌握 Python 中的运算符及运算规则。
- 掌握输入函数 input()和输出函数 print()。
- 了解常用的内置函数和类型。
- 掌握字符串的使用方法以及常用操作。

**实践技能目标**

- 对照书中代码，运行本章案例，加深对知识点的理解。
- 按照书中例子，测试每个知识点，便于相关知识的灵活运用。
- 完成课后习题，巩固基础知识。

**课程思政目标**

- 理解规则。
- 培养工匠精神，扎实掌握基础知识。
- 培养刻苦钻研的科学家精神。

本章内容是程序设计基础知识，主要包括标识符与关键字、变量、数据类型等。下面通过一个案例来了解程序中涉及的这些基础知识。

**例 3-1**　输入两个整数，求出它们的和并输出。

```
a = input("Enter a number:")
b = input("Enter another number:")
a = int(a)
b = int(b)
result = a + b
print("%d + %d = %d" % (a, b, result))
```

程序运行结果如图 3-1 所示。

```
Enter a number:1
Enter another number:2
1 + 2 = 3
```

图 3-1　例 3-1 的程序运行结果

在例 3-1 程序代码中，a、b、result 都是标识符，代表变量名，input()、print()和 int()是内置函数。在程序运行时,输入2个整数,则会输出对应值。那么,什么是标识符?标识符命名有什么规则?什么是变量?如何定义变量?程序中的数据有哪些类型?什么是内置函数?内置函数功能是什么?如何进行数据输入和输出?本章将围绕这些知识点进行详细讲解。

# 3.1 保留字与标识符

## 3.1.1 保留字

保留字也称为关键字,是指在编程语言内部定义并保留使用的标识符,保留字是程序设计的基础。开发者在开发程序时,使用保留字来定义其他标识符,因此不能将这些保留字作为标识符给变量、函数、类、模板以及其他对象命名。不同程序设计语言,保留字不同,在Python运行环境下,可以使用以下命令查看Python中的保留字。

```
>>> import keyword
>>> keyword.kwlist
```

命令运行结果如图3-2所示,这些单词都是Python程序设计语言的保留字,也就是说,不需要解释和说明,直接能够在程序中使用。这些保留字所对应的含义见本章电子活页。

```
>>> import keyword
>>> keyword.kwlist
['False', 'None', 'True', '__peg_parser__', 'and', 'as', 'assert', '
async', 'await', 'break', 'class', 'continue', 'def', 'del', 'elif',
'else', 'except', 'finally', 'for', 'from', 'global', 'if', 'import
', 'in', 'is', 'lambda', 'nonlocal', 'not', 'or', 'pass', 'raise', '
return', 'try', 'while', 'with', 'yield']
```

图3-2　显示Python关键字

下面通过一个案例来演示if、for、in、break等重要保留字的具体使用方法。

保留字说明
电子活页

**例3-2**　收集1～10的和,直到和超过10为止,并输出求得的和。

```
nums = [1, 2, 3, 4, 5, 6, 7, 8, 9, 10]
sum = 0
for num in nums:
    sum += num
    if sum > 10:
        break
print(sum)
```

```
15
```

图3-3　例3-2的程序运行结果

程序的运行结果如图3-3所示。

通过例3-2,可以看到程序中出现的所有字符、单词都需要有意义。其中出现的if、for、in、break这些都是保留字,编译系统能够自动识别这些单词的意义。而nums、sums这两个单词则是自定义标识符(变量),这是程序设计过程中一个非常重要的概念,在后面会详细讲解,print()为输出函数,在后面3.5节中对输入和输出的使用做一个详细介绍。

### 3.1.2　标识符

在程序设计过程中，程序员需要自己定义一些名字，如变量名、类名、函数名等，称为标识符。在大部分程序语言中对于标识符命名的规则大致相同，在部分编程语言中不区分大小写。

#### 1. 命名规则

以 Python 语言为例，其中有以下标识符命名规则。

- 只能由字母、数字、下划线(_)组成。
- 不能以数字开头。
- 区分大小写。
- 不能是 Python 的关键字。

只有遵循上述规则的标识符才能被编译环境所认可，否则会影响程序运行。例如，下面是一些合法的标识符：UserName、name、Phone1、book_name。

而以下标识符则是不合法的，如使用下列类型标识符，程序则不能正常运行。

```
66type                  #不能以数字开头
try                     #try 是保留字,不能作为标识符
$money                  #不能包含特殊字符
```

#### 2. 特殊标识符

在 Python 中规定，以下划线开头的标识符往往有着特殊含义。

(1) 以单下划线开头的标识符，如_width，表示不能直接访问的类属性，其无法通过 from...import * 语句导入。

(2) 以双下划线开头的标识符，如__add，表示类的私有成员。

(3) 以双下划线作为开头和结尾的标识符，如__init__是专用标识符。

因此，除非特定场景需要，应避免使用以下划线开头的标识符。需要注意，这是 Python 语言特有规则，其他语言不一定遵循这个规则。

#### 3. 命名规范

在 Python 语言中对于标识符命名，除了必须要遵守命名规则外，不同场合中的标识符，其命名也要遵循一定约定。

(1) 当标识符用作模块名时，应尽量短小，并全部使用小写字母，可以使用下划线分隔多个单词，例如 game_main、game_register 等。

(2) 当标识符用作包的名称时，应尽量短小，也全部使用小写字母，如 com.mr、com.mr.book 等。

(3) 当标识符用作类名时，应采用单词首字母大写的形式。例如，定义一个图书类，可以命名为 Book。

(4) 模块内部的类名,可以采用"下划线+首字母大写"的形式,如_Book。

(5) 函数名、类中的属性名和方法名,应全部使用小写字母,多个单词之间可以用下划线分隔。

(6) 常量名应全部使用大写字母,单词之间可以用下划线分隔。

**例 3-3** 定义一个学生类,创建学生对象并输出其属性信息。

```
class Student:
    def __init__(self, name, age, * cou):
        self.name = name
        self.age = age
        self.course = cou

    def get_name(self):
        return self.name

    def get_age(self):
        return self.age

    def get_course(self):
        return max(max(self.course))
zm = Student('张三', 20, [68, 93, 100, 65, 56])
print('学生姓名为:', zm.get_name(), ',年龄为:', zm.get_age(), ',最高分为:', zm.get_
course())
```

程序运行结果如图 3-4 所示。

```
学生姓名为: 张三 ,年龄为: 20 ,最高分为: 100
```

图 3-4 例 3-3 的程序运行结果

例 3-3 演示了变量的定义和使用,在该案例中,定义了 self、name、age、* cou、zm 等变量标识符。注意,在 Python 语言中变量不需要提前声明,而其他部分语言需要对变量先声明,后使用。Student、get_name、get_age、get_course 分别为类和函数,其命名也符合变量命名规则,但是其命名习惯明显不同于普通变量。

标识符的命名往往不被初学者重视,但是养成良好的命名习惯会对以后的程序设计和编程大有好处。标识符命名的恰当意味着整个程序具有良好的可读性和逻辑性,因此在给每一个变量、每一个函数命名的时候,一定要慎重,并遵循一定的规则,下列是关于标识符命名的一些技巧。

(1) 名副其实。对于标识符虽然可随意定义其名称,但标识符是用于标识某个量的符号,因此,命名应尽量有其相应的意义,以便于阅读理解,尽量做到"名副其实"。例如对一个变量如单纯起名为 d,就不如 begin_date、end_date 之类的更容易让人理解。

(2) 方便阅读。容易阅读的标识符也就更易于记忆,学过英语的人都知道,发音越标准越能够帮助我们记忆单词。方便阅读的变量会使程序代码阅读更加通顺,也能够帮助记忆变量。并且在程序设计过程中,往往需要和其他人进行交流和讨论,容易发音阅读的标识符也有助于程序设计人员之间的交流。

(3) 长度。标识符不宜过长，过长不仅书写不方便，阅读也困难。命名中如果含有长单词，可以对长单词进行缩写。缩写时应使用约定成俗的缩写方式，例如，function 缩写为 fn，text 缩写为 txt，object 缩写为 obj，count 缩写为 cnt，number 缩写为 num 等。

# 3.2　变　　量

任何一种编程语言都离不开变量，变量是程序设计过程中的一个重要概念。变量用来存储数据，在程序执行过程中使用，程序执行完毕后则变量应得到释放。在程序中，尤其是数据处理型程序，变量的使用非常频繁，离开变量程序甚至无法编写。那么，变量的概念是什么呢？怎样来理解变量呢？

## 3.2.1　变量的含义

到目前为止，我们已经多次接触过变量。例如，例 3-1 中的 a、b 和 result 都是变量。到底什么是变量呢？顾名思义，变量就是在程序运行期间其值可以改变的量。也可以这么理解，对于大部分程序而言，变量是程序在内存中定义的空间，用来存放数据。

变量包含两部分内容，即变量名和变量值。例如：

```
name="Python"
```

其中，name 是变量的名字，"Python"是变量的值，变量名和变量值都要占用存储单元。在命名变量时，相当于把变量值所在内存的地址给了变量名，即变量名存储的是变量值所在内存的地址，变量通过内存地址指向了数据。

假如存放字符串"Python"的内存地址为 880，变量 name 所占内存地址为 110，其内存示意图如图 3-5 所示。

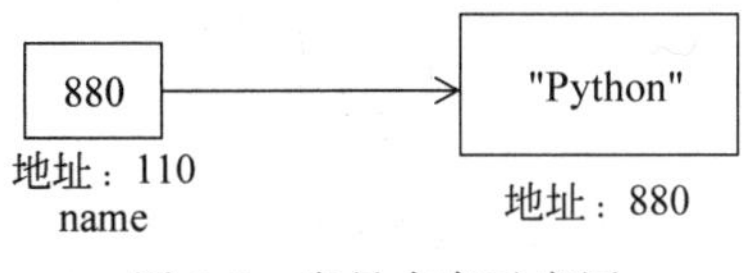


图 3-5　变量内存示意图

其中，在变量 name 中存储的是一个地址，即存放字符串"Python"的存储单元地址，这个地址可以使用内置函数 id()来获取。

下面通过一个案例演示变量的使用。

**例 3-4**　使用三个变量分别存储姓名、数学分数、语文分数，并输出成绩单。

```
name = "Tom"
math = 98
chinese = 96
print('name : ', name)
print('math : ', math)
print('chinese : ', chinese)
```

程序运行结果如图 3-6 所示。

```
name :  Tom
math :  98
chinese :  96
```

图 3-6　例 3-4 的程序运行结果

### 3.2.2 变量的使用

在 Python 中,每个变量在使用前都必须对其赋值,首次为其赋值时,就会创建变量。已经创建的变量还可以重新赋值,重新赋值时可以更改其类型。下面通过一个案例来演示在对变量首次创建和创建之后重新赋值时其内存的变化。

**例 3-5** 创建变量并重新赋值。

```
1    x = 10
2    y = "Bill"
3    x = "Python"
4    y = 5
```

执行前两行代码时,是首次创建了变量 x 和 y,其内存示意图如图 3-7 所示。

在执行第 3 行和第 4 行代码时,将变量 x 和 y 重新进行了赋值,并更改了其数据类型,其内存示意图如图 3-8 所示。

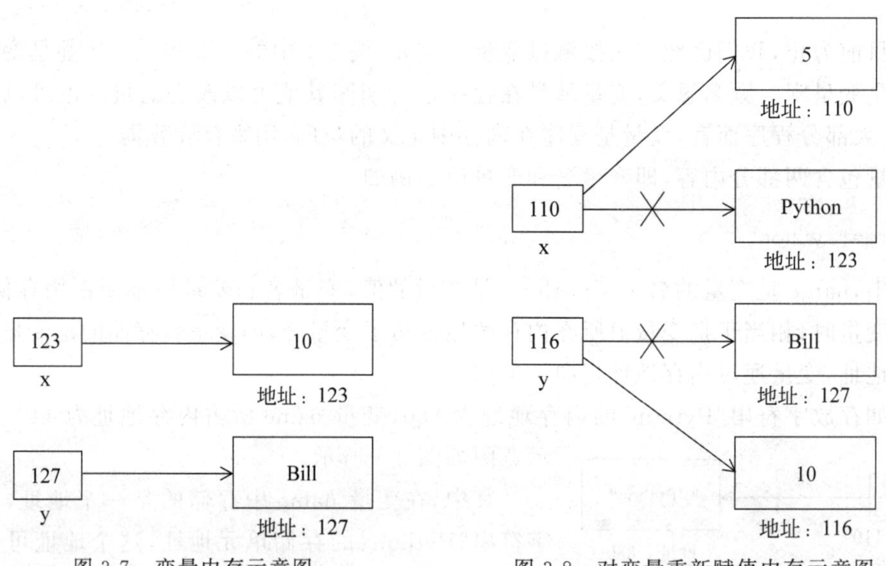


图 3-7 变量内存示意图

图 3-8 对变量重新赋值内存示意图

Python 允许在一行代码中为多个变量赋值,也允许在一行代码中为多个变量分配相同的值。下面通过一个案例演示使用这两种方式创建变量以及其内存分配情况。

**例 3-6** 在一行中为多个变量赋值。

```
1    x, y, z = "Python", "Java", "C#"
2    a = b = c = "Python"
```

第 1 行代码同时创建了 3 个变量 x、y 和 z,其值分别为 Python、Java 和 C#,其内存示意图如图 3-9 所示。

第 2 行同时创建了 3 个变量 a、b 和 c,并为它们分配相同的值 Python,其内存示意图如图 3-10 所示。

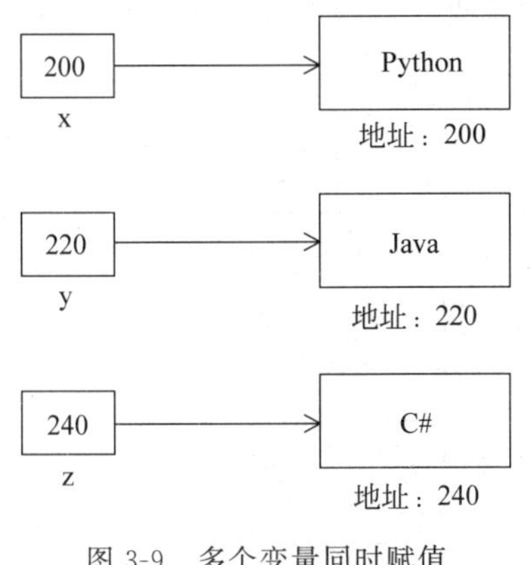


图 3-9　多个变量同时赋值内存示意图

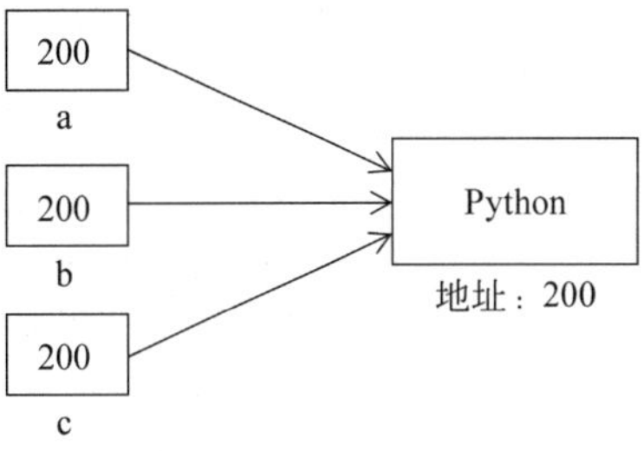

图 3-10　同时为多个变量分配相同的值内存示意图

使用变量时，应注意理解以下两点。

(1) 在 Python 中，把变量看成对象来处理，这样便于不同类型变量的处理。万物皆可对象，数值和字符串都是对象。给变量赋值就是给对象赋予具体内容，变量命名就好比给对象贴一个访问标签。

(2) Python 采用值的内存管理模式。赋值语句的执行过程是：首先计算赋值号右侧表达式的值，然后在内存中分配一块存储单元用来存放该值，最后创建变量并指向这块内存。变量中存储具体值所在内存单元地址，这也是为什么在对变量重新赋值时可以改变其类型的原因。

## 3.3　数据类型

在前面例 3-5 的程序运行过程中，我们创建了不同的变量，并且给变量赋予了 10、Bill 等数字和字符串不同类型数据。数据是一个广义概念，可以是数字、文字、声音、图片以及视频等不同种类数据。这些不同种类数据在计算机内部存储方式以及处理方法不同，但同一种类数据在计算机内部表示以及处理方法则相同。

程序在运行过程中需要处理大量的数据，如果在程序设计语言中能够区分各种数据种类，那么在编程时就可以根据需要，选择合适类型，大大地方便了程序编写。这就好比将交通工具分为火车、汽车、飞机、轮船等不同种类一样，它们各有各的特点，当人们要出行时，就可以根据实际路况选择适合的交通工具。

在前面的例 3-1 中，在首次定义变量 a 和 b 的时候，都未指定其数据类型，那么它们的数据类型如何确定呢？Python 会根据赋值号右侧值，自动确定变量的存储数据类型。

例如：

```
a = 1           #Python 会自动确定变量 a 的数据类型为 int
b = 3.2         #Python 会自动确定变量 b 的数据类型为 float
```

不同的语言数据类型有所不同,常用的数据类型可分为两大类,即基本数据类型和组合类型,如图 3-11 所示。

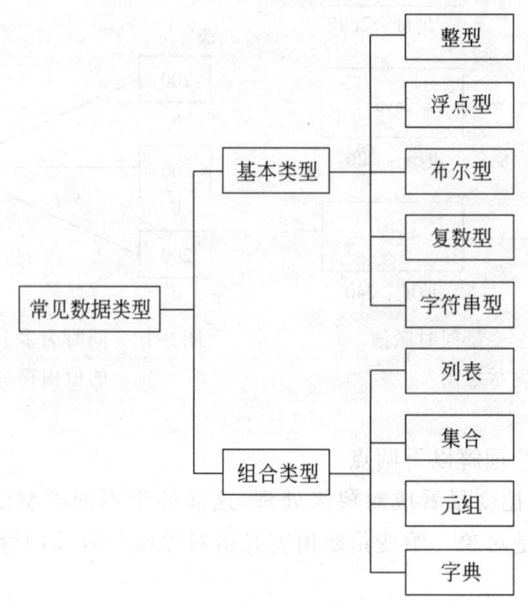


图 3-11 常见的数据类型

**1. 基本类型**

Python 中的基本数据类型包括整型(也称整数型)、浮点型、布尔型、复数型、字符串型。

(1) 整型(int)。整型可以表示正整数、负整数和 0,不包含小数点,在 Python 3 中整型没有大小限制。

整型的表现形式有四种,即二进制、八进制、十进制和十六进制。十进制是默认的进制,二进制数据以 0b 开头,八进制数据以 0o 开头,十六进制数据以 0x 开头。在输出时,会将对应进制数转换成十进制数输出。

(2) 浮点型(float)。浮点型由整数部分与小数部分组成,例如 1.2。浮点型也可以使用科学计数法表示,例如,2.5e2 相当于 $2.5\times10^2$。

(3) 布尔型(bool)。布尔型可以用来表示真和假两种值: True 表示真,False 表示假。在表达式中出现布尔型数据时,布尔值可以转化成整数,True 转化成 1,False 转化成 0。

(4) 复数型(complex)。复数型由实数部分和虚数部分构成,可以用 a + bj 或者 complex(a,b)表示,复数的实部 a 和虚部 b 都是浮点型。复数型主要用于科学计算中。

Python 中变量值的数据类型可以使用内置函数 type()来获取,下面通过一个案例演示。

**例 3-7** 数据类型及验证。

```
num1 = 10
num2 = 1.2
a = True
b = False
print(type(num1))
```

```
print(type(num2))
print(type(a))
print(type(b))
```

```
<class 'int'>
<class 'float'>
<class 'bool'>
<class 'bool'>
```

图 3-12　例 3-7 的程序运行结果

程序运行结果如图 3-12 所示。

(5) 字符串型(str)。字符串是字符序列,或者说是一串字符,由若干个字符组成,可以是零个,也可以是 1 个或多个。字符串中的每一个字符都有一个索引,有正向索引和逆向索引两种。正向索引从字符串开头开始计数,即从左向右,依次是 0,1,2,3,…;逆向索引从字符串末尾开始计数,即从右向左,依次是−1,−2,−3,…。例如,字符串 helloPython 中每个字符的索引如图 3-13 所示。

| 正索引 | 0 | 1 | 2 | 3 | 4 | 5 | 6 | 7 | 8 | 9 | 0 |
|---|---|---|---|---|---|---|---|---|---|---|---|
| 字符串 | h | e | l | l | o | P | y | t | h | o | n |
| 负索引 | −11 | −10 | −9 | −8 | −7 | −6 | −5 | −4 | −3 | −2 | −1 |

图 3-13　字符串索引示意图

Python 中字符串的使用主要包括创建字符串、字符串运算以及操作字符串,下面详细介绍。

① 创建字符串。通过将字符包含在一对单引号)(')或双引号(")或三引号(''')中,就可以创建字符串。例如,s="helloPython"即可创建一个字符串。

需要注意的是,Python 中字符串采用驻留机制,即不同的值被存放在字符串的驻留池当中,相同的字符串在驻留池中只保留一份拷贝,后续创建相同的字符串时,不会开辟新的空间,而是把字符串的地址直接赋给新创建的变量。

下面通过一个案例演示字符串的创建及其驻留机制。

**例 3-8**　字符串驻留机制演示。

```
a = 'hello'
b = "hello"
c = '''hello'''
print(a, id(a))
print(b, id(a))
print(c, id(a))
```

```
hello 2053625954928
hello 2053625954928
hello 2053625954928
```

图 3-14　例 3-8 的程序运行结果

程序运行结果如图 3-14 所示。

通过运行结果可以看出,变量 a、b、c 指向的字符串内存地址是相同的,也就是同一个字符串,产生这种结果的原因就是 Python 中字符串的驻留机制。

② 字符串运算。字符串也可以像数字型数据一样运算,常用的运算符有+、*、in、not in 以及比较运算符等。

- +运算符:用于字符串连接。
- *运算符:用于重复输出字符串。
- in 运算符:用于判断字符串中是否包含给定的字符,如果包含,运算结果为 True,否则为 False。

- not in 运算符：用于判断字符串中是否不包含给定字符使用成员，如果不包含，运算结果为 True，否则为 False。
- 比较运算符(>、>=、<、<=、==、!=)：可以用来进行字符串的大小比较，其返回值为 bool 型。

下面通过一个综合案例演示字符串的常用运算。

**例 3-9** 字符串运算。

```
s1 = "hello"
s2 = "Python"
print(s1 + s2)
print(s1 * 2)
print('h' in s1)
print('w' not in s1)
print(s1 > s2)
```

图 3-15 例 3-9 的程序运行结果

程序运行结果如图 3-15 所示。

**注意**：在 Python 中，字符串的比较默认是按照字符的 ASCII 码值的大小比较的，即从字符串的第一个字符进行比较，如果相等，则继续比较下一个字符，直到分出大小；或者其中一个字符串结束，那么较长的那一个字符串大。

③ 字符串的常用操作。这部分内容比较复杂，详细内容见本书电子活页。

**2. 组合类型**

组合类型可视作由基本数据类型经组合构造而得的类型，包括列表、集合、元组、字典等，这些将在后续章节中陆续介绍。

**3. 不同数据类型之间的转换**

由于不同数据类型之间不能进行运算，所以程序中经常需要进行数据类型转换。Python 中数据类型转换方式有两种，即自动类型转换和强制类型转换。

(1) 自动类型转换。自动类型转换指系统会自动地将不同类型数据转换为相同类型数据来进行计算，一般用于不同数字类型之间转换。当两个不同类型的值进行运算时，结果会向精度更高的数字进行计算。数据类型精度等级从低到高依次为布尔、整型、浮点型、复数。

下面通过一个案例演示自动类型转换。

**例 3-10** 自动类型转换。

```
a = 10
b = True
c = False
d = 3.14
print(a + b)
print(a + c)
print(a + d)
```

程序运行结果如图 3-16 所示。

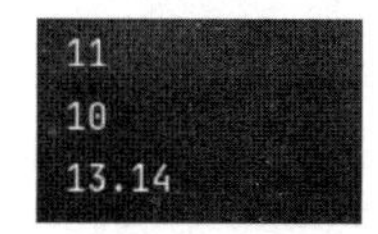

图 3-16　例 3-10 的程序运行结果

通过运行结果可以看出，bool 型在与数字型数据运算时，True 转换为 1，False 转换为 0；整型与浮点型运算时，整型转化为浮点型，结果也为浮点型。

(2) 强制类型转换。所谓强制类型转换即根据开发需求，强制地将一种数据类型转换为另一种数据类型，通过 Python 内置转换函数实现。例如在例 3-1 中，由于通过 input()函数获取到的数据默认是字符串类型，因此，变量 a 和 b 的初始数据类型是字符串类型，而题目要求获取两个整数进行加法运算，这里就使用 int(a)和 int(b)将字符串类型强制转换成整型。

常用的强制类型转换内置函数有以下几种。

① str()：将数据类型转换为字符串类型。

② int()：将数据类型转换为整数型。

③ float()：将数据类型转换为浮点数类型。

④ bool()：将数据类型转换为布尔型。

更多的类型转换内置函数将在 3.6 节中进行介绍。

任务工单 3-1：熟悉变量定义和数据类型，见表 3-1。

**表 3-1　任务工单 3-1**

| 任务编号 | | 主要完成人 | |
| --- | --- | --- | --- |
| 任务名称 | 完成例 3-1 至例 3-10 程序的编写和运行 | | |
| 开始时间 | | 完成时间 | |
| 任务要求 | 1. 单独运行例 3-1～例 3-10。<br>2. 熟练程序设计的基础知识。<br>3. 通过编写程序进一步思考变量以及程序运行过程中变量是如何工作的。<br>4. 说明为什么变量类型要保持一致 | | |
| 任务完成情况 | | | |
| 任务评价 | | 评价人 | |

# 3.4 运算符及表达式

程序中经常要对数据进行运算，运算就要使用运算符。运算符就是一种告诉编译器执行特定数学或逻辑操作的符号，用来表示针对数据的特定操作。用运算符将变量、常量与表达式连接起来，就是表达式。下面分别对运算符和表达式进行详细介绍。

## 3.4.1 运算符

Python 提供了七大类运算符，分别是算术运算符、比较(关系)运算符、赋值运算符、逻辑运算符、位运算符、成员运算符和身份运算符。

**1. 算术运算符**

在 Python 中算术运算符共有 7 个，见表 3-2。

**表 3-2 Python 算术运算符**

| 运算符 | 描　述 |
|---|---|
| + | 两个数相加，或是字符串连接。例如，3+2 结果是 5，"abc"+"def"结果为"abcdef" |
| − | 两个数相减。例如，2−1.0 结果为 1.0 |
| * | 两个数相乘，或是返回一个重复若干次的字符串。例如，2 * 2.0 结果是 4.0，"abc" * 2 结果是 "abcabc" |
| / | 两个数相除，结果为浮点数(小数)。例如，3/2 结果是 1.5 |
| // | 两个数相除，结果为向下取整的整数。例如，3//2 结果是 1，−3//2 的结果为 −2 |
| % | 取模，返回两个数相除的余数。例如，10%3 结果是 1，而 10%−3 结果为 −2 |
| ** | 幂运算，返回乘方结果。例如，3**3 结果为 27 |

**注意**：在 Python 中正负数之间取余运算的结果，跟 C 语言和 Java 中取余运算不一样，Python 中正负数取余运算和整除是不分开的，因此可以借助整除来分析。取余结果是被除数除以除数之后所余结果，如果用公式 m/n=a 余 b 来表示，那么 a 就是 m 和 n 的整除结果，因此 b=m−a * n。以 10%−3 为例，10 整除−3 的结果是−4，所以 10%−3 的结果就是 10−(−4 * −3)，即−2。

**2. 比较(关系)运算符**

Python 提供了 6 个比较(关系)运算符，见表 3-3。

**表 3-3　Python 比较(关系)运算符**

| 运算符 | 描　述 |
|---|---|
| == | 比较两个对象是否相等，如果相等，运算结果为 True，否则为 False |
| != | 比较两个对象是否不相等，如果不相等，运算结果为 True，否则为 False |
| > | 大小比较，如果表达式成立，运算结果为 True，否则为 False |
| < | 大小比较，如果表达式成立，运算结果为 True，否则为 False |
| >= | 大小比较，如果表达式成立，运算结果为 True，否则为 False |
| <= | 大小比较，如果表达式成立，运算结果为 True，否则为 False |

### 3. 赋值运算符

Python 赋值运算符共 8 个，见表 3-4。

**表 3-4　Python 赋值运算符**

| 运算符 | 描　述 |
|---|---|
| = | 常规赋值运算符，将运算结果赋值给变量 |
| += | 加法赋值运算符，例如，a+=b 等效于 a=a+b |
| -= | 减法赋值运算符，例如，a-=b 等效于 a=a-b |
| *= | 乘法赋值运算符，例如，a*=b 等效于 a=a*b |
| /= | 除法赋值运算符，例如，a/=b 等效于 a=a/b |
| %= | 取模赋值运算符，例如，a%=b 等效于 a=a%b |
| **= | 幂运算赋值运算符，例如，a**=b 等效于 a=a**b |
| //= | 取整除赋值运算符，例如，a//=b 等效于 a=a//b |

### 4. 逻辑运算符

Python 逻辑运算符有 3 个，见表 3-5。

**表 3-5　Python 逻辑运算符**

| 运算符 | 描　述 |
|---|---|
| and | 布尔"与"运算符，返回两个变量"与"运算的结果 |
| or | 布尔"或"运算符，返回两个变量"或"运算的结果 |
| not | 布尔"非"运算符，返回对变量取"非"运算的结果 |

逻辑运算的操作数是布尔类型的数据，假设 a 和 b 是两个布尔型的变量，其逻辑运算结果见表 3-6。

表 3-6 逻辑运算结果

| a | b | a and b | a or b | not a | not b |
|---|---|---|---|---|---|
| True | True | True | True | False | False |
| True | False | False | True | False | True |
| False | True | False | True | True | False |
| False | False | False | False | True | True |

下面通过一个案例演示算术运算符、关系运算符和逻辑运算符如何使用。

**例 3-11** 设计判断三条边长能否构成三角形的表达式。

(1) 分析。设变量 a、b、c 代表三条边长，能构成三角形的条件是任意两边之和大于第三边，所以 a+b>c、a+c>b 以及 b+c>a 应同时成立，需要使用逻辑运算符 and 将三个表达式连接起来，即 a+b>c and a+c>b and b+c>a，如果表达式运算的结果为 True，则表示三条边能构成三角形，若结果为 False，则不能构成三角形。

(2) 程序代码如下：

```
a = input("输入第一条边长:")
b = input("输入第二条边长:")
c = input("输入第三条边长:")
a = int(a)
b = int(b)
c = int(c)
print(a + b > c and a + c > b and b + c > a)
```

程序运行结果如图 3-17 所示。

图 3-17 例 3-11 的程序运行结果

### 5. 位运算符

Python 位运算符有 6 个，见表 3-7。

表 3-7 Python 位运算符

| 运算符 | 描述 |
|---|---|
| & | 按位取“与”运算符：参与运算的两个值，如果两个相应位都为 1，则结果为 1；否则为 0 |
| \| | 按位取“或”运算符：只要对应的两个二进制位有一个为 1 时，结果就为 1 |
| ^ | 按位取“异或”运算符：当两对应的二进制位相异时，结果为 1 |
| ~ | 按位取“反”运算符：对数据的每个二进制位取反，即把 1 变为 0，把 0 变为 1 |

续表

| 运算符 | 描　　述 |
|---|---|
| << | “左移动”运算符：运算数的各二进制位全部左移若干位，由运算符<<右边的数指定移动的位数，高位丢弃，低位补 0 |
| >> | “右移动”运算符：运算数的各二进制位全部右移若干位，由运算符>>右边的数指定移动的位数 |

位运算是针对二进制数据运算，所以在运算前，首先要将操作数转换为二进制数，然后将两个二进制数对应位进行位运算。

### 6. 成员运算符

Python 成员运算符共 2 个，详见表 3-8。

**表 3-8　Python 成员运算符**

| 运算符 | 描　　述 |
|---|---|
| in | 在指定的序列中寻找指定值，如果存在，则返回 True；否则返回 False |
| not in | 在指定的序列中寻找指定值，如果不存在，则返回 True；否则返回 False |

### 7. 身份运算符

Python 身份运算符有 2 个，详见表 3-9。

**表 3-9　Python 身份运算符**

| 运算符 | 描　　述 |
|---|---|
| is | 判断两个标识符是否引用自同一个对象，若引用的是同一个对象，则返回 True；否则返回 False |
| is not | 判断两个标识符是不是引用自不同对象，若引用的不是同一个对象，则返回 True；否则返回 False |

下面通过一个案例演示位运算符、成员运算符和身份运算符如何使用。

**例 3-12**　位运算符、成员运算符和身份运算符使用。

程序代码如下：

```
a = 55
b = 11
c = 55
d = [11, 2, 3, 4, 5]
print(a & b)
print(a | b)
print(a ^ b)
print(~a)
print(a << 3)
print(a >> 3)
print(a in d)
```

```
print(a not in d)
print(b in d)
print(a is c)
print(b is not c)
```

程序运行结果如图3-18所示。

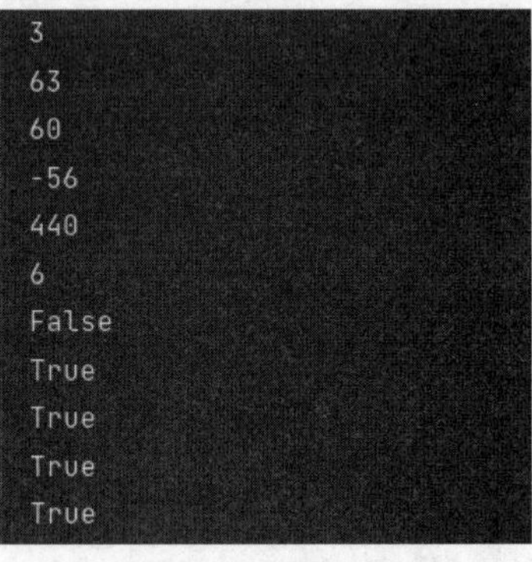


图3-18　例3-12的程序运行结果

本例中,a转换为二进制数是0011 0111,b转换为二进制数是0000 1011,a & b的结果是00000011,即3;a | b的结果是00111111,转换成十进制是63;a ^ b的结果是00111100,转换成十进制是60;～a的结果是11001000,转换成十进制是－56;a ＜＜ 3的结果是00000001 10111000,转换成十进制是440;a ＞＞ 3的结果是00000110,转换成十进制是6。

## 3.4.2　表达式

表达式是由常量、变量、函数和运算符组合起来的式子,表达式的值就是计算表达式所得结果值。计算表达式值时,要按照运算符优先级和结合性规定顺序进行。单一常量、变量、函数可以看作表达式特例。

当一个表达式中有多种运算符时,要考虑运算符优先级顺序(即先后运算顺序),优先级高的先执行,优先级低的后执行,同一优先级的运算符按照从左至右顺序执行。如果有括号,括号内运算最先执行。Python中常用运算符有算术运算符、比较运算符和逻辑运算符,它们的优先级顺序见表3-10。

**表3-10　常用运算符优先级顺序**

| 等级(从上到下依次降低) | 符号类型 | 运算符 |
|---|---|---|
| 1 | 算术运算符 | ** |
| 2 | | *、/、%、// |
| 3 | | ＋、－ |
| 4 | 比较运算符 | ＜、＜＝、＞、＞＝、＝＝、!＝ |
| 5 | 逻辑运算符 | not |
| 6 | | and |
| 7 | | or |

下面通过一个案例演示常见运算符的使用。

**例3-13**　a、b、c是三角形的三条边长,写出判断该三角形为直角三角形的表达式。

(1) 分析。

判断直角三角形的条件是三条边中其中两条边长平方和等于第三条边长平方即为直角三角形。可以使用算术运算符＊、＋和比较运算符＝＝以及逻辑运算符or联合实现,表达式可描述为b＊b ＋ c＊c ＝＝a＊a or a＊a ＋ b＊b＝＝c＊c or a＊a ＋ c＊c＝＝b＊b。由于算术运算符优先级最高，所以在进行运算时，先分别计算 b * b + c * c、a * a、a * a + b * b、c * c、a * a + c * c 以及 b * b，然后再进行==运算，最后将比较结果进行 or 运算。运算结果为 bool 型，True 表示是直角三角形，False 表示不是直角三角形。

(2) 程序代码如下：

```
a = input("输入第一条边长:")
b = input("输入第二条边长:")
c = input("输入第三条边长:")
a = int(a)
b = int(b)
c = int(c)
print(a * a + b * b == c * c or a * a + c * c == b * b or b * b + c * c == a * a)
```

程序运行结果如图 3-19 所示。

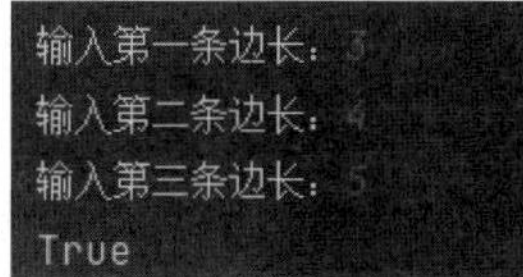


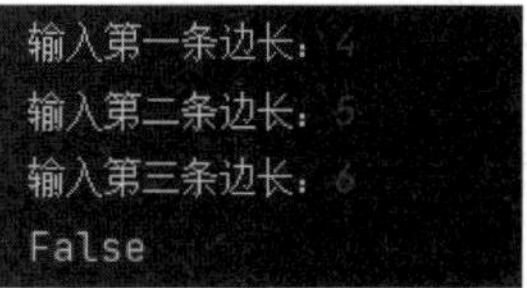


图 3-19　例 3-13 的程序运行结果

## 3.5　输入和输出

数据输入/输出是程序中的基本操作，程序与用户数据之间交互一般会通过输入/输出实现。例如，在之前的例 3-1 中，通过 input() 函数程序获取了用户从键盘输入的两个数，将这两个数赋值给变量 a 和 b，经过一系列运算过程之后，通过 print() 函数将计算结果输出到屏幕。input() 和 print() 是 Python 中最常用的输入/输出函数，下面详细介绍一下其用法。

### 3.5.1　输出函数 print ()

在 Python 中使用 print() 函数实现数据输出（包括输出到显示器或实现打印机打印等），其语法格式如下：

```
print(输出内容)
```

下面通过一个案例来介绍 print() 函数的用法。

**例 3-14**　print() 函数的使用。

```
a = 3.5
b = 4
print(100)
print(a)
```

```
print('hello')
print("hello")
print('''hello''')
print('''hello
   Python''')
print(a * b)
print("hello", "Python", 3.0)
```

```
100
3.5
hello
hello
hello
hello
   Python
14.0
hello Python 3.0
```

图3-20 例 3-14 的程序运行结果

程序运行结果如图 3-20 所示。

通过观察输出结果,可以得出以下结论。

(1) print()函数输出对象可以是数字、字符串,也可以是包含运算符的表达式。

(2) 如果输出内容是字符串,则需要加单引号、双引号或三引号,三引号还可以用于进行多行字符组成的字符串原样输出。

(3) 如果想将多个数据放在同一行输出,可以在一个 print()函数中,将要输出的数据用逗号依次间隔开,这样在输出时,多个数据在同一行,数据与数据之间用空格间隔。

上述三种输出,都是将结果打印输出到屏幕,除此之外,还可以将数据输出到文件中。下面通过一个案例演示将数据输出到文件中。

**例 3-15** 将数据输出到文件中。

程序代码如下:

```
fp=open("d:/a.text", "a+")
print("hello Python", file=fp)
fp.close()
```

本例中,fp=open("d: /a.text", "a+")语句的作用是打开文件并指定输出方式,其中a+表示在指定的文件内容末尾追加内容,如果文件不存在,则创建指定文件;print("hello Python", file=fp) 语句的作用是,向指定文件末尾追加内容 hello Python;fp.close()语句的作用是关闭指定文件。

假如在 d 盘中不存在文件 a.txt,那么在第一次运行程序时,会创建文件 a.txt,并将内容 hello Python 输出到文件中。文件内容如图 3-21 所示。

再次运行程序,则会向 a.txt 中追加内容,运行结果如图 3-22 所示。

图 3-21 例 3-15 第一次的运行结果

图 3-22 例 3-15 再次运行的运行结果

## 3.5.2 输入函数 input()

在程序中,经常需要在程序运行过程中动态输入数据。在 Python 中使用 input()函数动态获取用户输入数据，例如在例 3-1 中语句 a = input("Enter a number：")和 b = input("Enter another number：")就是用来获取用户从键盘输入的数据。input()函数格式如下：

```
变量 = input("提示信息")
```

下面通过一个案例演示 input()函数的使用。

**例 3-16**　input()函数的使用。

程序代码如下：

```
name = input("Please Enter Your Name:")
age = input("Please Enter Your Age:")
print("The name of the user is {0} and his/her age is {1}".format(name, age))
```

程序运行结果如图 3-23 所示。

```
Please Enter Your Name:Tom
Please Enter Your Age:20
The name of the user is Tom and his/her age is 20
```

图 3-23　例 3-16 的程序运行结果

需要注意的是，input()函数返回值是字符串，如果要获取数值型数据，则需要进行类型转换，如例 3-1 中使用 int()函数将字符串转换成 int 型。

## 3.6　内置函数

程序设计人员在设计程序过程中，会遇到很多重复性、反复性的实现某种功能的情况，这部分功能一般都会由编译环境提供。Python 解释器内置了很多函数，可以在编程中使用。在此之前，我们已经接触过一些内置函数，如 input()、print()、id()、type()以及 int()等，内置函数极大地提升了程序设计效率和程序的可读性。

下面通过一个案例了解常用的内置函数。

**例 3-17**　通过内置函数实现一组数据排序、显示和翻转。

程序代码如下：

```
import random
x = list(range(11))     #创建列表
random.shuffle(x)       #随机打乱顺序
print(x)
x = sorted(x)
print(x)
x = sorted(x, key=str)
print(x)
x = list(reversed(x))
print(x)
```

程序运行结果如图 3-24 所示。

```
[9, 1, 0, 8, 4, 3, 2, 7, 6, 10, 5]
[0, 1, 2, 3, 4, 5, 6, 7, 8, 9, 10]
[0, 1, 10, 2, 3, 4, 5, 6, 7, 8, 9]
[9, 8, 7, 6, 5, 4, 3, 2, 10, 1, 0]
```

图 3-24　例 3-17 的程序运行结果

在本例程序代码中,sorted()和 reversed()是两个内置函数。sorted()函数实现对列表、元组、字典、集合或其他可迭代对象进行排序,并返回新列表的功能;reversed()函数实现了这些数据翻转的功能,通过使用这两个内置函数,本来复杂的程序设计会变得简单,大大提升了开发效率。因此作为程序设计初学者,熟悉了解内置函数,能用内置函数解决问题的地方,就不再需要重复编写代码,从而大大提升程序设计效率。

任务工单 3-2:自己动手设计一个简单程序,见表 3-11。

**表 3-11　任务工单 3-2**

| 任务编号 | | 主要完成人 | |
|---|---|---|---|
| 任务名称 | 1. 输入一个三位的整数,求其个、十、百位上的数字。<br>2. 输入球的半径,求球的表面积和体积 | | |
| 开始时间 | | 完成时间 | |
| 任务要求 | 1. 模仿本章案例,独立完成程序的编写。<br>2. 进一步巩固程序设计的基础知识。<br>3. 能够做到举一反三,解决类似的问题 | | |
| 任务完成情况 | | | |
| 任务评价 | | 评价人 | |

## 3.7　思考与实践

1. 关于 Python 语言的特点,以下选项描述正确的是(　　)。

A. Python 语言不支持面向对象　　B. Python 语言是解释型语言

C. Python 语言是编译型语言　　D. Python 语言是非跨平台语言

2. 下列 Python 表达式结果最小的是(　　)。

A. 2**3//3+8%2 * 3　　B. 5**2%3+7%2**2

C. 1314//100%10　　D. int("1"+"5")//3

3. 下面不是 Python 合法的标识符的是(　　)。

A. int_3　　B. print　　C. count　　D. __name__

4. 在 Python 中运行 print("3+6")的结果是(　　)。

A. 9　　B. "3+6"　　C. 3+6　　D. "9"

5. 下列 Python 表达式的值为偶数的是(　　)。

A. 12 * 3%5　　B. len("Welcome")

C. int(3.9)　　D. abs(-8)

6. 下列 Python 表达式中，能正确表示“变量 x 能够被 4 整除且不能被 100 整除”的是(　　)。

A. (x%4==0) or (x%100!=0)　　B. (x%4==0) and (x%100!=0)

C. (x/4==0) or (x/100!=0)　　D. (x/4==0) and (x/100!=0)

7. 下列选项中，属于 Python 输入函数的是(　　)。

A. random()　　B. print()　　C. count()　　D. input(　　)

8. 有 Python 程序如下：

```
S=input()
print(S * 3)
```

运行后通过键盘输入 6，则运算结果是(　　)。

A. 666　　B. SSS　　C. 18　　D. S * 3

9. 变量 K 表示某天是星期几(如 K=1 表示星期一)，下列 Python 表达式中能表示 K 的下一天的是(　　)。

A. K+1　　B. K%7+1　　C. (K+1)%7　　D. (K+1)%7-1

10. 对于 Python 语言中的语句 x=(num//100)%10，当 num 的值为 45376 时，x 的值应为(　　)。

A. 3　　B. 4　　C. 5　　D. 6

11. 把数式写成 Python 语言的表达式，下列书写正确的是(　　)。

A. a+b/2a　　B. a+b/2 * a　　C. (a+b)/2 * a　　D. (a+b)/(2 * a)

12. 关于 Python 程序设计语言，下列说法不正确的是(　　)。

A. Python 源文件以***.py 为扩展名

B. Python 的默认交互提示符是>>>

C. Python 只能在文件模式中编写代码

D. Python 具有丰富和强大的模块

13. 下列选项中，合法的 Python 变量名是(　　)。

A. print　　B. speed　　C. Python.net　　D. a#2

14. 在 Python 中，算式 5+6 * 4%(2+8)的结果为(　　)。

A. 25　　B. 15　　C. 9　　D. 7.4

15. 在 Python 代码中表示“x 属于区间[a,b)”的正确表达式是(　　)。

A. a≤x and x<b　　B. n<= x or x<b

C. x>=a and x<b　　D. x>=a and x>b

16. Python 表达式 50－50%6 * 5//2**2 的结果为(　　)。

A. 48　　B. 25　　C. 0　　D. 45

17. 在 Python 中,print(abs(－16//5))语句的执行结果是(　　)。

A. 2.4　　B. 3　　C. 4　　D. －2.4

18. 下列选项中,可以作为 Python 程序变量名的是(　　)。

A. a/b　　B. ab　　C. a+b　　D. a－b

19. 下列 Python 表达式结果为 5 的是(　　)。

A. abs(int(－5.6))　　B. len("3+5>=6")

C. ord("5")　　D. round(5.9)

20. 在 Python 中,运行以下程序,结果应为(　　)。

```
a=5
b=7
b+=3
a=b*20
a+=2
a=a%b
print(a,b)
```

A. 5　7　　B. 20　10　　C. 22　7　　D. 2　10

21. 已知字符串 a="python",则 a[1]的值为(　　)。

A. "p"　　B. "py"　　C. "Py"　　D. "y"

22. 已知字符串 a="python",则 a[1:3]的值为(　　)。

A. "pyth"　　B. "pyt"　　C. "py"　　D. "yt"

23. 在 Python 中,关于变量的说法,正确的是(　　)。

A. 变量必须以字母开头命名

B. 变量只能用来存储数字,不能存储汉字

C. 在 Python 中变量类型一旦定义就不能再改变

D. 变量被第二次赋值后,新值会取代旧的值

24. 在 Python 中,设 a=2,b=3,表达式 a>b and b>=3 的值是(　　)。

A. 1　　B. －1　　C. True　　D. False

25. 设 a=2,b=5,在 Python 中,表达式 a>b and b>3 的值是(　　)。

A. False　　B. True　　C. －1　　D. 1

26. 如下 Python 程序段。

```
x = 2
print (x+1)
print (x+2)
```

运行后,变量 x 的值是(　　)。

A. 2　　B. 3　　C. 5　　D. 7

# 第 4 章　逻辑思维与控制结构

**基础知识目标**

- 掌握程序结构的基本概念。
- 掌握选择结构、循环结构在软件开发中的作用。
- 初步掌握选择、循环结构的语法格式。
- 掌握条件、循环嵌套语句的应用方法。
- 理解循环体的概念，了解循环体中 continue 和 break 的应用场景。

**实践技能目标**

- 按照书中介绍的方法运行本章开头案例。
- 按照书中的说明使用 for 和 while 循环体计算平均成绩。
- 完成书中的任务工单，训练逻辑思维能力。
- 完成课后习题中的程序设计，并进行测试。

第 4 章

**课程思政目标**

- 培养按照流程办事的规范精神。
- 培养工匠精神，严谨认真、一丝不苟。
- 培养科学家精神，刻苦钻研、不怕困难。

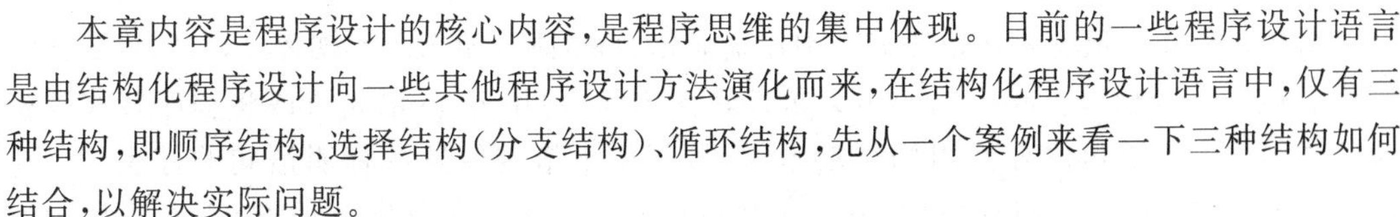

本章内容是程序设计的核心内容，是程序思维的集中体现。目前的一些程序设计语言是由结构化程序设计向一些其他程序设计方法演化而来，在结构化程序设计语言中，仅有三种结构，即顺序结构、选择结构(分支结构)、循环结构，先从一个案例来看一下三种结构如何结合，以解决实际问题。

**例 4-1**　从键盘上输入 5 个数，输出其中最大的数。

程序代码如下：

```
i = int(input("请输入整数 1: "))
max_i = i
for j in range(1, 5):
    i = int(input("请输入整数{0}: ".format(j+1)))
    if max_i < i:
        max_i = i
print('五个数中的最大值为: ', max_i)
```

程序运行结果如图4-1所示。

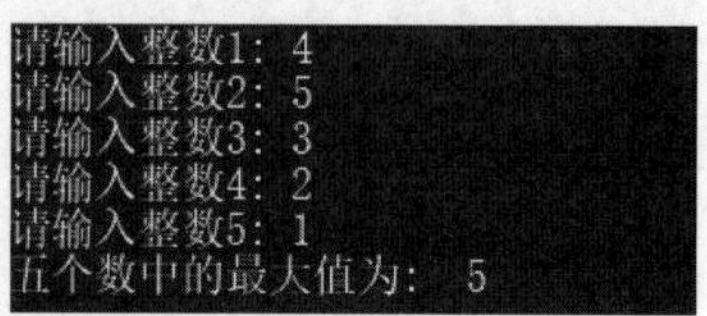


图4-1 例4-1的程序运行结果

这是一个非常典型的循环结构,而顺序结构是任何程序都离不开的基本结构(程序本身就是一条条语句按顺序写成)。因此,例4-1编程实现时同时使用了顺序、选择和循环三种结构。事实证明,任何简单或复杂的算法仅用这三种结构均可构建。

解题步骤可以描述如下。

(1) 定义变量max_i,用来存放这些数中的最大值。

(2) 将变量max_i设置为第一个数的数值。

(3) 将max_i与除了第一个数之外的所有数依次进行比较,如果max_i小于新输入的数,则更新max_i为新输入的值,这样可以保证变量max_i的值为当前比较过的所有数中的最大值。

(4) 当所有数都比较完之后,输出变量max_i的值,即所有数中的最大值。

在程序第5行中,当max_i与新输入的i进行比较时,如果满足max_i < i,则需要将max_i更新为i的值;否则,不需要进行任何操作。通过第3章的算法分析知道,当程序中需要根据不同条件进行不同处理时,应使用选择结构。因此,本例第5行中每一次比较,都要使用选择结构实现,即根据条件max_i < i是否成立,分别做出相应处理。

另外,因为总共有5个数,因此在第(3)步中,“若max_i小于i,则更新max_i为i”这个过程要重复4次才能比较完所有数。当满足某个条件,且需反复进行另外一个操作,这时应使用循环结构,因此第3行使用循环结构实现,即定义一个记录比较次数的变量j,其初值为1,每进行一次比较,j的值就增加1,直到j的值大于4时,结束循环。接下来将详细阐述程序基本结构。

## 4.1 程序结构

结构化程序的概念是从以往编程中逐渐演化而来,刚开始为了实现程序跳转,广泛使用转移语句(goto语句)。goto语句是无条件转向语句,使用goto语句可以将程序转移到相应的语句位置。语句位置使用标号表示,标号是位于指定位置的标明语句的标识符。在Python中可在命令行窗口执行“pip install goto-statement”来安装goto包,并在程序中通过引用with_goto方式进行程序跳转。

**例4-2** 使用if语句和goto语句求1+2+3+…+99+100的值。

```
#引入goto包
from goto import with_goto
@with_goto
def compute_1_to_100():
    #初始化
    i = 1
    sum_i = 0
```

```
    #定义循环标识符
    label.loop
    if i <= 100:
        #更新总和
        sum_i = sum_i + i
        #更新数字
        i = i + 1
        #跳转到循环标识符
        goto.loop
    #打印结果
    print('1+2+3+…+99+100 =',sum_i)
#调用函数,执行计算
compute_1_to_100()
```

当执行完语句 i = i + 1 后,执行其后面的语句 goto.loop,即将程序转至 label.loop 标号处,继续执行 label.loop 后的语句。运行后,将得到 1+2+3+…+99+100 的结果,如图 4-2 所示。

```
1+2+3+…+99+100 = 5050
```

图 4-2　例 4-2 的运行结果

如果一个程序中多处用到转移语句,将会导致程序流程无序可循,程序结构杂乱无章。试想,当你读一个有多个 goto 语句的程序时,流程不断地从这里转到那里,从那里再跳到其他位置,思维必然会产生混乱,这样的程序显然无法令人接受,并且程序容易出错。尤其是在实际软件产品开发中,需要兼顾软件可读性和可修改性,充满 goto 语句的程序结构是不允许出现的;而如果程序只能顺序执行,功能和效率也将会受到极大的限制和影响。

为了解决这个问题,程序控制结构概念产生了,程序有三种基本控制结构,即顺序结构、选择结构(也称为分支结构)和循环结构。

**1. 顺序结构**

通常情况下,程序语句是按照自上而下的顺序,一条一条地执行,这一过程就称为顺序执行,这些语句组成的结构就称为顺序结构。顺序结构是最基本、最简单的程序结构,任何一个程序从整体上看,都可以看作一个顺序结构,其流程图如图 4-3 所示。

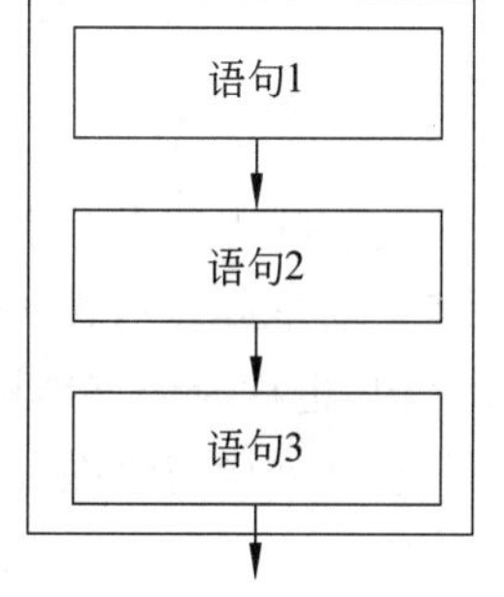


图 4-3　顺序结构流程图

最常见的顺序结构程序是"输入—计算—输出"模式。

**例 4-3**　输入两个数,输出它们的和。

程序代码如下:

```
#输入整数
a = int(input("请输入整数 1: "))
b = int(input("请输入整数 2: "))
#两个整数相加
c = a + b
#输出结果
print('{0} + {1} = {2}'.format(a,b,c))
```

运行后,将会提示用户输入 2 个整数,得到二者之和并输出,如图 4-4 所示。

在设计程序过程中我们经常会遇到交换两个变量值的情况,其交换过程也是一个顺序结构。

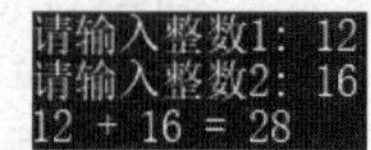

图 4-4　例 4-3 的运行结果

**例 4-4**　输入两个数 a 和 b,交换它们的值并输出。

首先请思考一个问题,如有两个瓶子 A 和 B,瓶子 A 中装满醋,瓶子 B 中装满酱油,如何将两个瓶子中的液体交换?

答案:再去找一个空瓶子 C,将瓶子 A 中的醋(瓶子 B 中的酱油)先倒入空瓶子 C 中,然后将瓶子 B 中的酱油(瓶子 A 中的醋)倒入瓶子 A(瓶子 B)中,最后将瓶子 C 中的液体倒入瓶子 B(瓶子 A)中,这样就完成了两个瓶子中的液体交换。

同样,两个变量的值交换也是如此,即需要增加一个临时变量 t,首先用临时变量 t 暂存其中第一个变量的值;然后将另一个变量的值赋给第一个变量,这样第一个变量中的值就变成了另一个变量的值;最后将临时变量 t 中的值赋给另一个变量,使得另一个变量的值变成第一个变量原来的值。这个过程仅使用顺序结构就可实现,其程序代码如下:

```
#输入整数
a = int(input("请输入整数 1: "))
b = int(input("请输入整数 2: "))
print("交换前:a={0}, b={1}".format(a, b))
#执行交换
t = a
a = b
b = t
print("交换后:a={0}, b={1}".format(a, b))
```

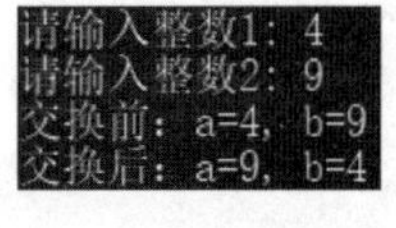

图 4-5　例 4-4 的运行结果

程序运行后,将会提示用户输入 2 个整数,将二者的数值交换后进行输出,如图 4-5 所示。

多数情况下,顺序结构仅作为程序的一部分,有一些程序并不按语句先后顺序依次执行,这个过程称为控制转移,它涉及了另外两个控制结构,即选择结构和循环结构。

**2. 选择结构**

在实际程序设计中,需要根据不同情况选择执行不同语句序列,在这种情况下,必须根据某个变量或表达式的值做出判断,以决定执行哪些语句和跳过哪些语句,这种结构就是选择结构,也称为分支结构。

选择结构流程图如图 4-6 所示。当条件不成立时,也可以不执行任何操作,如图 4-7 所示。

在日常生活中,选择结构到处可见。例如,大家都坐过出租车,出租车的计价器就是一个典型的选择结构。起步价即 3 千米以内 8 元,超出 3 千米外,每千米 1.8 元。再比如,要从烟台到北京,可以选择的交通工具有火车和飞机,如果天气晴朗,就乘坐飞机;如果阴天下雨,就乘坐火车。再就是"如果学生考试不及格,就要补考""如果开车遇到红灯,就要停车"等都是选择结构在现实生活中的体现。

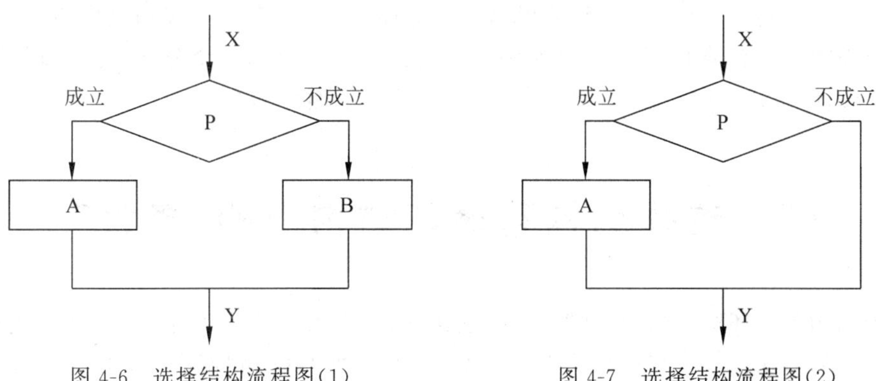


图 4-6　选择结构流程图(1)　　　　图 4-7　选择结构流程图(2)

### 3. 循环结构

在一些算法中,经常会遇到从某处开始,按照一定条件反复执行某些步骤的情况,这就是循环结构,反复执行的步骤为循环体。

循环结构是程序中另一种重要结构,它和顺序结构、选择结构共同作为各种复杂程序的基本结构。根据判定循环条件和执行循环体的先后次序,循环结构分为当型循环和直到型循环两种。

当型循环结构特征是在每次执行循环体前,先对条件进行判断。如果条件成立,执行循环体,否则退出循环。其流程图如图 4-8 所示。

直到型循环结构特征是先执行一次循环体,然后对循环条件进行判断。如果条件成立,继续执行循环体,然后再进行条件判断,直到条件不成立时,退出循环。其流程图如图 4-9 所示。

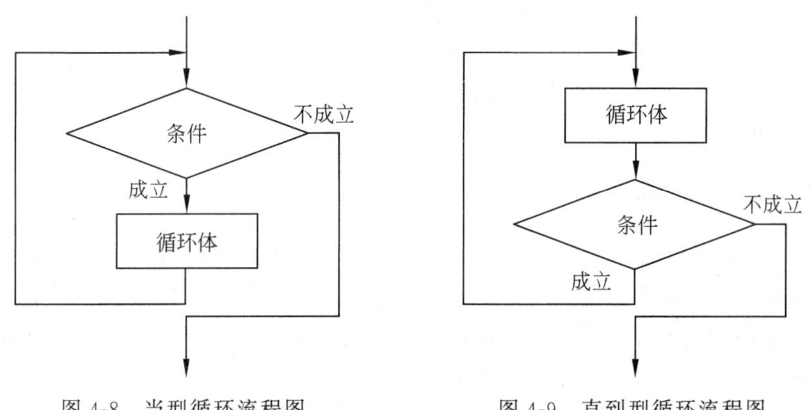


图 4-8　当型循环流程图　　　　图 4-9　直到型循环流程图

生活中处处充满了类似循环结构的实例,例如,北京取得了 2008 年奥运会主办权,在申奥过程中,国际奥委会对遴选出的五个城市进行投票表决,这个过程即为循环的例子。首先进行第一轮投票,如果有一个城市得票超过一半,那么这个城市取得主办权;如果没有一个城市得票超过一半,那么将其中得票最少的城市淘汰,重复上述过程,直到选出一个城市为止。再如,10 000 米长跑,运动员要围着 400 米的跑道跑 25 圈,也是一种循环。

分析选择结构的流程图4-6和流程图4-7,循环结构的流程图4-8和流程图4-9,不难发现这些流程图中都有菱形,表示条件判断。在选择结构执行哪一个分支或在循环结构中是否执行循环体,都由"条件"决定。"条件"是什么呢?下面详细介绍。

## 4.2 选择结构和循环结构中的"条件"

选择结构和循环结构中"条件"是一个表达式,最常用的是关系表达式和逻辑表达式,这两种表达式的值均是一个逻辑值。逻辑值只有两种,即"真"和"假"。Python语言中规定,对于一个数值,只要是非零,就代表"真",零就代表"假"。例如,0.1、-2代表"真",0代表"假"。

### 1. 关系运算及关系表达式

所谓"关系运算",实际上就是"比较"运算,即将两个数据进行比较,判定两个数据是否符合指定关系。

Python语言中提供了6个关系运算符,即>(大于)、<(小于)、>=(大于或等于)、<=(小于或等于)、==(等于)和!=(不等于),其中,前四个运算符优先级相同,后两个运算符优先级相同,并且前者优先级大于后者。

用关系运算符将两个操作数连接起来进行关系运算的式子,称为关系表达式。其中,操作数可以是常量、变量或表达式。关系表达式运算结果是"真"或"假"。

例如,要比较a的值是否大于b的值,就可以将a和b用大于运算符连接起来,组成关系表达式a>b。如果a的值为5,b的值为3,则这个运算的结果就为"真",表示条件成立;如果a的值为3,b的值为5,则运算的结果为"假",表示条件不成立。

在Python语言中,"真"也可以用1表示,"假"也可以用0表示。

本章例4-1第(3)步中,判断max_i的值是否小于i时,就可以用关系表达式max_i<i表示;例4-2中的if关键字后的i<=100也是关系表达式。

### 2. 逻辑运算及逻辑表达式

在描述选择结构和循环结构中的"条件"时,仅使用算术运算符和关系运算符有时满足不了要求,例如,如果要判断3个数$a$、$b$和$c$三条边,可否构成三角形,由于"任意两边之和大于第三边"是构成三角形的条件,因此只有保证表达式$a+b>c$、$a+c>b$和$b+c>a$同时成立,才能构成三角形,这个时候就要用到逻辑运算符。

Python语言中提供了三种逻辑运算符,分别是and(与)、or(或)、not(非)。在三个逻辑运算符中,not是一元运算符,其优先级最高,并且高于算数运算符;接下来是and,而or的优先级最低。

由逻辑运算符将两个操作数连接起来的式子称为逻辑表达式。逻辑运算的运算规则见表4-1,其中a和b是两个操作数。

表 4-1　逻辑运算的运算规则

| a | b | not a | not b | a and b | a or b |
|---|---|---|---|---|---|
| 非 0 | 非 0 | 假 | 假 | 真 | 真 |
| 非 0 | 0 | 假 | 真 | 假 | 真 |
| 0 | 非 0 | 真 | 假 | 假 | 真 |
| 0 | 0 | 真 | 真 | 假 | 假 |

从表中可以看出，三种逻辑运算符有以下特点。

(1) not 运算：可以理解为“取反”，它的特点是如果操作数为“真”，not 运算后就为“假”；如果操作数为“假”，not 运算之后就为“真”。

(2) and 运算：可以理解为“并且”，它的特点是只有两个操作数同时为“真”，and 运算后结果才为“真”；两个操作数中只要有一个为“假”，and 运算之后结果就为“假”。

(3) or 运算：可以理解为“或”，它的特点是两个操作数中只要有一个为“真”，or 运算后结果就为“真”；如果两个操作数同时为“假”，or 运算之后结果才为“假”。

因此，前面提到的三个数 a、b 和 c 构成三角形的条件，即表达式 a+b>c、a+c>b 和 b+c>a 同时成立，就可以用逻辑运算符 and 将三个表达式连接起来，描述为 a+b>c and a+c>b and b+c>a。

a、b、c 能构成三角形的前提下，如果要继续判断该三角形是否是直角三角形，条件可描述为 a * a+b * b==c * c or b * b+c * c==a * a or a * a+c * c==b * b，之所以用 or 运算符，是因为 a * a+b * b==c * c、b * b+c * c==a * a 和 a * a+c * c==b * b 这三个式子有一个条件满足即可证明该三角形是直角三角形。

使用关系表达式和逻辑表达式时应注意，如果程序中要输出关系表达式或逻辑表达式的值，如果为“真”，输出 True；如果为“假”，输出 False。例如，如果变量 a 的值为 5，表达式 a>=4 运算结果为“真”，语句 print(a>=4)输出 True；而表达式 a>=6 and a<10 运算结果为“假”，语句 print(a>=6 and a<10)输出 False，具体输出情况如图 4-10 所示。

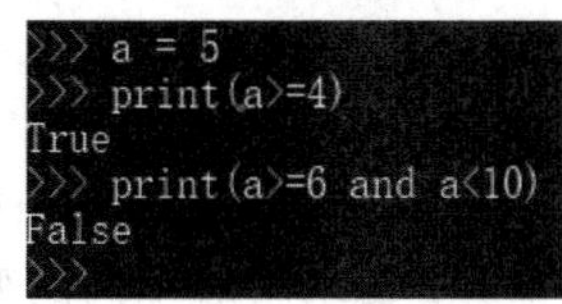


图 4-10　关系表达式输出值示例

### 3. 其他表达式

选择结构和循环结构中的“条件”的形式，除了最常用的关系表达式和逻辑表达式，还可以是其他表达式，例如算术表达式、位运算表达式等。“条件”是否成立，取决于表达式的运算结果，若结果为 0，即“假”，表示条件“不成立”；若结果为非 0，即“真”，表示条件“成立”。

例如，如果条件为 3+4.2/1.4−5.9，其运算结果为 0.1，非 0，因此为 True，意味着条件“成立”；而如果条件为 1 & 0，这是一个位运算表达式，其结果为 0，因此结果为 False，意味着条件“不成立”。

了解了选择结构和循环结构中的“条件”，下面我们学习 Python 语言中构成选择结构和循环结构的语句。

# 4.3 三个数字排序

首先请看一个例子。

**例 4-5** 从键盘上输入 3 个数 a、b 和 c,按照从小到大的顺序输出。

解决本题的步骤如下。

(1) 通过比较和交换,使得 a 小于或等于 b。具体操作为:如果 a 大于 b,因为与结果"a 小于或等于 b"相悖,所以需交换 a 和 b 的值。

(2) 通过比较和交换,使得 a 小于或等于 c。具体操作为:如果 a 大于 c,因为与结果 a≤c 相悖,所以交换 a 和 c 的值。

经过上述两步之后,已经保证了 a 的值是三个数中最小的,接下来的第(3)步中只需想办法使得"b 小于或等于 c",就大功告成。

(3) 如果 b 大于 c,交换 b 和 c 的值。

到现在为止,已经保证了 a、b、c 的值从小到大排列。

(4) 依次输出 a、b、c 的值。

上述步骤的前三步中,均要根据"条件"来判断是否需要交换两个变量的值,即根据不同的情况执行不同的操作,显然需要使用选择结构来实现。

在 Python 语言中,一般使用 if 语句实现选择结构,包括单分支 if 语句、双分支 if-else 语句以及多分支 if-elif 语句三种基本形式,下面分别详细介绍。

## 4.3.1 if 语句

### 1. 单分支 if 语句

当程序中只需要对一种情况做出特定的处理时,可以使用单分支 if 语句。例如,在例 4-5 中要求只对不同的变量进行交换,所以在进行交换前加入二者不相同的判断条件,如果条件成立,则交换两个变量的值;否则,什么都不做。因此,需要使用单分支 if 语句来实现。

**例 4-6** 从键盘上输入一个三位的正整数,判断该数是否是水仙花数,若是,输出该数。

分析:水仙花数是指一个三位数,其每个位上数字的立方之和等于它本身。当这个数是水仙花数时,输出该数;否则,什么都不做。因此,只需单分支的 if 语句即可实现。

以下为单分支 if 语句的格式。

```
if 表达式:
    语句
```

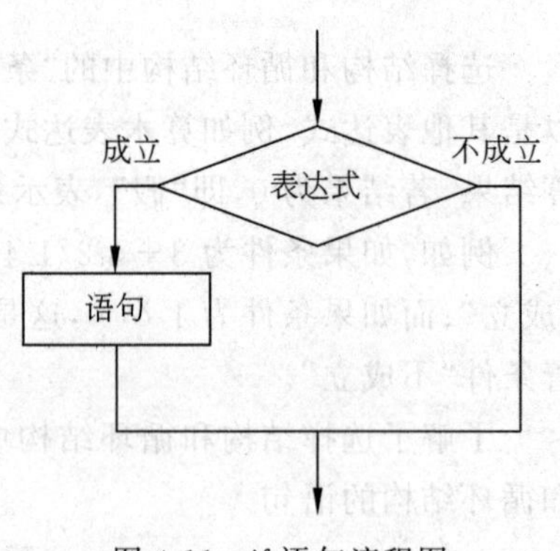


图 4-11 if 语句流程图

其流程图如图 4-11 所示。

其执行过程为，首先进行“表达式”的计算，如果结果为“真”，则执行“语句”；如果结果为“假”，则跳过“语句”，执行 if 语句后面的其他语句。

(1) 例 4-5 程序代码。

```
#输入整数
a = int(input("请输入整数 1: "))
b = int(input("请输入整数 2: "))
c = int(input("请输入整数 3: "))
print('排序前:', a, b, c)
#通过 if 执行排序
if a > b:
    t = a
    a = b
    b = t
if a > c:
    t = a
    a = c
    c = t
if b > c:
    t = b
    b = c
    c = t
print('排序后,从小到大依次为:', a, b, c)
```

运行后，将会提示用户输入 3 个整数，将 3 个数按从小到大的顺序排序后进行输出，如图 4-12 所示。

(2) 例 4-6 程序代码。

```
#输入整数
n = int(input("请输入三位整数: "))
#提取百位数字
bai = n//100
#提取十位数字
shi = n%100//10
#提取个位数字
ge = n%10
if n == bai * bai * bai+shi * shi * shi+ge * ge * ge:
    #满足每个位上数字的立方之和等于它本身
    print("这个数是水仙花数")
```

程序运行后，将会提示用户输入一个三位整数，如果判断为水仙花数则会输出，如图 4-13 所示。

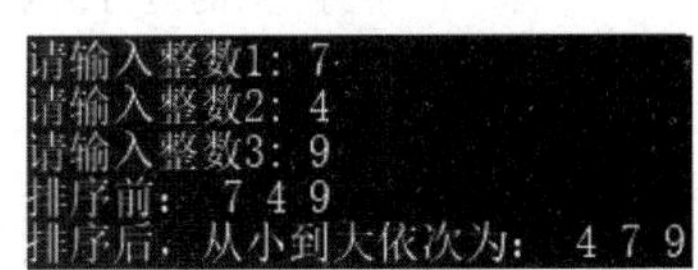


图 4-12　例 4-5 的运行结果

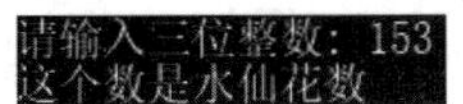


图 4-13　例 4-6 的运行结果

**2. 双分支 if-else 语句**

当程序中要处理的问题可以分为两种情况时,可以使用双分支 if-else 语句。

**例 4-7** 从键盘上输入两个数 a 和 b,输出它们中较大的数。

(1) 分析。输出的结果有两种,当 a 的值大于 b 时,输出结果为 a 的值;否则,输出结果为 b 的值。

以下为双分支 if-else 语句的格式。

```
if 表达式:
    语句 1
else:
    语句 2
```

其流程图如图 4-14 所示。

其执行过程为,首先计算“表达式”,如果“表达式”结果为“真”,则执行“语句 1”;如果“表达式”结果为“假”,则执行语句 2。

(2) 例 4-7 程序代码。

```
#输入整数
a = int(input("请输入整数 1: "))
b = int(input("请输入整数 2: "))
#执行判断
if a > b:
    print(a)
else:
    print(b)
```

运行后,将会提示用户输入两个整数,并输出它们中较大的数,如图 4-15 所示。

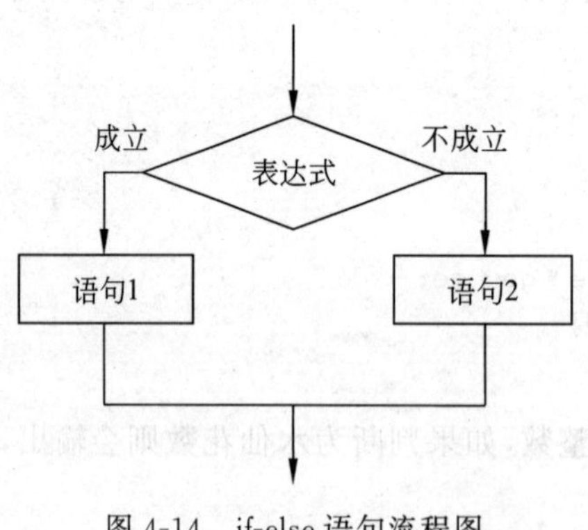


图 4-14 if-else 语句流程图

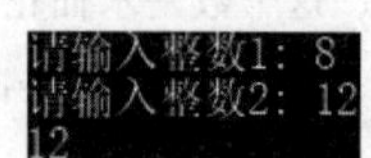


图 4-15 例 4-7 的运行结果

**3. 多分支 if-elif 语句**

当程序中要处理的问题分为三种以上情况时,需要使用多分支 if-elif 语句,如对分段线性函数的定义。

**例 4-8**　求 $y$ 值。

$x$、$y$ 的关系如下：

$$y=\begin{cases}x+2 & (x>1)\\ x & (0<x\leqslant 1)\\ x/2 & (x\leqslant 0)\end{cases}$$

(1) 分析。

本例中，x 取值区间不同，对应 y 的求值方法也不同。x 取值区间分为三个，也就是说，y 求值方法也分为三种情况。因此，单纯使用 if 语句或 if-else 语句行不通，需要使用多分支 if -elif 语句才能实现。

以下为多分支 if-elif 语句格式。

```
if 表达式 1:
    语句 1
elif 表达式 2:
    语句 2
...
elif 表达式 m:
    语句 m
else:
    语句 n
```

其执行过程为，首先计算"表达式 1"，如果结果为"真"，则执行语句 1；否则计算"表达式 2"，如果结果为"真"，则执行"语句 2"……否则计算"表达式 $m$"，如果结果为"真"，执行"语句 $m$"；否则执行"语句 $n$"。

例 4-8 中多分支 if-elif 语句流程图如图 4-16 所示。

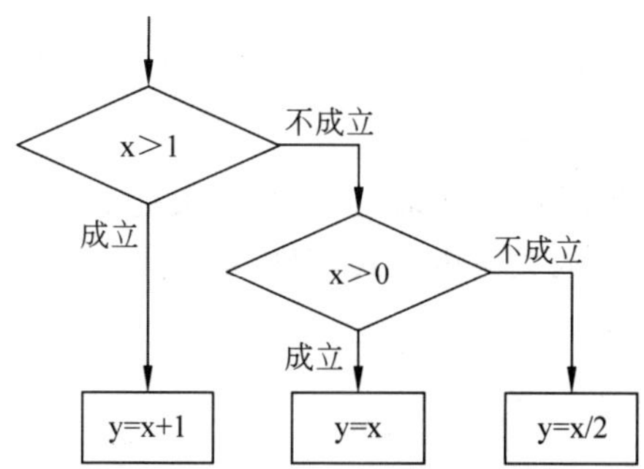


图 4-16　例 4-8 多分支 if-elif 语句流程图

(2) 例 4-8 使用 if-elif 语句实现的代码。

```
#输入整数
x = int(input("请输入一个整数: "))
if x > 1:
    y = x + 2
elif x > 0:
    y = x
```

```
else:
    y = x/2
print('y = ', y)
```

(3) 例 4-8 使用单分支 if 语句也可以实现,程序代码如下。

```
#输入整数
x = int(input("请输入一个整数: "))
if x > 1:
    y = x + 2
if x > 0 and x <= 1:
    y = x
if x <= 0:
    y = x/2
print('y = ', y)
```

程序运行后,将会提示用户输入一个整数,并根据数据大小选择对应分支进行计算,输出计算结果,如图 4-17 所示。

```
请输入一个整数:4
y =  6
```

图4-17　例 4-8 的运行结果

**思考**:对于例 4-8 采取单分支 if 语句实现,有何弊端?

如果程序运行时,从键盘上输入数值 3,那么第一个 if 语句的条件 x>1 成立,因此执行 y=x+2 语句,计算出 y 值为 5。按照正常逻辑思维,既然已经找到 x 的所属区间并计算出对应的 y 值,那么其他区间就没必要再进行判断,直接跳过就可以;但是,分析上述程序代码,我们会发现,尽管 x 值已经满足条件 x>1,却仍要对其他两个 if 语句的条件 x>0 and x<=1 和 x<=0 进行判断,这是多余的,并且这样做会影响程序执行效率。

因此,当要求解的问题分三种情况以上时,为避免做一些多余判断,提高程序效率,应尽量采取多分支 if-elif 语句。

#### 4. 应注意的问题

(1) 表达式形式。在三种形式的 if 语句中,在 if 关键字之后均为表达式。

表达式通常是逻辑表达式或关系表达式,但也可以是其他表达式,如赋值表达式等,甚至也可以是一个变量。

如以下两个 if 语句。

```
if a==5 语句;
if b 语句;
```

以上两种格式都是允许的。只要表达式的值为非 0,即为"真"。

(2) 标点符号应用。Python 语言中,在 if 语句中,条件判断表达式最后以符号":"结尾。不同的语言标点符号不同。

书写 if 语句时,条件表达式结尾若未加符号":"或者加入了其他符号,则程序将会报错。

(3) 复合语句。执行语句若多于一条,应按相同的缩进格式对齐组成复合语句。

在 if 语句的三种形式中,如果要想在满足条件时执行一组(多个)语句,则必须把这一组语句按相同的缩进格式对齐组成复合语句。例如，以下程序代码中，满足某个条件时要执行的语句都是两个，因此将两个语句对齐来组成复合语句。

```
if a > b:
    a = a+1
    b = b+1
else:
    a = 0
    b = 10
```

### 4.3.2　选择结构嵌套

当 if 语句中的执行语句又是 if 语句时，就构成了 if 语句嵌套的情形。

if 语句嵌套表示形式有以下三种。

格式 1：

```
if 表达式:
    if 语句
```

格式 2：

```
if 表达式:
    语句
else:
    if 语句:
```

格式 3：

```
if 表达式:
    if 语句:
else:
    if 语句:
```

如果嵌套在内的 if 语句又是 if-else，将会出现多个 if 和多个 else 重叠，这时要特别注意 if 和 else 的配对问题。一般来讲，这时候逻辑关系相对混乱，最好通过流程图等工具厘清逻辑关系后，再编写代码。

例如

```
if 表达式 1:
    if 表达式 2:
        语句 1
    else:
        语句 2
```

嵌套重叠时容易引发混乱，如 else 究竟与哪一个 if 是一对呢？上述嵌套形式应该理解为

```
if 表达式 1:
    if 表达式 2:
        语句 1
    else:
        语句 2
```

还是应理解为

```
if 表达式 1:
    if 表达式 2:
        语句 1
else:
    语句 2
```

为了避免这种二义性,Python 语言按照相同缩进格式对齐去匹配 if 和 else,因此对上述例子应按前一种情况理解。而其他一些编程语言,比如 C 语言通过{}来进行匹配,无论哪种语言,书写格式清晰有助于程序阅读和理解。

下面的例 4-9 就是一个使用嵌套的 if 语句实现的例子。

**例 4-9** 比较两个数大小,输出结果。

程序代码如下:

```
#输入整数
a = int(input("请输入整数 A: "))
b = int(input("请输入整数 B: "))
#执行判断
if a != b:
    if a > b:
        print("A>B")
    else:
        print("A<B")
else:
    print("A=B")
```

本例中使用了 if 语句嵌套结构,在 if 分支中,其执行语句又是 if-else 格式的 if 语句。采用嵌套结构,其实是为了分成三个分支,即 A>B、A<B 或 A=B。这种问题用 if 语句多分支形式 if-elif 语句也可以实现,如果将例 4-9 中的嵌套 if 语句修改为 if-elif 语句,其程序代码如下:

```
#输入整数
a = int(input("请输入整数 A: "))
b = int(input("请输入整数 B: "))
#执行判断
if a > b:
    print("A>B")
elif a < b:
    print("A<B")
```

```
else:
    print("A=B")
```

### 4.3.3　条件运算符

前面介绍了使用 if 语句实现选择结构，与其他开发语言类似，Python 语言也提供了一个特殊运算符——条件运算符，由它构成的表达式也可以形成选择结构，这种选择结构能以表达式形式内嵌在允许出现表达式的地方。

#### 1. 条件运算符

条件运算符可简写为单行“语句 1 if 条件表达式 else 语句 2”形式，可以发现共包括“语句 1”“条件表达式”和“语句 2”三个部分，这也可视作一种三元运算，即要求有三个运算对象。

#### 2. 条件运算符构成条件表达式

条件表达式形式如下：

```
语句 1  if  条件表达式  else  语句 2
```

#### 3. 条件表达式的值

当条件表达式的值为非零时，求出语句 1 的值，此时语句 1 的值就是整个条件表达式的值。

当条件表达式的值为零时，则求语句 2 的值，语句 2 的值就是整个条件表达式的值。

例如：

```
print("abs(x) =", -1 * x if x<0 else x)
```

在上述语句中，表达式－1 * x if x<0 else x 作为 print()函数的输出项，当 x 小于 0 时，输出表达式－x 的值；当 x 大于或等于 0 时，输出 x 的值，因此，可以得出，该语句的作用是输出 x 的绝对值。

#### 4. 条件运算符的优先级

条件运算符优先于赋值运算符，但低于关系运算符和算术运算符。例如：

```
y=100 if x>10 else 200
```

由于赋值运算符的优先级低于条件运算符，因此首先求出条件表达式 100 if x>10 else 200 的值，然后赋给 y。在条件表达式中，先求出 x>10 的值，然后判断，若 x 大于 10，取 100 作为表达式的值并赋给变量 y；若 x 小于或等于 10，则取 200 作为表达式的值并赋给变量 y。

前面例 4-7 也可以使用条件运算符实现的选择结构来加以完成，其程序代码如下：

```
#输入整数
```

```
a = int(input("请输入整数 1: "))
b = int(input("请输入整数 2: "))
#执行判断
print(a) if a>b else print(b)
```

条件表达式 print(a) if a>b else print(b)中将先判断是否 a>b,如果满足条件则将打印输出 a 值,否则将打印输出 b 值,进而实现输出 a、b 较大值的功能。

### 4.3.4 综合应用举例

**例 4-10** 从键盘上输入一个 2000—2500 的一个年份,判断是否为闰年并输出判断结果。

(1) 分析。满足下列条件之一即为闰年。

① 能被 4 整除,不能被 100 整除。

② 能被 400 整除。

第一个条件可表示为表达式 year%4==0 and year%100!=0。

第二个条件可表示为表达式 year%400==0。

两个条件满足其中一个即为闰年,因此闰年的条件就是将上述两个表达式用逻辑或(or)运算符连接起来,即 year%4==0 and year%100!=0 or year%400==0。

(2) 程序代码。

```
#输入年份
year = int(input("请输入 2000—2500 的一个年份: "))
#执行判断
if year%4==0 and year%100!=0 or year%400==0:
    print(year, "是闰年")
else:
    print(year, "不是闰年")
```

运行后,将会提示用户输入 2000—2500 的一个年份,并根据规则判断是否为闰年,输出判断结果,如图 4-18 所示。

```
请输入2000—2500的一个年份: 2022
2022 不是闰年
```

图 4-18 例 4-10 的运行结果

**例 4-11** 输入三角形三边,编写程序判断三角形的种类:等腰三角形、等边三角形或一般三角形。

(1) 分析。构成三角形的条件为任意两边之和大于第三边。因此,假设三条边为 a、b、c,判断能否构成三角形的条件为 a+b>c and a+c>b and b+c>a。

等边三角形的条件是三条边长相等。表示成 Python 语言中的表达式,即 a==b and b==c。

等腰三角形的条件是任意两条边长相等,即 a==b or b==c or a==c。

(2) 程序代码。

```
#输入整数
a = int(input("请输入整数 1: "))
b = int(input("请输入整数 2: "))
c = int(input("请输入整数 3: "))
#执行判断
if a+b>c and a+c>b and b+c>a:
    if a==b and b==c:
        print("这三条边能构成等边三角形")
    elif a==b or b==c or a==c:
        print("这三条边能构成等腰三角形")
    else:
        print("这三条边能构成一般三角形")
else:
    print("这三条边不能构成三角形")
```

图 4-19　例 4-11 的运行结果

程序运行后,将会提示用户输入三个整数,并根据规则判断三角形的种类,输出判断结果,如图 4-19 所示。

**例 4-12**　输入一个字符,编写程序判断该输入字符的种类:数字、英文字母或其他。

(1) 分析。在计算机中,所有字符是通过 ASCII 值存储,因此可以通过字符对应的 ASCII 值,判断字符类型。假设该字符放在变量 ch 中(实际上 ch 存储空间中存的就是 ASCII 值),判断一个字符是否是数字的条件为 ch>='0' and ch<='9'。

英文字母分为大写字母和小写字母,因此判断一个字符是否是字母的条件为 ch>='A' and ch<='Z' or ch>='a' and ch<='z'。

(2) 程序代码。

```
#输入字符
ch = input("请输入一个字符: ")
#执行判断
if ch>='0' and ch<='9':
    print(ch, "是一个数字")
elif ch>='a' and ch<='z' or ch>='A' and ch<='Z':
    print(ch, "是一个英文字母")
else:
    print(ch, "是其他类别的字符")
```

程序运行后,将会提示用户输入一个字符,并根据对应 ASCII 值判断字符类型,输出判断结果,如图 4-20 所示。

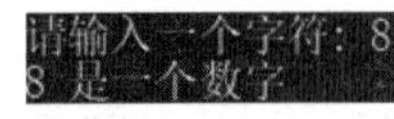


图4-20　例 4-12 的运行结果

**例 4-13**　编写程序,根据输入的字符输出相应字符串。

| 输入字符 | 输出字符串 |
|---|---|
| a 或 A | American |
| b 或 B | Britain |

c或C　　　　China
d或D　　　　Denmark
其他　　　　Other

(1) 分析。本例是多分支选择结构,使用if-elif语句实现;并且由于每两个字符输出相同字符串,因此if条件通过运算符or进行组合。

(2) 程序代码。

```
#输入字符
ch = input("请输入一个字符: ")
#执行判断
if ch=='a' or ch=='A':
    print("American")
elif ch=='b' or ch=='B':
    print("Britain")
elif ch=='c' or ch=='C':
    print("China")
elif ch=='d' or ch=='D':
    print("Denmark")
else:
    print("Other")
```

程序运行后,将会提示用户输入一个字符,并根据规则判断字符满足的条件,输出对应的字符串,如图4-21所示。

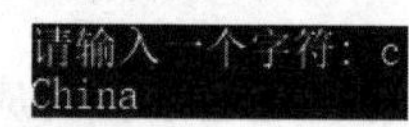

图4-21　例4-13的运行结果

**例4-14**　编写程序,将五级记分成绩转换成百分制成绩,转换规则如下。

'A'—>95~100
'B'—>85~94
'C'—>75~84
'D'—>65~74
'E'—>55~64

(1) 分析。本例是多分支选择结构,可使用if-elif语句实现,根据输入的字符来执行对应条件分支代码。

(2) 程序代码。

```
#输入字符
ch = input("请输入一个字符: ")
#执行判断
if ch=='A':
    print("95~100")
elif ch=='B':
    print("85~94")
elif ch=='C':
    print("75~84")
elif ch=='D':
```

```
    print("65~74")
elif ch=='E':
    print("55~64")
else:
    print("错误的输入")
```

程序运行后,将会提示用户输入一个字符,并根据规则判断字符满足的条件,输出对应成绩范围,如图 4-22 所示。

请输入一个字符: B
85~94

图4-22　例 4-14 的运行结果

**例 4-15**　编写程序,将输入的数字(0～6)转换成对应星期英文名称输出。

(1) 分析。本例是多分支选择结构,可使用 if-elif 语句实现,根据输入的字符来执行对应的条件分支代码,对应规则可总结如下。

0－>Sunday

1－>Monday

2－>Tuesday

3－>Wednesday

4－>Thursday

5－>Friday

6－>Saturday

(2) 程序代码。

```
#输入字符
ch = int(input("请输入一个整数: "))
#执行判断
if ch==0:
    print("Sunday")
elif ch==1:
    print("Monday")
elif ch==2:
    print("Tuesday")
elif ch==3:
    print("Wednesday")
elif ch==4:
    print("Thursday")
elif ch==5:
    print("Friday")
elif ch==6:
    print("Saturday")
else:
    print("错误的输入")
```

程序运行后,将会提示用户输入一个整数,并根据规则判断该整数满足的条件,输出对应星期英文名称,如图 4-23 所示。

图4-23　例 4-15 的运行结果

任务工单 4-1：选择结构实训任务,见表 4-2。

表 4-2 任务工单 4-1

| 任务编号 | | 主要完成人 | | |
|---|---|---|---|---|
| 任务名称 | 例 4-9 至例 4-15 的实训 | | | |
| 开始时间 | | 完成时间 | | |
| 任务要求 | 1. 单独运行一次案例。<br>2. 熟练掌握条件表达式、逻辑表达式。<br>3. 熟练掌握选择结构。<br>4. 结合程序选择结构,思考生活中的软件是怎样应用选择结构的 | | | |
| 任务完成情况 | | | | |
| 任务评价 | | | 评价人 | |

# 4.4 求班级平均成绩

**例 4-16** 全班共有 30 个学生,要求从键盘上输入每位学生的程序设计基础课程期末考试成绩,计算全班学生平均成绩并输出。

假设 i(1≤i≤30)表示第 i 个学生,gi 表示第 i 个学生程序设计基础课程成绩,s 表示所有学生成绩之和,avg 表示平均成绩。具体步骤可描述如下。

(1) S1:1→i,0→s。

(2) S2:如果 i≤30,转 S3。否则转 S4。

(3) S3:输入第 i 个学生的成绩 gi,s+gi→s,i+1→i,然后转 S2。

(4) S4:s/30→avg,输出 avg 值。

要求输入 30 个学生的程序设计基础课程成绩,并输出平均成绩。要求出平均成绩,首先要求出 30 个学生成绩之和。如果编写程序时完全用顺序结构,则要重复"输入成绩并且累加"这个操作 30 次,显然太麻烦。通过第 2 章的学习,我们也已经了解到,程序有顺序、选择和循环三种控制结构。当满足某个条件时,需要反复进行某些操作时就可以使用循环结构,因此本例中要使用循环结构。因为对于每一位学生,都要"输入其成绩并且将其成绩进行加和运算",所以,"输入其成绩并且进行加和运算,然后将人数增加 1"就是该循环结构的循环体,循环条件则是"学生人数≤30"。

在 Python 语言中,循环结构主要是由 while 语句、for 语句实现。下面分别对其详细介绍。

### 4.4.1　while 语句

while 语句常称为“当型”循环语句，其格式如下：

```
while 表达式:
    循环体
```

其流程图表示如图 4-24 所示。

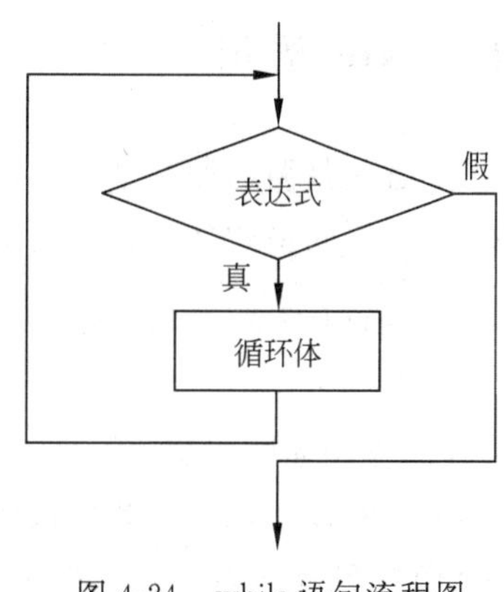

图 4-24　while 语句流程图

while 语句执行过程如下。

(1) 当“表达式”结果为“真”时，执行循环体，然后再进行“表达式”判断。

(2) 当“表达式”结果为“假”时，则结束循环，执行循环结构后面语句。

以下为例 4-16 用 while 语句实现的程序代码。

```
#初始化
total = 0
i = 1
#while 循环
while i <= 30:
    grade = float(input("请输入第{0}个分数: ".format(i)))
    #累加求和
    total = total + grade
    i = i+1
#计算平均分
avg = total/30
print("平均分为: ", avg)
```

使用 while 语句时应注意以下问题。

(1) 先进行表达式判断，然后执行循环体，并且在判断前，表达式必须要有明确值。

例如，在例 4-16 中使用 while 语句实现的代码中，在进行表达式判断之前，i 已有明确的值，因此表达式的值是确定的；若变量 i 未被赋值，则会出现错误。

(2) 表达式可以是任何类型的表达式，并且表达式以“：”为结尾。

若表达式结尾没有加上冒号，则如同选择结构 if 语句后面没有加上冒号一样，在运行时会提示错误。

(3) while 语句常用于循环次数不固定的情况。

例如，从键盘上输入多个整数，判断其正负号并输出，当输入 0 时，结束循环。

在上例中，循环次数不定，但执行循环的条件很明确，即输入的整数不为 0，就一直循环下去。因此，假如将从键盘上输入的数放到变量 d 中，则循环条件应为 d!=0。

(4) while 语句循环体中，应有使条件表达式趋向于结束的语句。

例如，在例 4-2 和例 4-16 中使用 while 语句实现的代码中语句 i=i+1，随着一次次地循环，变量 i 值也从 1 逐渐增加，越来越接近于最大值，当超过最大值时，循环结束；而如果这两个程序循环体中没有 i=i+1 语句,则循环就变成了死循环。

(5) 当循环体多于一条语句时,对所有语句应按相同缩进格式对齐组成复合语句。

例如,在例 4-16 中使用 while 语句实现代码过程中,while 循环体多于一条语句,因此按相同缩进格式对齐组成复合语句;如果未能对齐,则循环体就改变了,变成了一条语句,分别为 grade = float(input("请输入第{0}个分数:".format(i)))语句、total = total + grade 语句和 i = i+1 语句,而此时 while 循环变成了死循环。

### 4.4.2 for 语句

for 语句是循环控制结构中使用最广泛的一种循环控制语句,通常用于已知循环次数的循环。for 语句格式如下:

```
for 迭代变量 in 遍历结构:
    循环体
```

其流程图如图 4-25 所示。

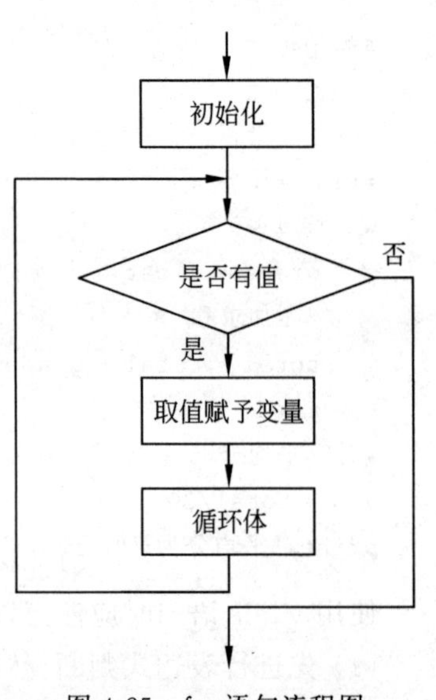


图 4-25 for 语句流程图

for 语句循环执行次数取决于遍历结构的元素数目,因此 for 循环也被称为"遍历循环",可视作从遍历结构中依次提取元素赋予循环变量,并按当前取出的元素执行循环体,当遍历结构中元素都被取出后,则表示 for 循环执行结束。

遍历结构可以是字符串、文件和数字列表等,在 Python 中内置了一个 range 迭代器对象,可方便地产生设定范围内的数字序列,其语法格式如下:

```
range(start, stop[, step])
```

其中,start 表示开始,stop 表示结束(但不包含 stop),step 表示步长(默认为 1),例如语句 range(0, 30)即可产生 0、1、2、…、29 共 30 个整数序列。因此,在编程过程中经常将 range 应用于 for 循环,用于快速地设置循环控制条件。

以下为例 4-16 用 for 语句实现的程序代码。

```
#初始化
total = 0
#while 循环
for i in range(0,30):
    grade = float(input("请输入第{0}个分数:".format(i+1)))
    #累加求和
    total = total + grade
#计算平均分
avg = total/30
print("平均分为:", avg)
```

以下为例 4-2 用 for 语句实现的程序代码。

```
#初始化
sum_i = 0
for i in range(1, 101):
    #遍历进行 1、2、…、100 累加求和
    sum_i = sum_i+i
#输出结果
print('1+2+3+…+99+100 =',sum_i)
```

使用 for 语句时应注意以下事项。

(1) for 循环三要素。for 循环通常情况下可总结为三要素,即迭代变量、遍历结构、循环体。

(2) for 循环遍历取值。for 循环每次从遍历结构中取一个元素,将其传递给迭代变量,再执行一次循环体。

(3) for 循环执行次数。for 循环运行中间如果不出现终止或跳出循环的情况,则遍历结构有多少个元素,循环体就会执行几次。

### 4.4.3 break 语句和 continue 语句

前面我们学习了 while 和 for 循环,如果在循环运行中想要终止循环或者跳过某次循环,则需要使用 break 或 continue 语句。其中,break 语句用于退出所对应的 while 或 for 循环,继续执行循环语句后的程序代码;continue 语句用于结束当前当次循环,跳出循环体中尚未执行的程序代码,但仍处于当前循环。

#### 1. break 语句

格式如下:

```
break
```

当 break 语句用于 while、for 循环语句中时,可使程序终止循环而执行循环后面的语句,通常 break 语句总是与 if 语句连在一起,即满足条件时便跳出循环。

**例 4-17**　从键盘上输入一个大于 3 的整数 n,判断 n 是否为素数。

(1) 分析。素数也称为质数,是指一个大于 1 的自然数,除了 1 和它本身之外不能被其他数整除。因此,可对输入的整数进行整除判断,如果存在小于该数平方根的整数满足整除关系,则判断为非素数,终止循环;否则,判断为素数。

(2) 程序代码。

```
#输入整数
n = int(input("请输入一个大于 3 的整数: "))
#计算平方根
m = int(n**(1/2))
#初始化
i = 2
```

```
    flag = True
    #循环计算
    while i < m+1:
        if n%i == 0:
            print(n, '能被', i, '整除,终止循环!')
            #更新素数标记
            flag = False
            #终止循环
            break
        #更新待判断的整数
        i = i + 1
    #输出结果
    if flag:
        print(n, '是素数')
    else:
        print(n, '不是素数')
```

程序运行后,将会提示用户输入一个整数,并根据规则判断该整数满足的条件,输出是否为素数,如图 4-26 所示。

使用 break 语句时应注意,在多层循环中,一个 break 语句只向外跳一层。

```
请输入一个大于3的整数: 25
25 能被 5 整除, 终止循环!
25 不是素数
```

图 4-26　例 4-17 的运行结果

**例 4-18**　输出 100 以内的素数。

(1) 分析。根据素数的定义,并用例 4-17 的处理方法,我们可对 2～100 范围内的整数进行循环遍历,判断每一个数是否满足素数的条件,如果满足则输出。

(2) 程序代码。

```
print('100以内的素数包括')
#循环 2~100以内的数
for n in range(2,101):
    #计算平方根
    m = int(n**(1/2))
    #初始化
    i = 2
    flag = True
    #循环计算
    while i < m+1:
        if n%i == 0:
            #更新素数标记
            flag = False
            #终止循环
            break
        #更新待判断的整数
        i = i + 1
    #输出结果
    if flag:
```

```
        print(n, end=' ')
```

在例 4-18 中，通过 range(2,101)得到 2～100 整数序列，在内层 while 循环内当条件 n%i==0 成立时，执行 break 语句，跳出内层 while 语句循环体，至外层 for 语句获取下一个整数继续执行，直至整数序列遍历完毕。其中，在输出结果时使用 print(n, end='')语句确保中间输出结果在同一行显示，最终运行效果如图 4-27 所示。

```
100以内的素数包括:
2 3 5 7 11 13 17 19 23 29 31 37 41 43 47 53 59 61 67 71 73 79 83 89 97
```

图 4-27　例 4-18 的运行结果

**2. continue 语句**

continue 语句的作用是跳过循环体中剩余的语句而强行执行下一次循环，与 break 语句类似也常应用于 for、while 循环体中，常与 if 条件语句一起使用，用来加速循环。

**例 4-19**　输出 20 以内不能被 3 整除的数。

(1) 分析。通过 for 循环遍历 1～20 范围的整数序列，如果该数能被 3 整除，则跳过不作处理，否则进行输出。

(2) 程序代码。

```
print('20 以内不能被 3 整除的数包括')
#循环 2~100 的数
for n in range(1,21):
    if n%3 == 0:
        continue
    print(n, end=' ')
```

在例 4-19 中，当 i 能被 3 整除时，跳过循环体中其后输出语句 print(n, end='')，获取下一个整数继续执行。最终程序运行效果如图 4-28 所示。

```
20以内不能被3整除的数包括:
1 2 4 5 7 8 10 11 13 14 16 17 19 20
```

图 4-28　例 4-19 的运行结果

与 break 类似，在多层循环中，continue 语句也是只向外跳一层。

continue 与 break 语句的区别在于：continue 语句只是结束本次循环，而不是终止整个循环语句执行；而 break 语句则是终止整个循环，转到循环语句后的下一条语句去执行。

## 4.4.4　算法效率

**1. 算法效率**

在前面介绍的三种循环语句中，循环体语句可以是任意的简单语句或复合语句，当然也可以是循环语句。如果循环体中又包含循环语句，就称为循环的嵌套。

while 语句、for 语句可以互相嵌套，形成多种嵌套模式。如果是两层嵌套循环，就称为双重循环；如果是两层以上嵌套循环，就称为多重循环。

程序是用来描述算法的，而算法是解决问题的方法和步骤，是程序的灵魂。同一个问题可能对应着多种算法,哪种算法更好呢?

通常,我们衡量一个算法的优劣,主要看其效率,即执行该算法所需时间。同一个问题多个算法中,执行时间最短的算法效率最高。算法执行时间需通过依据该算法编制的程序,在计算机上运行时所消耗的时间来度量。而度量一个程序的执行时间通常有以下两种方法。

(1) 事后统计的算法。因为很多计算机内部都有计时功能,有的甚至可精确到毫秒级,不同算法的程序可通过一组或若干组相同的统计数据分辨优劣。但这种方法有两个缺陷:一是必须先运行依据算法编制的程序;二是所得时间的统计量依赖于计算机硬件、软件等环境因素,有时容易掩盖算法本身的优劣。因此人们常常采用另一种方法,即事前分析估算的方法。

(2) 事前分析估算。一个用高级程序语言编写的程序在计算机上运行时所消耗的时间取决于以下因素。

- 依据的算法采用何种策略。
- 问题规模,例如求 100 以内还是 1000 以内的数的和。
- 书写程序的语言,对于同一个算法,实现语言级别越高,执行效率就越低。
- 编译程序所产生的机器代码质量。
- 机器执行指令的速度。

显然,同一个算法用不同语言实现,或者用不同编译程序进行编译,或者在不同计算机上运行时,效率均不相同。这说明使用绝对时间单位衡量算法效率是不合适的。撇开与这些与计算机硬件、软件有关的因素,可以认为一个特定算法“运行工作量”大小,只依赖于问题的规模。

当我们评价一个算法的时间性能时,主要标准就是算法的渐近时间复杂度。时间复杂度是某个算法的时间耗费,它是该算法所求解问题规模 n 的函数;渐近时间复杂度是指当问题规模趋向无穷大时,该算法时间复杂度的数量级。

在算法分析时,往往对两者不予区分,经常是将渐近时间复杂度 $T(n)$ 简称为时间复杂度。

$$T(n)=O[f(n)]$$

其中的 $f(n)$ 一般是算法中频度最大的语句频度,语句频度是指一个算法中的语句重复执行次数。

**2. 算法效率计算方法**

(1) 没有循环语句。

**例 4-20** 分析以下程序代码的时间复杂度。

① 程序代码。

```
if a < b:
    t = a                    #语句①
    a = b                    #语句②
    b = t                    #语句③
```

② 分析。以上三条语句的频度均为 1,该程序段执行时间是一个与问题规模 $n$ 无关的

常数。算法的时间复杂度为常数阶，记作 $T(n)=O(1)$。

这里应注意，如果算法的执行时间不随着问题规模 $n$ 增加而增长，即使算法中有上千条语句，其执行时间也不过是一个较大的常数。此类算法的时间复杂度是 $O(1)$。

(2) 只有一个一重循环。

**例 4-21** 分析以下程序代码的时间复杂度。

① 程序代码。

```
x = n
y = 0
while y < x:
    y = y+1                    #语句①
```

② 分析。这是一个一重循环程序，while 语句的循环次数为 n，所以，该程序段中语句①的频度是 n，则程序段时间复杂度是 $T(n)=O(n)$。

(3) 双重循环。

**例 4-22** 分析以下程序代码时间复杂度。

① 程序代码。

```
sm = 0
for i in range(0,n):
    for j in range(0,n):
        sm = sm + i * j        #语句①
```

② 分析。这是一个二重循环程序，外层 for 语句循环次数是 n，内层 for 语句循环次数为 n，所以，该程序段中语句①的频度是 n×n，则该程序段时间复杂度为 $T(n)=O(n^2)$。

(4) 三重循环。

**例 4-23** 分析以下程序时间复杂度。

(1) 程序代码。

```
for i in range(0,n):
    for j in range(0,n):
        for k in range(0,n):
            c[i][j] = c[i][j]+a[i][k] * b[k][j]     #语句①
```

(2) 分析。这是一个三重循环程序，最外层 for 语句循环次数为 n，中间层 for 语句循环次数为 n，最里层 for 语句循环次数为 n，所以，该程序段中语句①的频度是 n×n×n，则程序段时间复杂度是 $T(n)=O(n^3)$。

任务工单 4-2：循环结构实训任务，见表 4-3。

**表 4-3 任务工单 4-2**

| 任务编号 | | 主要完成人 | |
|---|---|---|---|
| 任务名称 | 例 4-16 至例 4-18 的实训 | | |
| 开始时间 | | 完成时间 | |

续表

<table>
<tr><td>任务要求</td><td colspan="3">1. 单独运行一次案例。<br>2. 熟练掌握循环结构。<br>3. 学会用循环结构解决问题。<br>4. 进一步思考循环结构在工作、生活中的应用</td></tr>
<tr><td>任务完成情况</td><td colspan="3"></td></tr>
<tr><td>任务评价</td><td></td><td>评价人</td><td></td></tr>
</table>

## 4.5 综合练习举例

**例 4-24** 从键盘上输入一系列整数,判断其正负号并输出,当输入为 0 时,结束循环。

(1) 分析。利用 while 循环语句接收用户输入的数据,如果输入的整数大于 0 时则输出"+",如果小于 0 时则输出"-",如果输入数据是 0 则结束循环。

(2) 程序代码。

```
d = int(input("请输入一个整数: "))
while d != 0:
    #如果输入的整数非 0
    if d > 0:
        #正数
        print("+")
    else:
        #负数
        print("-")
    d = int(input("请输入一个整数: "))
```

程序运行后,将会循环提示用户输入一个整数,并根据规则判断该整数满足的条件,从而输出对应的符号,如果发现用户输入了 0,则结束循环,如图 4-29 所示。

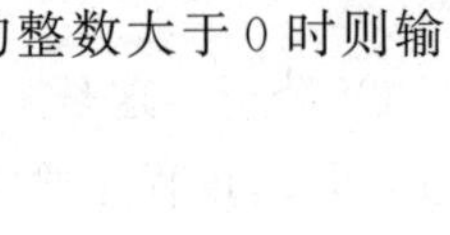

```
请输入一个整数: 5
+
请输入一个整数: -78
-
请输入一个整数: 0
```

图4-29 例 4-24 的运行结果

**例 4-25** 统计用户输入的多行字符串的行数。

(1) 分析。本例中,循环条件应是读取从键盘输入的字符串是否为空,因为循环次数未知,因此应使用 while 语句实现循环接收用户输入,并在循环体内统计已输入的行数。

(2) 程序代码。

```
d = input("请输入字符串,空字符串结束循环: \n")
#初始化
count = 0
while d != '':
    #计数
    count = count + 1
    d = input("")
print("输入了{0}行字符串".format(count))
```

程序运行后,将会提示用户输入字符串,并根据规则判断是否满足停止条件,在循环体内记录行数,如果发现用户通过按下 Enter 键而输入了空字符串,则结束循环,如图 4-30 所示。

**例 4-26**　编写程序,输出 10000～30000 中能同时被 3、5、7、23 整除的数及个数。

分析:本例中,因为循环次数已知,所以选择 while 或 for 循环语句都可以实现。其中,使用 for 语句实现的程序代码如下:

```
print('10000~30000 中能同时被 3、5、7、23 整除的数包括')
#初始化
count = 0
#循环 10000~30000 以内的数
for n in range(10000,30001):
    if n%3 == 0 and n%5 == 0 and n%7 == 0 and n%23 == 0:
        print(n, end=' ')
        count = count + 1
#输出统计结果
print("\n满足条件的数共有{0}个".format(count))
```

程序运行后,将会输出 10000～30000 中能同时被 3、5、7、23 整除的数,并在最后输出计数结果,如图 4-31 所示。

图 4-30　例 4-25 的运行结果

```
10000~30000中能同时被3、5、7、23整除的数包括:
12075 14490 16905 19320 21735 24150 26565 28980
满足条件的数共有8个
```

图 4-31　例 4-26 的运行结果

**例 4-27**　编写程序,求 100～999 中的"水仙花"数(也叫阿姆斯特朗数)及个数。

**提示**:若 3 个数其各个位数字立方和等于该数本身,即为水仙花数,如 $153=1^3+3^3+5^3$,则 153 是一个"水仙花"数。

分析:本题的重点是求出这个三位数每个位置上的数字,请参考例 4-6。

由于本例中循环次数已知,所以选择 while 或 for 循环语句都可以实现。使用 for 语句实现的程序代码如下:

```
print('100~999 中的"水仙花"数包括')
#初始化
count = 0
#循环 10000~30000 以内的数
for n in range(100,1000):
    #提取百位数字
    bai = n              //100
    #提取十位数字
    shi = n % 100        //10
    #提取个位数字
    ge = n % 10
    if n == bai * bai * bai + shi * shi * shi + ge * ge * ge:
        #满足每个位上数字的立方之和等于它本身
        print(n, end=' ')
        count = count + 1
#输出统计结果
print("\n 满足条件的数共有{0}个".format(count))
```

程序运行后,将会输出 100～999 中的“水仙花”数,并在最后输出计数结果,如图 4-32 所示。

```
100 999中的"水仙花"数包括:
153 370 371 407
满足条件的数共有4个
```

图 4-32　例 4-27 的运行结果

**例 4-28**　输出九九乘法表。

分析:本例要控制输出结果为 9 行,并且每一行的列数等于该行的行号,因此要用到双重循环。程序代码如下:

```
print('九九乘法表:')
for i in range(1,10):
    #第一层循环
    for j in range(1, i+1):
        #第二层循环
        print("{0} * {1}={2}".format(j, i, i * j), end='\t')
    #换行
    print("")
```

程序运行后,将会输出九九乘法表,如图 4-33 所示。

```
九九乘法表:
1*1=1
1*2=2	2*2=4
1*3=3	2*3=6	3*3=9
1*4=4	2*4=8	3*4=12	4*4=16
1*5=5	2*5=10	3*5=15	4*5=20	5*5=25
1*6=6	2*6=12	3*6=18	4*6=24	5*6=30	6*6=36
1*7=7	2*7=14	3*7=21	4*7=28	5*7=35	6*7=42	7*7=49
1*8=8	2*8=16	3*8=24	4*8=32	5*8=40	6*8=48	7*8=56	8*8=64
1*9=9	2*9=18	3*9=27	4*9=36	5*9=45	6*9=54	7*9=63	8*9=72	9*9=81
```

图 4-33　例 4-28 的运行结果

# 4.6 程序调试技巧

编辑完成一个 Python 语言源程序，并最终在计算机上看到程序执行结果，要经过以下两个步骤。

(1) 上机输入与编辑源程序文件(生成.py 源程序文件)。

(2) 通过集成开发工具或命令执行 py 文件。

在这个过程中，对程序设计人员而言，编译源程序文件可能会遇到各种各样的错误提示，这表明在源程序文件中有语法结构、语句设计或书写上的错误；在执行 py 文件得到程序执行结果后，可能会遇到执行结果与设计结果不符的现象，这表明源程序文件中有可能存在逻辑设计错误。诸如此类的错误都需要通过程序调试才能找到并进行修改，程序调试是指对程序查错和排错。在程序调试过程中应掌握以下方法和技巧。

(1) 首先进行人工检查，即静态检查。在写好一个程序以后，应先对程序进行人工检查。人工检查能发现程序设计人员由于疏忽而造成的多数错误。

为了更有效地进行人工检查，编写程序时应力求做到以下两点。

① 采用结构化程序方法编程，以增加程序可读性。

② 尽可能多加注释，以帮助理解每段程序的作用。

在编写复杂的程序时不要将全部语句都写在一起，而要多利用函数，用一个函数来实现一个单独的功能。各函数之间除用参数传递数据外，尽量少出现耦合关系，这样便于分别检查和处理。

(2) 人工检查无误后，上机调试。通过上机发现错误称为动态检查。在编译时会给出语法错误的信息，调试时可以根据提示信息具体找出程序中出错之处并加以改正。

应当注意，有时提示出错的地方并不是真正的出错位置，如果在提示出错的位置找不到相应的错误，应当到程序中其他地方查找；有时提示出错类型并非绝对准确，由于出错情况繁多且各种错误互有关联，因此要善于分析，找出真正错误，而不要只从字面意义上找出错误信息，钻牛角尖。

如果系统提示出错信息很多，应当从上到下逐一改正。有时显示出一大片出错信息往往使人感到问题严重，无从下手。其实可能只有一个或两个错误。例如，在使用变量时未赋值，执行时就可能会对调用该变量的语句提示出错信息。这时只要添加上一个变量赋值语句，再执行程序时所有错误都消除了。

(3) 改正语法错误后保存并运行程序，对运行结果进行分析。运行程序，输入程序所需数据，得到运行结果后，应当对运行结果作分析，看它是否符合要求。

有时，数据比较复杂，难以立即判断结果是否正确。可以事先考虑好一批“试验数据”，通过输入这些数据可以很容易判断结果正确与否。例如，解方程 $ax^2+bx+c=0$，输入 $a$、$b$、$c$ 值分别为 1、$-2$、1 时，根 $x$ 值应是 1。若根不等于 1，则程序显然有错。

但是，用“试验数据”时，程序运行结果正确还不能保证程序完全正确。因为有可能当输入另一组数据时运行结果不对。例如，用公式求根 $x$ 值，当 $a\neq0$ 和 $b^2-4ac>0$ 时，能得出正确结果,当 $a=0$ 或 $b^2-4ac<0$ 时,就得不到正确结果(假设程序中未对 $a=0$ 做异常处理以及未做复数处理)。

因此应当把程序可能遇到的各种情况都一一试到。例如,if 语句有两个分支,有可能程序在经过其中一个分支时结果正确,而经过另一个分支时结果不对。因此,对于包含选择结构的程序,在调试时应将所有可能的情况都考虑到,保证每个分支都执行一次,这样才能确保整个程序的正确性。

(4) 若运行结果不正确,应首先考虑程序是否存在逻辑错误。对运行结果不正确这类错误往往需要仔细检查和分析才能发现,可以采用以下办法。

① 将程序与流程图仔细对照,如果流程图是正确的,程序写错了,是很容易发现的。例如,复合语句缩进格式不对,只要一对照流程图就能很快发现。

② 如果实在找不到错误,可以采用"分段检查"方法。在程序不同位置设几个 print() 函数语句,输出有关变量的值,逐段往下检查,直到找到在某一段中数据不对为止,这时就已经把错误局限在这一段中了。这样不断减小"查错区",就能发现错误所在。

③ 也可以在程序中设置运行模式全局变量的定义,在满足条件情况下通过 print() 函数输出中间变量及运行结果,当程序正式运行时即可直接修改运行模式的定义,进行全局设置,以提高效率。

④ 如果在程序中没有发现问题,就要检查流程图有无错误,即算法有无问题。如有则改正之。

⑤ 有的集成开发工具还提供 debug(调试)工具,可交互式设置断点,跟踪程序并给出相应信息,使用更为方便。

总之,程序调试是一项细致深入的工作,需要下功夫去研究,认真动脑思考,逐渐积累经验。上机调试程序的目的不仅是要验证程序是否正确,还要发现问题并且学会解决这些问题,逐渐掌握调试的方法和技术,久而久之,写出的程序错误就会越来越少甚至没有错误。

任务工单 4-3:程序设计,见表 4-4。

**表 4-4 任务工单 4-3**

| 任务编号 | | 主要完成人 | |
|---|---|---|---|
| 任务名称 | 完成程序设计。 | | |
| 开始时间 | | 完成时间 | |
| 任务要求 | 1. 根据本节内容,单独完成程序设计。<br>2. 熟练掌握程序设计步骤。<br>3. 掌握一定的程序设计技巧和程序调试方法。<br>4. 学会严谨的程序设计思维 | | |
| 任务完成情况 | | | |

续表

| 任务评价 | | 评价人 | |
|---|---|---|---|

## 4.7 思考与实践

1. 如何理解结构化程序设计？结构化程序设计中都有哪些结构？

2. 画出三种不同的结构流程图。

3. 理解下列名称及其含义。

(1) 结构化程序设计、顺序结构、分支结构、循环结构。

(2) 条件表达式、逻辑表达式、真、假。

(3) 嵌套、算法效率。

4. 分支结构真的能实现程序智能化吗？怎么理解。现实中有没有不能用分支表示的选择结构？

5. for 循环和 while 循环有什么区别？

6. 如何表示“真”和“假”？系统如何判断一个量的“真”和“假”？

7. 输入 4 个整数，要求按由小到大的顺序输出。

8. 给出一百分制成绩，要求输出成绩等级 A、B、C、D、E。90 分以上为 A，80～89 分为 B，70～79 分为 C，60～69 分为 D，60 分以下为 E。

9. 输入一个字母，将字母循环后移 5 个位置后输出，如 a 变成 f，w 变成 b。

10. 从键盘上按“整数运算符”的格式输入两个整数及一个运算符，根据运算符对两个整数进行运算，并输出结果。

11. 从键盘上输入一个百分制分数，将其转化为等级分输出。

12. 输出 1000 以内能够同时被 3、5、7 整除的整数。

13. 输入三角形的三边，判断其能否构成三角形，若可以则输出三角形的类型(等边、等腰、直角三角形)。

14. 给一个不多于 5 位的正整数，要求：

(1) 求出它是几位数。

(2) 分别输出每一位数字。

(3) 按逆序输出各位数字，例如原数为 321，应输出 123。

15. s＝a＋aa＋aaa＋…＋aa…a，其中 a 是任意整数，aa…a 最多有 n 个 a，请用键盘输入 a 和 n，并输出 s 的结果。

16. 有一分数序列：2/1，3/2，5/3，8/5，13/8，21/13，…，求出这个数列的前 20 项之和。

17. 求 1＋2!＋3!＋…＋20!的和。

18. 求 1＋1/3＋1/5＋…之和，直到某一项的值小于 $10^{-6}$ 时停止累加。

19. 鸡、兔共有 30 只，脚有 90 只，计算鸡、兔各有多少只？

20. 从 3 个红球、5 个白球、6 个黑球中任意取出 8 个球,其中必须有白球,输出所有可能的方案。

21. 某旅游团有男人、女人和小孩共 30 人,在纽约一家小饭馆里吃饭,该饭馆按人头收取,每个男人收 3 美元,每个女人收 2 美元,每个小孩收 1 美元,共收取 50 美元。请编程求共有多少组解。

22. 找出 1～99 的全部同构数(它出现在平方数的右边)。例如,5 是 25 右边的数。

23. 一个球从 100m 高度自由落下,每次落地后反跳回原高度的一半,再落下,再反弹。求它在第 10 次落地时,共经过多少米,第 10 次反弹多高。

24. 猴子吃桃问题。猴子第 1 天摘下若干个桃子,当即吃了一半,还不过瘾,又多吃了一个。第 2 天早上又将剩下的桃子吃掉一半,又多吃了一个。以后每天早上都吃了前一天剩下的一半零一个。到第 10 天早上想再吃时,就只剩一个桃子了。求第 1 天共摘了多少个桃子。

# 第 5 章　列表与数据类型拓展

第 5 章

**基础知识目标**

- 掌握列表、元组、字典、集合的基本概念。
- 掌握列表、元组、字典、集合的功能方法。
- 了解多维列表的概念及应用场景。
- 理解字典的"键值对"含义，了解字典常用的应用场景。

**实践技能目标**

- 按照书中介绍的方法运行本章开头案例。
- 按照书中的说明，使用字典模拟计算一套加密和解密程序。
- 熟练填写任务工单。

**课程思政目标**

- 培养学生明白"存在即合理"的道理，明白每个人都有各自存在的价值，我们应该去发现和挖掘自己的长处。
- 培养工匠精神中严谨认真的态度。
- 培养科学家精神中刻苦钻研的作风。

排序(sort)是生活中经常碰到的问题，常见的排序有两类：一类是"升序"，从小到大；另一类是"降序"，从大到小。排序对象有很多种，包括字母、数字、号码等，最常见的是数字排序，如对 $n$ 个数按升序排序。下面介绍如何用计算机语言来解决排序问题。

**例 5-1**　从键盘上输入 10 个整型数据，将它们从小到大排列。

```
#初始化
a = []
for i in range(0,10):
    #依次输入 10 个数
    ai = int(input("请输入第{0}个整数: ".format(i + 1)))
    a.append(ai)
print('原数据列表为: ', a)
#从小到大排序
for j in range(0,9):
    #进行 9 次循环,实现 9 趟比较
```

```
    for i in range(0, 9-j):
        #在每一趟中进行 9-j 次比较
        if a[i] > a[i+1]:
            #相邻两个数比较
            t = a[i]
            a[i] = a[i+1]
            a[i+1] = t
print('排序后的数据列表为: ', a)
```

程序运行结果如图 5-1 所示。

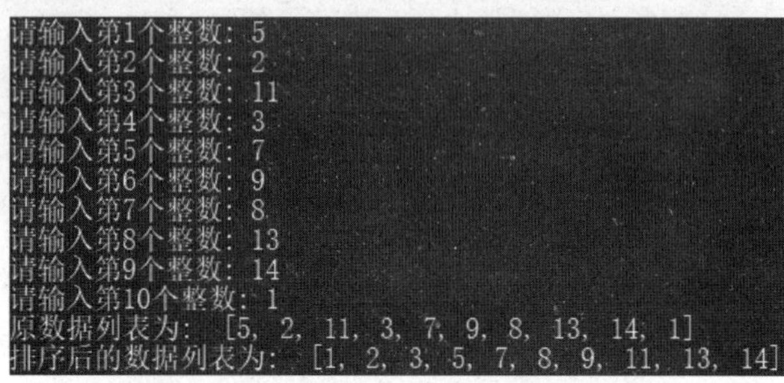


图 5-1 例 5-1 的程序运行结果

程序中使用列表存储 10 个整数,一共进行了 9"趟"比较,用一个二次循环实现。用 j 记录趟数,取值从 0 到 8,作为外层循环变量。当 j 取 0 时,要进行 9"次"相邻元素的两两比较,当 j 取 1 时,要进行 8 次相邻元素的两两比较,由此推出,每一趟比较次数跟趟数 j 有关,为 9−j。经过一"趟"比较后,最大值会沉底,即交换到最后一个元素位置,经过 9 趟排序后,所有元素从小到大排列,排序完成,这就是经典的冒泡排序算法。

在程序中,我们使用了一个新的数据类型来存放 10 个数字,即列表(list),本章主要介绍列表在程序中如何定义及使用,以及其他拓展数据类型。

## 5.1 列 表

### 5.1.1 列表引入

第 4 章之前程序中使用的变量都属于基本类型,例如整型、字符型、浮点型数据,这些都是简单数据类型。对于简单问题,使用这些简单数据类型就可以了。但是对于一些复杂问题,只用以上简单数据类型是不够的,难以反映出数据的特点,也难以有效地进行数据处理。例如,现行案例中对 10 个数字进行升序排列,理论上很简单,即首先找出最小的数字排在第一个,接下来依次从剩下的数字中找出最小数就行了。问题是怎样表示 10 个数字呢?当然可以用 10 个整型变量 a1、a2、…、a10,虽然可以实现但是很烦琐。那么如果有 1000 个数字怎么办呢?显然,完全依靠基本类型存储数据是较难实现的。

**例 5-2** 不排序直接输入/输出 10 个数。

```
#定义10个变量,分别输入10个整数
a1 = int(input("请输入第 1 个整数: "))
a2 = int(input("请输入第 2 个整数: "))
a3 = int(input("请输入第 3 个整数: "))
a4 = int(input("请输入第 4 个整数: "))
a5 = int(input("请输入第 5 个整数: "))
a6 = int(input("请输入第 6 个整数: "))
a7 = int(input("请输入第 7 个整数: "))
a8 = int(input("请输入第 8 个整数: "))
a9 = int(input("请输入第 9 个整数: "))
a10 = int(input("请输入第 10 个整数: "))
#分别输出10个变量
print(a1, end=' ')
print(a2, end=' ')
print(a3, end=' ')
print(a4, end=' ')
print(a5, end=' ')
print(a6, end=' ')
print(a7, end=' ')
print(a8, end=' ')
print(a9, end=' ')
print(a10, end=' ')
```

这样做显然过于烦琐,而采用列表存储数据方式,则可以很快完成,并且可以处理的数字个数任意扩大,便于应用循环语句解决问题。

```
#初始化列表
a = []
for i in range(0,10):
    #依次输入10个数
    ai = int(input("请输入第{0}个整数: ".format(i + 1)))
    a.append(ai)
for i in range(0,10):
    #依次输出10个数
    print(a[i], end=' ')
```

在程序设计中,可采用列表数据类型实现多个数据存储。针对多个数据集合,采用同一个名字(如a)来表示它们,而在名字后面用方括号"[]"加一个数字来表示这是第几个数据元素,注意需从0开始计数。例如,可以用a[0]、a[1]、…、a[9]分别对应表示列表中的数字1、数字2、…、数字10这10个数字。这个方括号的数字称为下标(subscript),这10个数就组成一个列表,a就是列表名。

## 5.1.2 列表定义

Python中列表可用来存放不同类型的多个数据集合,使用统一列表名来标识,可通过下标来指示列表元素在列表中的位置,并支持对列表的访问、修改、添加和删除功能。需要特别指出的是,不同程序设计语言下标的开始不同,例如Python语言下标从0开始,而一些语言则需要用户指定下标起始。在Python语言中,可使用方括号和逗号分隔的方式来进行定义,基本形式如下:

$$[d_1,[d_2,\cdots,d_n]]$$

从这个定义格式来看,列表定义比普通变量的定义多了一个"[元素, ……]",其他的定义要求与普通变量一致。需要注意以下几点。

(1) 和定义普通变量一样,可对列表进行初始化定义,例如直接赋值为"[]"表示空列表。例如:

```
a = []                            #定义空列表
```

列表元素的数据类型可以不同,也可以使用命令 list()来创建列表。例如:

```
a = [1, "hello"]                  #由数值和字符串构成的列表
a = list("hello")                 #将字符串转换为由其每个字符构成的列表
```

(2) 列表长度和内容都是可变的。例如:

```
a = [1, "hello"]
a[1] = 2                          #修改 a[1]的值为 2
a.append(12)                      #列表长度变成 3
```

上述语句中,定义了一个列表a,该列表初始元素个数为2,列表元素数据类型为数值和字符串。通过下标直接访问列表的元素a[1]并将其值修改为2,再通过append()方法在列表的末尾添加了一个数值型元素12,此时列表的长度变为3。

**注意:**

(1) Python中列表可视作有序集合,支持包含不同数据类型。列表中的元素称为列表元素,每一个列表元素具有相同名称,不同下标,可以作为单个变量使用,所以也称为下标变量。

(2) 列表下标是列表元素位置的索引或指示。为了将列表中每一个数据表示出来,用列表名加下标的方式来表示具体数据,Python语言规定用方括号中的数字来表示下标,如用a[5]表示列表中的第6个数据。

(3) 列表维数就是列表元素下标的个数。根据列表的维数可以将列表分为一维、二维、多维列表。例如,a[5]是一维列表,a[5,5]是二维列表。

Python程序中允许根据需要来动态管理列表,并且用循环语句对列表中的元素进行操作,这些约定能够帮助人们有效地处理大批量数据,提高了程序设计效率,十分方便。

我们将依次认识一维列表、二维列表和多维列表。如图5-2所示,一维列表好比数学中的数列,各个元素排成一排;二维列表好比数学中的矩阵,各个元素先站成排,各个排再站成列;多维列表可理解为由"子列表"作为元素而构成,可使用多维下标进行数据访问。

### 5.1.3 列表引用

Python中列表灵活可变,不但可以用于处理混合类型数据集合,而且内置了丰富的功

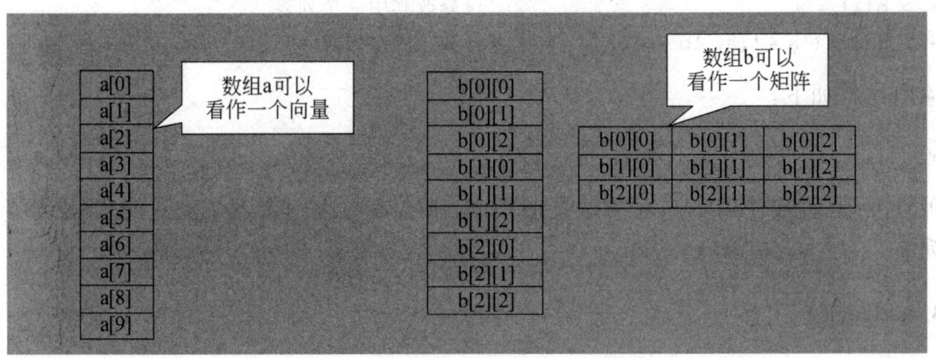


图 5-2　一维列表和二维列表示意图

能函数，操作方便简洁。下面以列表 a 为例，总结常用的功能函数及操作方法。

**1. a.append（d）**

说明：将元素 d 追加到列表 a 尾部，形成列表的拓展。

示例：

```
>>> a = []                            #定义空列表
>>> a.append(10)                      #追加元素
>>> a.append('hello')                 #追加元素 hello
>>> print(a)                          #输出列表
```

输出结果如下：

```
[10, 'hello']
```

**2. a.copy（）**

说明：如果要将列表 a 复制给另外一个变量 b，直接使用 b=a 语句赋值会使得 a 和 b 指向同一个列表，进而当二者中任何一个发生变化时也会影响到另外一个。所以，为了避免直接赋值引起的列表冲突，可通过调用列表 copy()方法来进行复制。

示例：

```
>>> a = [1, 2, 3, 4]                  #定义列表
>>> b = a                             #通过 = 的方式复制
>>> b[2] = 9                          #修改其中一个列表
>>> print('a =',a, 'b =',b)           #输出两个列表
```

输出结果如下：

```
a = [1, 2, 9, 4] b = [1, 2, 9, 4]
```

可以发现，直接使用符号“=”赋值的方式复制列表，则二者中有一个发生变化时，另外一个也会随之发生同样的变化。

```
>>> a = [1, 2, 3, 4]                  #定义列表
>>> b = a.copy()                      #通过 copy()的方式复制
```

```
>>> b[2] = 9                                #修改其中一个列表
>>> print('a =',a, 'b =',b)                 #输出两个列表
```

输出结果如下：

```
a = [1, 2, 3, 4] b = [1, 2, 9, 4]
```

可以发现,直接使用copy()方法复制列表,则二者中有一个发生变化时,不会影响另外一个列表。

**3. a.clear ()**

说明：删除列表中所有元素,达到清空效果。

示例：

```
>>> a = [1, 2, 3, 4]                        #定义列表
>>> print(a)                                #输出列表
```

输出结果如下：

```
[1, 2, 3, 4]
```

示例：

```
>>> a.clear()                               #清空列表
>>> print(a)                                #输出列表
```

输出结果如下：

```
[]
```

**4. a.insert (i, d)**

说明：对列表a,在指定下标i处插入元素d。

示例：

```
>>> a = [1, 2, 3, 4]                        #定义列表
>>> a.insert(2, 7)                          #在第2个位置插入7
>>> print(a)                                #输出列表
```

输出结果如下：

```
[1, 2, 7, 3, 4]
```

**5. a.extend (d)**

说明：对列表a,在尾部插入序列d。这里序列是指能够通过索引号访问的对象,如列表、字符串等。

示例：

```
>>> a = [1, 2, 3, 4]                        #定义列表
```

```
>>> a.extend([8, 9])                    #在尾部插入 8,9
>>> a.extend('py')                      #在尾部插入'p','y'
>>> print(a)                            #输出列表
```

输出结果如下：

```
[1, 2, 3, 4, 8, 9, 'p', 'y']
```

**6. a.sort ()**

说明：对列表 a 进行升序排列。
示例：

```
>>> a = [1, 9, 4, 2]                    #定义列表
>>> a.sort()                            #升序排序
>>> print(a)                            #输出列表
```

输出结果如下：

```
[1, 2, 4, 9]
```

**7. a.reverse ()**

说明：对列表 a 进行翻转。
示例：

```
>>> a = [1, 2, 3, 4]                    #定义列表
>>> a.reverse()                         #翻转列表
>>> print(a)                            #输出列表
```

输出结果如下：

```
[4, 3, 2, 1]
```

**8. a.pop (i)**

说明：返回列表 a 在位置 i 处元素，并将其删除。
示例：

```
>>> a = [1, 2, 3, 4]                    #定义列表
>>> b = a.pop(2)                        #获取指定位置的元素,并将其删除
>>> print('a =', a, 'b =',b)            #输出列表和原列表指定位置的元素
```

输出结果如下：

```
a = [1, 2, 4] b = 3
```

可以发现，b 是原列表在位置 2 处的值，并且经过 pop(2)后原列表在位置 2 处的值被删除。如果 i 值超出了列表长度，则会产生错误；如果不设置 i 值，则默认返回列表的最后元素并将其删除。

**9. a.remove(d)**

说明：删除列表a中第一个出现的元素d,如果列表中不存在此元素,则会产生错误。

示例：

```
>>> a = [1, 2, 3, 4, 2]                    #定义列表
>>> a.remove(2)                            #删除指定的第一个出现的元素
>>> print(a)                               #输出列表
```

输出结果如下：

```
[1, 3, 4, 2]
```

**10. a[i]= d**

说明：将列表a在位置i处的元素替换为d,如果i值超出了列表长度,则会产生错误。

示例：

```
>>> a = [1, 2, 3, 4]                       #定义列表
>>> a[1] = 8                               #列表指定位置更新
>>> print(a)                               #输出列表
```

输出结果如下：

```
[1, 8, 3, 4]
```

**11. a[i:j]= d**

说明：通过[i:j]可获取列表a在位置i～j－1范围内(注意不包含j)的元素,可将其替换为序列d,如果d为空列表,则会删除列表中选定范围内的元素。

示例：

```
>>> a = [1, 2, 3, 4]                       #定义列表
>>> print(a[1:3])                          #输出列表指定范围内的元素
```

输出结果如下：

```
[2, 3]
```

示例：

```
>>> a[1:3] = 'ab'                          #列表指定范围内元素更新
>>> print(a)                               #输出列表
```

输出结果如下：

```
[1, 'a', 'b', 4]
```

可以发现,通过[1:3]可以对应到列表在第1、2处的值,进而可方便地将其替换为同样长度的字符串,这表明了列表对数据处理的灵活性。

```
>>> a = [1, 2, 3, 4]                    #定义列表
>>> print(a[1:4])                       #输出列表指定范围内的元素
```

输出结果如下：

```
[2, 3, 4]
```

示例：

```
>>> a[1:4] = [5,6,7]                    #列表指定的范围内元素更新
>>> print(a)                            #输出列表
```

输出结果如下：

```
[1, 5, 6, 7]
```

**注意**：如果省略了 i，则默认按从位置 0 开始取值；如果省略了 j，则默认到列表结尾。例如：

```
>>> a = [1, 2, 3, 4, 5, 6, 7, 8, 9]     #定义列表
>>> print(a[:5])                        #输出列表指定范围内的元素
```

输出结果如下：

```
[1, 2, 3, 4, 5]
```

示例：

```
>>> print(a[5:])                        #输出列表指定范围内的元素
```

输出结果如下：

```
[6, 7, 8, 9]
```

示例：

```
>>> a[1:3] = []                         #列表指定的范围内元素更新
>>> print(a)                            #输出列表
```

输出结果如下：

```
[1, 4, 5, 6, 7, 8, 9]
```

**12. del a[i]**

说明：删除列表 a 指定位置的元素，等同于 a[i] = []。

示例：

```
>>> a = [1, 2, 3, 4]                    #定义列表
>>> del a[1]                            #删除指定位置的元素
>>> print(a)                            #输出列表
```

输出结果如下：

```
[1, 3, 4]
```

**13. del a[i: j]**

说明：删除列表 a 在位置 i～j－1 范围内(注意不包含 j)的元素,等同于 a[i: j] = []。示例：

```
>>> a = [1, 2, 3, 4]                    #定义列表
>>> del a[1:3]                          #删除指定范围内的元素
>>> print(a)                            #输出列表
```

输出结果如下：

```
[1, 4]
```

综合上面的叙述,可以发现 Python 列表具有功能丰富的内置函数及操作方法,可进行混合类型的存储及拓展,在程序开发过程中具有广泛的应用。

**例 5-3** 已知一个班 10 个学生的成绩,要求输入这 10 个学生的成绩,然后进行升序排列,并且求出他们的平均成绩。

(1) 程序代码。

```
#初始化
a = []
s = 0
for i in range(0,10):
    #依次输入 10 个学生的成绩
    ai = float(input("请输入第{0}个学生的成绩: ".format(i + 1)))
    a.append(ai)
    #求和
    s = s + ai
#输出列表
print('输入的成绩为:', a)
a.sort()                                #排序
print('排序后的成绩为:', a)
#计算平均成绩
print('平均成绩为:', s / len(a))
```

程序运行结果如图 5-3 所示。

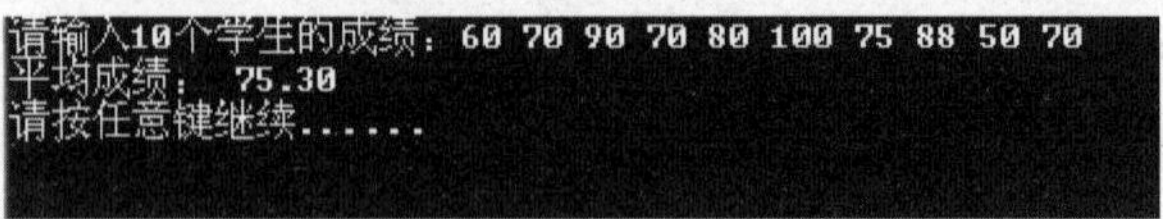


图 5-3 例 5-3 的程序运行结果

(2) 程序分析。显然在程序中首先定义了一个空列表,由于赋给的值可能是整数,也可能是小数,因此,在输入时统一将数据转换为 float 即浮点型,要赋的值从键盘输入,可以用循环来取值。还要定义两个变量,一个用来存放"和",一个用来存放"平均值"。每次获得输入的数值后就累加到原有的和上,最终计算出 10 个学生的平均成绩。

可以看出,本例中用一个 for 循环语句并结合列表获得输入的数值,相比于没有使用列表的情况,整个程序显得更加简洁明了。

### 5.1.4 列表初始化

列表中每一个元素的值可以通过赋值语句或输入函数得到,但这样做会占用运行时间。为了使程序简洁,常在定义列表的同时,给各列表元素赋值,这称为列表的初始化。可以用"初始化列表"方法实现列表初始化。

(1) 在定义列表时对全部列表元素赋予初值。例如:

```
a = [0,1,2,3,4,5,6,7,8,9]
```

将列表中各元素初值顺序放在一对方括号内,数据间用逗号分隔。方括号内的数据就称为"初始化列表"。经过定义和初始化之后,a[0]=0,a[1]=1,a[2]=2,a[3]=3,a[4]=4,a[5]=5,a[6]=6,a[7]=7,a[8]=8,a[9]=9。

(2) 可以初始化列表为空,通过 append 方式追加元素。例如:

```
a = []
for i in range(0,10):
    a.append(i)
```

定义 a 列表为空,然后通过循环体的方式追加元素到列表,最终得到相同的初始化效果。

(3) 如果想使一个列表中全部元素值为 0,可以写成:

```
a = [0] * 10
```

定义 a 列表为[0, 0, 0, 0, 0, 0, 0, 0, 0, 0],即由 10 个 0 构成的列表。同理,可以赋值为不同的数值和数目,例如,[1] * 100 就得到由 100 个 1 构成的列表。

(4) 使用列表推导来自定义生成,适合处理比较复杂的列表初始化。例如,生成由 sin(1)、sin(2)、…、sin(100)构成的列表。

```
import math
a = [math.sin(i) for i in range(1,101)]
```

或

```
a = []
for i in range(1,101):
    a.append(math.sin(i))
```

第 1 种做法表示通过列表内推导式来生成数据,对 for 循环里面每一个元素进行对应计算,并将结果作为列表元素进行存储;第 2 种做法采用 for 循环进行遍历计算,通过 append()方式来生成列表元素。可以发现,两种做法都能实现同样的功能,第 1 种做法操作简捷但相对难理解,第 2 种做法相对烦琐但易于理解,在编程过程中可根据实际情况进行选择。

## 5.2 列表应用举例

前面例 5-1 解决排序问题使用的方法是“冒泡排序法”。“冒泡法”的基本思路是每轮操作将相邻两个数比较,将较小数字调整到前头。若有 6 个数 9、8、5、4、2、0。第 1 轮操作,第 1 次先将最前面两个数 8 和 9 对调,第 2 次将第 2 个和第 3 个数(9 和 5)对调……如此共进行 5 次,得到 8-5-4-2-0-9 的顺序,可以看到最大数 9 已“沉底”,成为最下面的一个数,而小的数“上升”。最小的数 0 已向上“浮起”一个位置。经过第 1 轮操作(共 5 次比较与交换)后,已得到最大数 9。

然后进行第 2 轮比较,即对余下前面 5 个数(8、5、4、2、0)进行新一轮比较,以便使次大的数“沉底”。按以上方法进行第 2 轮比较。经过这一轮 4 次比较与交换,得到次大的数 8。如图 5-4 所示。

| 第1次 | 第2次 | 第3次 | 第4次 | 第5次 | 结果 |
|---|---|---|---|---|---|
| 9 | 8 | 8 | 8 | 8 | 8 |
| 8 | 9 | 5 | 5 | 5 | 5 |
| 5 | 5 | 9 | 4 | 4 | 4 |
| 4 | 4 | 4 | 9 | 2 | 2 |
| 2 | 2 | 2 | 2 | 9 | 0 |
| 0 | 0 | 0 | 0 | 0 | 9 |

| 第1次 | 第2次 | 第3次 | 第4次 | 结果 |
|---|---|---|---|---|
| 8 | 5 | 5 | 5 | 5 |
| 5 | 8 | 4 | 4 | 4 |
| 4 | 4 | 8 | 2 | 2 |
| 2 | 2 | 2 | 8 | 0 |
| 0 | 0 | 0 | 0 | 8 |

图 5-4 冒泡法前两轮的比较过程

按此规律进行下去,可以推知,对 6 个数要比较 5 轮,才能使 6 个数按大小顺序排列。在第 1 轮操作中要进行两个数之间的比较共 5 次,在第 2 轮过程中比较 4 次……第 5 轮只需比较 1 次即可。

如果有 $n$ 个数,则要进行 $n-1$ 轮比较。在第 1 轮比较中要进行 $n-1$ 次两两比较,在第 $j$ 轮比较中要进行 $n-j$ 次两两比较。

分析排序过程可知,原来 0 是最后一个数,经过第 1 轮比较与交换,0 上升为最后第 2 个数。再经过第 2 轮比较与交换,0 上升为最后第 3 个数……每经过一轮比较与交换,最小的数“上升”一位,最后升到第一个数。这如同水底的气泡逐步冒出水面一样,故称为“冒泡法”或“起泡法”。

根据上述分析过程,得出以下程序设计步骤。

$S_0$:将 $n$ 个数,从前向后,将相邻两个数进行比较(共比较 $n-1$ 次),将小的数交换到前面(将大的数交换到后面),逐次比较,直到将最大的数移到最后(此时最大数在最后,固定下来,目前固定 1 个大数)。

$S_1$:将前面 $n-1$ 个数,从前向后,将相邻两个数进行比较,共比较 $(n-1)-1=n-2$ 次,将小的数交换到前面(将大的数交换到后面),逐次比较,直到将次大的数移到倒数第 2 个位置(此时次大的数在倒数第 2 个位置,同样也固定下来,目前固定两个大数)。

$S_2$:将前面 $n-2$ 个数,从前向后,将相邻两个数进行比较,共比较 $(n-2)-1=n-3$ 次,将小的数交换到前面(将大的数交换到后面),逐次比较,直到将第三大的数移到倒数第 3 个位置(此时第三大的数在倒数第 3 个位置,同样也固定下来,目前固定 3 个大的数)。

……

$S_i$：将前面 $n-i$ 个数，从前向后，将相邻两个数进行比较，共比较 $(n-i)-1=n-i-1$ 次，将小的数交换到前面（将大的数交换到后面），逐次比较，直到将第 $i+1$ 大的数移到倒数第 $i+1$ 个位置（大数沉底）。

……

$S_{n-2}$：将最后 2 个数进行比较（比较 1 次），并进行交换，此时所有的整数已经按照从小到大的顺序排列。

根据以上程序步骤，可以得出例 5-1 的程序代码。另外，通过对冒泡法整个实现过程进行分析，可以知道：

(1) 从完整的过程（步骤 $S_0 \sim S_{n-2}$）可以看出，排序过程就是大数沉底过程（或小数上浮的过程），总共进行了 $n-2-0+1=n-1$ 次，整个过程中每个步骤都基本相同，可以考虑用循环实现——外层循环。

(2) 从每一个步骤看，相邻两个数比较，交换过程是从前向后进行的，也基本相同，共进行了 $n-i-1$ 次，所以也考虑用循环完成——内层循环。

(3) 为了便于算法实现，考虑使用一个一维列表存放这 10 个整型数据，排序过程中数据始终在这个列表中（原地操作，不占用额外空间），算法结束后，结果也在此列表中。

**例 5-4** 用筛法求 200 以内的素数。

(1) 程序代码。

```
#初始化
a = []
for i in range(0,201):
    #初始化一个 1×200 的数组,初始化为 1
    a.append(1)

#0,1 不是素数
a[0] = 0
a[1] = 0

#从 2~200 开始遍历计算
for i in range(2,201):
    if a[i] == 1:
        #计算倍数
        j = i + i
        while j < 201:
            #将倍数对应的位置标记设置为 0
            a[j] = 0
            #循环计算
            j = j + i

print('200 以内的素数为:')
js = 0
for i in range(2,201):
    if a[i] == 1:
```

```
        #记录已出现的素数的个数
        js = js + 1
        #打印素数
        print(i, end='\t')
        if js%8 == 0:
            #每 8 个数换行
            print()
```

程序运行结果如图 5-5 所示。

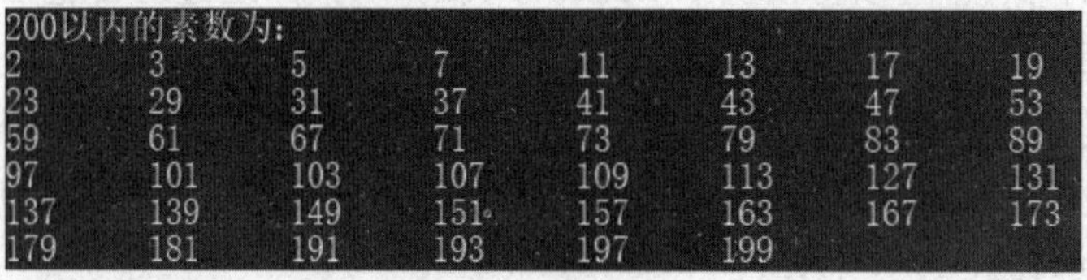

```
200以内的素数为:
2       3       5       7       11      13      17      19
23      29      31      37      41      43      47      53
59      61      67      71      73      79      83      89
97      101     103     107     109     113     127     131
137     139     149     151     157     163     167     173
179     181     191     193     197     199
```

图 5-5　例 5-4 的程序运行结果

(2) 程序分析。把某一范围内正整数按从小到大顺序排列,宣布 1 不是素数,把它筛掉。然后从剩下的数中选择最小的,宣布它是素数,并去掉它的倍数,然后从剩余的数中选最小的,宣布为素数,并去掉这个数的倍数,依次类推,直到筛子为空时结束。如有

2　3　4　5　6　7　8　9　10
11　12　13　14　15　16　17　18　19　20
21　22　23　24　25　26　27　28　29　30

首先宣布 2 是素数,然后去掉它的倍数。

②　3　④　5　⑥　7　⑧　9　⑩　11
⑫　13　⑭　15　⑯　17　⑱　19　⑳　21
㉒　23　㉔　25　㉖　27　㉘　29　㉚

余下的数是

3　5　7　9　11　13　15　17　19　21　23　25　27　29

宣布最小数 3 是素数,并去掉它的倍数。

③　5　7　⑨　11　13　⑮　17　19　㉑　23　25　㉗　29

如此下去直到所有的数都被筛完,得到最终结果。

2 3 5 7 11 13 17 19 23 29

在代码实现中运用了一个小技巧,即采用了一个列表,用列表下标来表示自然数,如果一个数不在筛中,就将其对应的元素值赋为 0;如果仍在筛中,则那个元素值为 1。

**例 5-5**　求杨辉三角形。所谓杨辉三角形就是二次项系数。

1
1　1
1　2　1
1　3　3　1
1　4　6　4　1
……

(1) 程序代码。

```
#初始化
yanghui = []
#第1行
yanghui.append(1)
print(yanghui)
for i in range(1, 11):
    #依次生成
    yanghui.append(1)
    j = i-1
    while j > 0:
        #由后往前推算
        yanghui[j] = yanghui[j] + yanghui[j-1]
        j = j-1
    print(yanghui)
```

程序运行结果如图5-6所示。

```
[1]
[1, 1]
[1, 2, 1]
[1, 3, 3, 1]
[1, 4, 6, 4, 1]
[1, 5, 10, 10, 5, 1]
[1, 6, 15, 20, 15, 6, 1]
[1, 7, 21, 35, 35, 21, 7, 1]
[1, 8, 28, 56, 70, 56, 28, 8, 1]
[1, 9, 36, 84, 126, 126, 84, 36, 9, 1]
[1, 10, 45, 120, 210, 252, 210, 120, 45, 10, 1]
```

图5-6　例5-5的程序运行结果

(2) 程序分析。杨辉三角形第一行比较容易实现,只需给予简单的赋值就可以了。那么对于任意一行呢?我们可以看到,第一列和最后一列总是1,而其他数是上面一行中本列和前一列元素之和,例如

第4行:1　3　3　1

第5行:1　4　6　4　1

其中

4=3+1

6=3+3

4=1+3

这样我们可以利用两个列表,用存放在前一个列表中的数据生成新的一行放在另一个列表中,通过来回交换就可生成一行行数据。我们也可以只用一个列表,每次倒着生成列表中的各元素,例如:

yanghui[4]= yanghui[4]+yanghui[3]

yanghui[3]= yanghui[3]+yanghui[2]

yanghui[2]= yanghui[2]+yanghui[1]

本案例中程序代码即采用后一种方式设计而成,通过本案例可以看出,灵活使用列表能

轻松地解决复杂问题。

**例 5-6** 把一个整数按大小顺序插入已排好序的列表中。

(1) 程序代码。

```
#定义列表
a = [127,3,6,28,54,68,87,105,162,18]
#列表原始数据
print('原始列表为:', a)
for i in range(0, 10):
    #记录当前元素位置和值
    p = i
    q = a[i]
    for j in range(i+1, 10):
        #遍历判断
        if q < a[j]:
            p = j
            q = a[j]
    #更新元素
    if p != i:
        s = a[i]
        a[i] = a[p]
        a[p] = s
print('降序列表为:', a)
n = int(input("请输入待插入的整数: "))
#初始化新列表
b = []
for i in range(0, 10):
    #找到插入位置
    if n > a[i]:
        #前部分
        for j in range(0, i):
            b.append(a[j])
        #当前元素
        b.append(n)
        #后部分
        for j in range(i+1, 10):
            b.append(a[j])
        break
if len(b) == 0:
    #如果未找到插入位置,则插入到最后
    for i in range(0, 10):
        b.append(a[i])
    b.append(n)
print(b)
```

程序运行结果如图 5-7 所示。

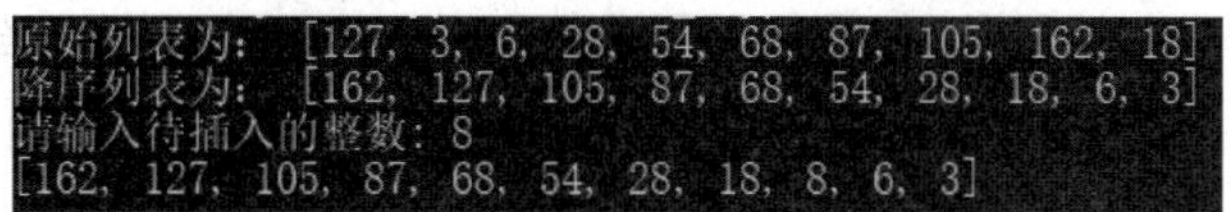
原始列表为：　[127, 3, 6, 28, 54, 68, 87, 105, 162, 18]
降序列表为：　[162, 127, 105, 87, 68, 54, 28, 18, 6, 3]
请输入待插入的整数：8
[162, 127, 105, 87, 68, 54, 28, 18, 8, 6, 3]

图 5-7　例 5-6 的程序运行结果

(2) 程序分析。为了把一个数按大小插入已排好序的列表中，应首先确定排序是从大到小还是从小到大。设排序是从大到小，则可把欲插入的数与列表中各数逐个比较，当找到第一个比插入数小的元素 i 时，该元素之前即为插入位置。然后将列表分三部分进行重构，即从开始到第i－1 个元素、输入元素 n、第 i 个元素到最后一个元素，最终得到重构的列表。如果被插入数比所有元素值都小，则可插入最后的位置。

本程序首先对列表 a 中 10 个数从大到小排序并输出排序结果。然后输入要插入的整数 n。再用一个 for 语句把 n 和列表元素逐个比较，如果发现有 n＞a[i]时，则从开始位置，由一个内循环把 i 个元素复制到新列表，并将插入元素 n 置于新列表的第 i 个位置，再将第 i 个到最后的元素复制到新列表。操作完毕后即可结束寻找并跳出外循环。如所有元素均大于被插入数，则并未进行过列表复制工作，此时需要直接复制原降序列表到新列表并将 n 添加到新列表的尾部，最后输出插入数后的列表各元素值。

在程序运行时，如输入整数 8。从结果中可以看出 8 已插入 18 和 6 之间。

任务工单 5-1：列表实训任务，见表 5-1。

**表 5-1　任务工单 5-1**

| 任务编号 | | 主要完成人 | |
|---|---|---|---|
| 任务名称 | 例 5-3 至例 5-6 的实训 | | |
| 开始时间 | | 完成时间 | |
| 任务要求 | 1. 单独运行一次案例。<br>2. 熟练列表数据类型。<br>3. 通过应用列表数据类型，体会“程序＝数据结构＋算法”的含义 | | |
| 任务完成情况 | | | |
| 任务评价 | | 评价人 | |

# 5.3　元　　组

## 5.3.1　元组定义

列表具有定义灵活、易于编辑的特点，适合处理在程序运行过程中需要修改的数据集，可随时添加或删除里面的元素。但是如果要求数据对象在程序运行过程中不能被修改,则可使用元组来实现。元组(tuple)是一组有序集合,其特点是初始化后不能被修改,常用于存储不可变对象,可视为不可变列表。

元组定义方式与列表不同,它使用圆括号来进行定义,中间用逗号分隔,基本形式如下:

$$(d_1, [d_2, \cdots, d_n])$$

其中,圆括号可省略,即可简写为

$$d_1, [d_2, \cdots, d_n]$$

与列表类似,元组中也可存储任意对象,其定义要求与普通变量一致,使用时需要注意以下几点。

(1) 和定义普通变量一样,可对元组进行初始化定义,例如直接赋值为“()”表示空元组。例如:

```
a = ()                                    #定义空元组
```

元组元素的数据类型可以是不同的,也可以使用命令 tuple()来创建元组。例如:

```
a = (1, "hello")                          #由数值和字符串构成的元组
a = tuple("hello")                        #将字符串转换为由其每个字符构成的元组
```

(2) 如果元组只包含一个元素,则后面需要包含逗号,否则 Python 将会视为单个元素而非元组。例如:

```
a = (1,)                                  #由单个元素构成的元组
b = (1)                                   #等价于 b = 1
```

元组可通过下标直接访问里面的元素,例如:

```
>>> a = 1,2,"hello"
>>> print(a[2])
```

输出结果如下:

```
hello
```

此处省略了括号,直接用逗号分隔的方式定义了元组,并可通过下标直接访问输出的元素。假设强行对其内容进行修改,则会产生报错信息,如下所示。

```
>>> a[1] = 5
```

以下为输出结果。

```
Traceback (most recent call last):
  File "<stdin>", line 1, in <module>
TypeError: 'tuple' object does not support item assignment
```

可以发现,试图对元组内的元素进行修改的行为会引起错误,这也表明了元组定义后不可修改的特点。

## 5.3.2　元组引用

元组支持常见的索引、切片和连接等基本操作，也可通过通用函数计算元组的长度、最大/小值等。下面以元组 a 为例，总结常用的功能函数及操作方法。

### 1. 索引

说明：定义元组，并通过索引的方式访问。
示例：

```
>>> a = 1,2,"hello", "python",4,6      #定义元组
>>> print(a[3])                         #输出元组内的第 4 个元素
```

输出结果如下：

```
python
```

### 2. 切片

说明：可通过“start:step:end”的方式对元组进行切片访问。
示例：

```
>>> b = a[2:]                           #获取元组 a 自第 3 个位置到最后的元素
>>> print(b)                            #输出元组
```

输出结果如下：

```
('hello', 'python', 4, 6)
```

### 3. 连接

说明：可通过“+”连接两个元组，形成新的元组。
示例：

```
>>> b = (12,"py")                       #定义元组
>>> c = a + b                           #元组连接
>>> print(c)                            #输出元组
```

输出结果如下：

```
(1, 2, 'hello', 'python', 4, 6, 12, 'py')
```

### 4. 元组长度

说明：通过 len()函数获取元组长度。
示例：

```
>>> print(len(a))                       #输出元组长度
```

输出结果如下：

```
6
```

**5. 获取元组内元素的最大值**

说明：通过 max()函数获取元组内元素的最大值，但这要求元组内的元素具有可比性，如果是同时包含整数和字符两种不同的数据类型时则会报错。

示例：

```
>>> d = (9, 7, 12, 8, 5)                    #定义元组
>>> print(max(d))                           #输出元组内元素的最大值
```

输出结果如下：

```
12
```

从本小节的介绍中可以看出，元组适合应用于程序运行过程中保持元素不变的场景，支持常用的访问、连接等基本操作，特别是将常量定义为元组可避免在程序运行期间产生数据修改风险。

## 5.3.3 元组应用举例

**例 5-7** 定义一组常量，表示从 1 月到 12 月的英文单词，并确保该组常量在程序运行期间不被修改。

(1) 程序代码。

```
#定义元组
a = ("January","February","March","April","May","June",
    "July","August","September","October","November","December")
for i in range(0,12):
    #输出 1~12 月的对应单词
    print('{0}月的英文单词为{1}'.format(i+1,a[i]))
#输入一个月份,输出月份的英文单词
ai = int(input("请输入一个 1~12 的整数: "))
if ai >= 1 and ai <= 12:
    print(a[ai-1])
else:
    print("请检查输入的整数是否在 1~12 范围")
```

程序运行结果如图 5-8 所示。

图 5-8 例 5-7 的程序运行结果

(2) 程序分析。通过定义元组得到 1～12 月的英文单词，并利用元组特性使其在程序运行期间作为一组常量，可避免产生误操作引起的修改。

**例 5-8** 某网络应用有 5 个用户，现有某实习生编写用户有效性验证模块，要求在使用期间只能访问用户信息，不

得对其进行修改。

(1) 程序代码。

```
#定义用户和密码元组
user_name = ('John','Sam','Aaron','Peter','Jackson')
user_pwd = ('123','432','445','748','955')
#用户有效性验证
user_namei = input("请输入用户名：")
user_pwdi = input("请输入用户密码：")
#判断是否包含用户
if user_namei in user_name:
    index = user_name.index(user_namei)
    #判断密码是否一致
    if user_pwdi == user_pwd[index]:
        print("用户验证通过")
    else:
        print("密码错误")
else:
    print("用户不存在")
```

程序运行结果如图 5-9 所示。

图5-9　例 5-8 的程序运行结果

(2) 程序分析。此问题可用元组来处理，将用户名、密码定义为元组，因此其在程序运行期间不能发生改变。通过验证输入的用户名是否存在，输入的密码是否相符来判断用户验证是否通过。

# 5.4　字　　典

通过前面的介绍可以发现，列表能用来存储和提取有序的数据，通过对应“索引号”即可访问到列表内对应数据。这里“索引号”一般是指列表中的整数序号。通过这种方式能快速地进行数据处理，也便于构造循环及条件判断等复杂处理逻辑。但是，只通过序号的方式来读写数据，难以适用更灵活的数据处理要求。例如，当通过邮政编码来查询对应地理位置时，直接通过序号查询难以快速获得信息，需要基于预设的邮政编码来进行查询，得到对应的地理位置信息。这里提到的“(邮政编码，地理位置)”即可构成“键值对”的概念，即通过索引“键”和对应“值”来建立信息对应关系。在现实生活中有很多这种例子，如“(身份证号，姓名)”“(统一社会信用代码，企业名称)”等，通过有语义信息的“键”来灵活地获取对应的信息。通过查找与任意键的关联信息的过程称为“映射”，在 Python 中可通过字典来实现这种“键值对”映射关系。

## 5.4.1　字典定义

字典可视作一种“键值对”的数据结构，并且同一个字典内“键”是不能重复的，通过“键”

可访问到对应的“值”。Python 语言中,字典可通过大括号“{键: 值}”来定义,其基本形式如下:

{键 1:值 1,键 2:值 2,…,键 $n$:值 $n$}

其中,“键”和“值”通过冒号来连接构成“键值对”,不同“键值对”通过逗号来分隔。字典中“键”是唯一的,不能重复,“值”没有这个限制。例如,我们定义一个简单的字典,用于存储我国部分省市名称与简称。

示例:

```
>>> d = {'北京市':'京', '上海市':'沪', '山东省':'鲁'}
>>> print(d)
```

输出结果如下:

```
{'北京市': '京', '上海市': '沪', '山东省': '鲁'}
```

字典定义后,可通过“键”名称访问到对应的“值”,例如查询山东省的简称,可通过如下命令实现。

示例:

```
>>> print(d['山东省'])
```

输出结果如下:

```
鲁
```

由此可以发现,字典可通过设置包含语义信息的“键”来进一步提高数据处理的灵活性与可读性。此外,在 Python 中也可通过 dict 命令来定义字典。

(1) 定义一个空字典。

示例:

```
>>> d = {}                              #通过{}定义空字典
>>> e = dict()                          #通过函数 dict()定义空字典
>>> print(d)
```

输出结果如下:

```
{}
```

示例:

```
>>> print(e)
```

输出结果如下:

```
{}
```

(2) 通过元组定义字典。

示例:

```
>>> f = {('a',1), ('b',2)}              #将元组作为参数,通过{}生成字典
>>> g = dict([('c',1),('d',2)])         #将元组作为参数,通过 dict()生成字典
```

```
>>> print(f)
```

输出结果如下：

```
{('b', 2), ('a', 1)}
```

示例：

```
>>> print(g)
```

输出结果如下：

```
{'c': 1, 'd': 2}
```

(3) 通过关键字参数定义字典。

示例：

```
>>> h = dict(中国首都='北京', 美国首都='华盛顿')
>>> print(h)
```

输出结果如下：

```
{'中国首都': '北京', '美国首都': '华盛顿'}
```

### 5.4.2 字典初始化

字典的初始化方法比较灵活，可在定义字典的时候直接进行初始化，也可通过赋值、表达式等方法进行初始化。

#### 1. 定义时初始化

字典定义时，可直接将“键值对”作为输入参数进行初始化。

#### 2. 循环赋值初始化

可通过自定义循环体，对字典通过循环赋值方式进行初始化。例如，将 26 个英文字母 A～Z 对应的 ASCII 值构成“键值对”生成字典，如果使用逐个定义方式会带来较为烦琐的程序编码，并且程序可扩展性也存在一定的不足。所以，可设计循环体赋值方式来进行字典初始化，实现方式如下：

```
#定义一个空字典
z = {}
#循环初始化
for i in range(ord('A'), ord('Z')+1):
    #键:A、B、…、Z
    #值:65、66、…、89
    z[chr(i)] = i
#显示字典
print(z)
```

通过循环赋值初始化后，将得到由 26 个英文字母 A～Z 及其对应 ASCII 值构成的“键值对”字典，结果如图 5-10 所示。

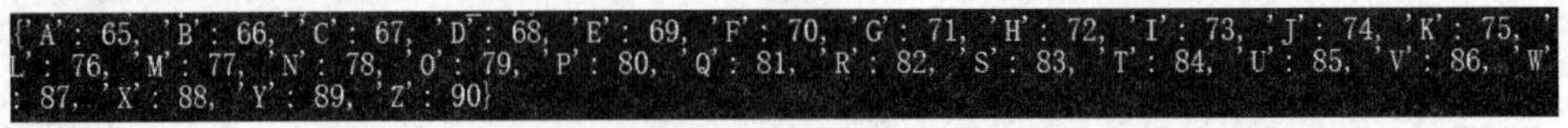
{'A': 65, 'B': 66, 'C': 67, 'D': 68, 'E': 69, 'F': 70, 'G': 71, 'H': 72, 'I': 73, 'J': 74, 'K': 75, 'L': 76, 'M': 77, 'N': 78, 'O': 79, 'P': 80, 'Q': 81, 'R': 82, 'S': 83, 'T': 84, 'U': 85, 'V': 86, 'W': 87, 'X': 88, 'Y': 89, 'Z': 90}

图 5-10　字典循环赋值初始化

#### 3. 通过键值列表初始化

通过 Python 内置函数 zip()，将“键”“值”列表进行组合，快速初始化字典。例如，将 26 个英文字母 a～z 对应 ASCII 值构成“键值对”生成字典，使用 a～z 字符列表和对应 ASCII 数值列表对字典进行初始化，实现方式如下：

```
#初始化定义
k = []
v = []
z = []
for i in range(ord('a'), ord('z')+1):
    k.append(chr(i))
    v.append(i)
#按列表初始化字典
z = dict(zip(k, v))
print(z)
```

通过键值列表初始化后，将得到由 26 个英文字母 a～z 及其对应 ASCII 值构成的“键值对”字典，结果如图 5-11 所示。

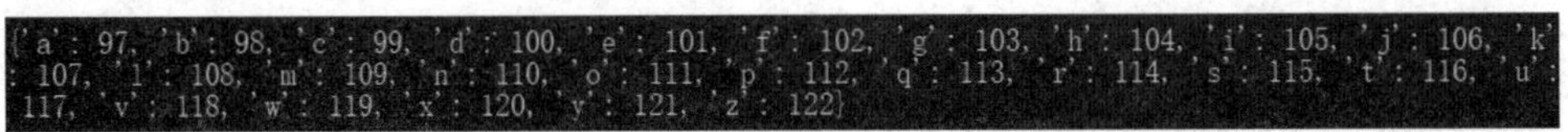
{'a': 97, 'b': 98, 'c': 99, 'd': 100, 'e': 101, 'f': 102, 'g': 103, 'h': 104, 'i': 105, 'j': 106, 'k': 107, 'l': 108, 'm': 109, 'n': 110, 'o': 111, 'p': 112, 'q': 113, 'r': 114, 's': 115, 't': 116, 'u': 117, 'v': 118, 'w': 119, 'x': 120, 'y': 121, 'z': 122}

图 5-11　键值列表初始化

### 5.4.3　字典访问与编辑

字典是 Python 语言中常用的数据对象，可通过内置功能函数进行访问、编辑，开发人员也可根据业务场景定制开发相应的拓展函数。假设字典名称为<d>，Python 中常用的字典功能函数总结如下。

#### 1. <key>in <d>

说明：如果 key 存在于字典中，则返回 True，否则返回 False。

示例：

```
>>> d = {'A':'a', 'B':'b', 'C':'c'}      #定义字典
>>> print('A' in d)                      #判断是否存在指定的 key
```

输出结果如下：

```
True
```

示例：

```
>>> print('D' in d)                  #判断是否存在指定的 key
```

输出结果如下：

```
False
```

**2. <d>.keys ()**

说明：获取字典的“键”序列。
示例：

```
>>> print(d.keys())                  #显示字典的"键"
```

输出结果如下：

```
dict_keys(['A', 'B', 'C'])
```

**3. <d>.values ()**

说明：获取字典的“值”序列。
示例：

```
>>> print(d.values())                #显示字典的"值"
```

输出结果如下：

```
dict_values(['a', 'b', 'c'])
```

**4. <d>.items ()**

说明：获取字典的“键值对”序列。
示例：

```
>>> print(d.items())                 #显示字典的"键值对"
```

输出结果如下：

```
dict_items([('A', 'a'), ('B', 'b'), ('C', 'c')])
```

**5. <d>.get (<key>，<默认值>)**

说明：获取字典指定“键”对应的值，如果不存在该“键”，则返回<默认值>。
示例：

```
>>> print(d.get('B', 'unkonwn'))     #按"键"获取字典的"值",设置默认值
```

输出结果如下：

```
b
```

示例：

```
>>> print(d.get('D', 'unkonwn'))        #按"键"获取字典的"值",设置默认值
```

输出结果如下：

```
unkonwn
```

示例：

```
>>> print(d.get('D'))                   #按"键"获取字典的"值",不设置默认值
```

输出结果如下：

```
None
```

**注**：如果未设置<默认值>,则使用 None 代替。

**6. for <key>in <d>**

说明：循环遍历字典的所有“键”。
示例：

```
>>> for k in d:
        print(k)
```

输出结果如下：

```
A
B
C
```

**7. del <d>[<key>]**

说明：删除字典指定的“键”。
示例：

```
>>> print(d)
```

输出结果如下：

```
{'A': 'a', 'B': 'b', 'C': 'c'}
```

示例：

```
>>> del d['B']                          #删除指定的"键"
>>> print(d)
```

输出结果如下：

```
{'A': 'a', 'C': 'c'}
```

**8. <d>.clear ()**

说明：删除字典所有元素。

示例：

```
>>> d = {'A':'a', 'B':'b', 'C':'c'}    #定义字典
>>> print(d)
```

输出结果如下：

```
{'A': 'a', 'B': 'b', 'C': 'c'}
```

示例：

```
>>> d.clear()                          #清空字典元素
>>> print(d)
```

输出结果如下：

```
{}
```

**9. <d>.pop (<key>)**

说明：按“键”查询字典，如果存在则返回对应的“值”，并删除该“键值对”；如果不存在，则提示错误。

示例：

```
>>> d = {'A':'a', 'B':'b', 'C':'c'}    #定义字典
>>> print(d)
```

输出结果如下：

```
{'A': 'a', 'B': 'b', 'C': 'c'}
```

示例：

```
>>> d.pop('A')                         #按"键"弹出
```

输出结果如下：

```
'a'
```

示例：

```
>>> print(d)
```

输出结果如下：

```
{'B': 'b', 'C': 'c'}
```

示例：

```
>>> d.pop('D')
```

输出结果如下：

```
Traceback (most recent call last):
  File "<stdin>", line 1, in <module>
KeyError: 'D'
```

**10. <d>.pop (<key>, <默认值>)**

说明：按“键”查询字典，如果存在则返回对应的“值”，并删除该“键值对”；如果不存在，则返回默认值。

示例：

```
>>> d = {'A':'a', 'B':'b', 'C':'c'}    #定义字典
>>> print(d)
```

输出结果如下：

```
{'A': 'a', 'B': 'b', 'C': 'c'}
```

示例：

```
>>> d.pop('A')
```

输出结果如下：

```
'a'
```

示例：

```
>>> print(d)
```

输出结果如下：

```
{'B': 'b', 'C': 'c'}
```

示例：

```
>>> d.pop('D', 'unknown')
```

输出结果如下：

```
'unknown'
```

**11. <d>.copy ()**

说明：复制字典。

示例：

```
>>> d = {'A':'a', 'B':'b', 'C':'c'}    #定义字典
>>> e = d.copy()                        #复制字典
>>> print(d)
```

输出结果如下：

```
{'A': 'a', 'B': 'b', 'C': 'c'}
```

示例：

```
>>> print(e)
```

输出结果如下：

```
{'A': 'a', 'B': 'b', 'C': 'c'}
```

示例：

```
>>> e['D'] = 'd'
>>> print(d)
```

输出结果如下：

```
{'A': 'a', 'B': 'b', 'C': 'c'}
```

示例：

```
>>> print(e)
```

输出结果如下：

```
{'A': 'a', 'B': 'b', 'C': 'c', 'D': 'd'}
```

**12. <d>.setdefault (<key>, <value>)**

说明：按照“键”查询字典，如果存在则返回对应的“值”；如果不存在，则添加该“键值对”，并返回对应的“值”。

示例：

```
>>> d = {'A':'a', 'B':'b', 'C':'c'}    #定义字典
>>> d.setdefault('D', 'd')
```

输出结果如下：

```
'd'
```

示例：

```
>>> print(d)
```

输出结果如下：

```
{'A': 'a', 'B': 'b', 'C': 'c', 'D': 'd'}
```

示例：

```
>>> d.setdefault('E')
>>> print(d)
```

输出结果如下:

```
{'A': 'a', 'B': 'b', 'C': 'c', 'D': 'd', 'E': None}
```

**注**:如果只设置了<key>,但未设置<value>,则默认添加该“键”并将其“值”设置为None,自动添加到字典。

### 5.4.4 字典应用举例

**例 5-9** 有一行电文,已按下面规律译成密码。

A→Z　　a→z

B→Y　　b→y

C→X　　c→x

……

即第1个字母变成第26个字母,第 $i$ 个字母变成第 $16-i+1$ 个字母。非字母字符不变。要求编程序将密码译回原文,并打印出密码和原文。

(1) 程序代码。

```
#定义一个空字典
z = {}
k = []
v = []
#循环初始化
for i in range(ord('A'), ord('Z')+1, 1):
    #A、B、…、Z
    k.append(chr(i))
for i in range(ord('Z'), ord('A')-1, -1):
    #Z、Y、…、A
    v.append(chr(i))
for i in range(ord('a'), ord('z')+1, 1):
    #a、b、…、z
    k.append(chr(i))
for i in range(ord('z'), ord('a')-1, -1):
    #z、y、…、a
    v.append(chr(i))
#字典初始化
z = dict(zip(k, v))
#显示字典
print(z)

#定义密文字符串
str1 = 'Gsrh rh z yllp!'
print('原始密文:', str1)
```

```
#初始化解密字符串
str2 = ''
for s1 in str1:
    #按 key 获取字典的值,如果不存在,则返回 key
    s2 = z.get(s1, s1)
    str2 = str2+s2
#显示解密结果
print('解密结果:', str2)
```

程序运行结果如图 5-12 所示。

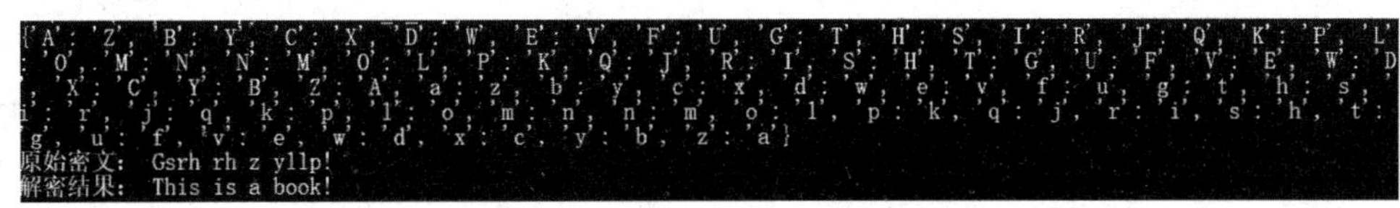

图 5-12　例 5-9 的程序运行结果

(2) 程序分析。程序利用密文对应关系,建立对应的字符列表,并对解密字典进行初始化,得到"加密字符: 解密字符"的"键值对"映射。在使用过程中,对加密字符串进行字符遍历,输入"键"获取对应的"值",如果"键"不存在,则返回输入信息,最终可得到解密结果。

**例 5-10**　统计某段英文短文的单词及频次。

(1) 程序代码。

```
#待解析的字符串,摘自 Python 官网的一段介绍
str = 'Python is a programming language that lets you work more quickly ' \
      'and integrate your systems more effectively.' \
      ' You can learn to use Python and see almost immediate gains in ' \
      'productivity and lower maintenance costs.'
print(str)
#第 1 步,值保留英文字符和空格
str2 = ''
for s in str:
    if (s>='A' and s<='Z') or (s>='a' and s<='z') or (s==' '):
        str2 = str2 + s
#第 2 步,拆分字符串
str_list = str2.split(' ')
#第 3 步,字典统计
d = {}
for s in str_list:
    #设置当前单词
    v = d.setdefault(s, 0)
    #当前单词频次加 1
    d[s] = v+1
#显示统计结果
print(d)
```

程序运行结果如图 5-13 所示。

```
Python is a programming language that lets you work more quickly and integrate your systems
more effectively. You can learn to use Python and see almost immediate gains in productivity
 and lower maintenance costs.
{'Python': 2, 'is': 1, 'a': 1, 'programming': 1, 'language': 1, 'that': 1, 'lets': 1, 'you':
 1, 'work': 1, 'more': 2, 'quickly': 1, 'and': 3, 'integrate': 1, 'your': 1, 'systems': 1, '
effectively': 1, 'You': 1, 'can': 1, 'learn': 1, 'to': 1, 'use': 1, 'see': 1, 'almost': 1, '
immediate': 1, 'gains': 1, 'in': 1, 'productivity': 1, 'lower': 1, 'maintenance': 1, 'costs'
: 1}
```

图 5-13　例 5-10 的程序运行结果

(2) 程序分析。程序利用英文单词的特点,对短文字符串进行有效性筛选,只保留英文字母 A~Z、a~Z,再根据空格进行字符串拆分,得到待统计的单词列表。在统计过程中,对单词按照字典的 setdefault 函数进行存储和取值,自动设置初值为 0,并进行累加计数,最终得到各个单词的频次统计结果。

## 5.5　集　　合

通过前面的介绍,可以发现列表能用来存储和提取有序数据,字典能用来构造"键值对"数据结构。本节介绍集合,集合适合处理无序且互不相同的数据,常用于数据集关系计算,例如交集、并集、差集等。

### 5.5.1　集合变量定义

Python 中常用的集合数据类型包括两类,即可变集合(set)、不可变集合(frozenset),其定义方式与字典类似,通过大括号"{值, …}"来定义,其基本形式如下:

{值 1,值 2,…,值 $n$}

其中,集合中的元素是无序的,且不可重复。此外,Python 中集合也可通过直接调用集合定义函数来进行定义,其基本形式如下。

(1) 可变集合:set(值)。

(2) 不可变集合:frozenset(值)。

**注意**:字典也可通过{}来定义,如使用{}则表示为空字典。如果要定义空的集合,可直接使用 set()来定义。

例如,我们定义一个简单的集合,用于统计某动物园内的动物。

```
>>> s = set()                       #定义一个空集合
>>> s.add('老虎')                    #添加内容
>>> s.add('猴子')                    #添加内容
>>> s.add('狮子')                    #添加内容
>>> s.add('猴子')                    #添加重复内容
>>> print(s)
```

输出结果如下:

```
{'狮子', '老虎', '猴子'}
```

可以发现,对集合添加重复元素并不会影响集合的内容,适合用于做具有动态更新特点的数据类别统计。

## 5.5.2　集合变量初始化

与字典初始化方法类似,集合初始化方法也比较灵活,可在定义集合的时候直接进行初始化,也可通过赋值、表达式等方法进行初始化。

**1. 定义时初始化**

集合定义时,可直接将元素列表作为输入参数进行初始化,如存在重复数据则会在定义时自动去重。

**2. 循环赋值初始化**

可通过自定义循环体,对字典通过循环赋值方式进行初始化。例如,将 100 个数字 0～99 作为集合初始化元素,如果使用逐个定义的方式,会导致较为烦琐的程序编码,并且程序可扩展性也存在一定不足。所以,可设计循环体赋值方式来进行集合初始化,实现方式如下:

```
#定义一个空集合,注意不要直接设置为{}
s = set()
#循环初始化
for i in range(0, 99+1):
    s.add(i)
#显示集合
print(s)
```

通过循环赋值初始化后,将得到由 100 个数字 0～99 作为元素所构成的集合,结果如图 5-14 所示。

```
{0, 1, 2, 3, 4, 5, 6, 7, 8, 9, 10, 11, 12, 13, 14, 15, 16, 17, 18, 19, 20, 21, 22,
23, 24, 25, 26, 27, 28, 29, 30, 31, 32, 33, 34, 35, 36, 37, 38, 39, 40, 41, 42, 43,
 44, 45, 46, 47, 48, 49, 50, 51, 52, 53, 54, 55, 56, 57, 58, 59, 60, 61, 62, 63, 64
, 65, 66, 67, 68, 69, 70, 71, 72, 73, 74, 75, 76, 77, 78, 79, 80, 81, 82, 83, 84, 8
5, 86, 87, 88, 89, 90, 91, 92, 93, 94, 95, 96, 97, 98, 99}
```

图 5-14　集合循环赋值初始化

**3. 通过列表初始化**

通过 Python 内置函数 set(),可将列表作为参数快速实现集合初始化。例如,对某预定义的列表,要求统计列表互异元素的数目,可将其转化为集合后直接计算,实现方式如下。

示例:

```
>>> a = [1,3,2,5,4,3,2,6,1]            #定义列表,包含重复元素
```

```
>>> print(a)
```

输出结果如下：

```
[1, 3, 2, 5, 4, 3, 2, 6, 1]
```

示例：

```
>>> print(len(a))                    #统计列表元素个数,包含重复元素
```

输出结果如下：

```
9
```

示例：

```
>>> b = set(a)                       #由列表对集合进行初始化
>>> print(b)
```

输出结果如下：

```
{1, 2, 3, 4, 5, 6}
```

示例：

```
>>> print(len(b))                    #统计集合元素数目,不包含重复元素
```

输出结果如下：

```
6
```

## 5.5.3 集合访问与编辑

集合可以被视作由无序且不重复数据聚集得到的对象,可通过丰富的内置方法对集合进行访问、编辑。假设集合名称为＜s＞,Python 中常用的集合功能函数总结如下。

**1. ＜value＞in ＜s＞**

说明：如果 value 存在于集合中,则返回 True,否则返回 False。
示例：

```
>>> s = {'A', 'B', 'C'}              #定义集合
>>> print('A' in s)                  #判断是否存在指定 value
```

输出结果如下：

```
True
```

示例：

```
>>> print('D' in s)                  #判断是否存在指定 value
```

输出结果如下：

```
False
```

**2. <s1>.union (<s2>,…)或者<s1> | <s2> |…**

说明：计算集合的并集，等价于 $s_1 \cup s_2 \cup \cdots$。

示例：

```
>>> s1 = {'A', 'B', 'C'}                #定义集合 1
>>> s2 = {'C', 'D', 'E', 'F'}           #定义集合 2
>>> s = s1.union(s2)
>>> print(s)
```

输出结果如下：

```
{'F', 'A', 'C', 'D', 'B', 'E'}
```

示例：

```
>>> s = s1 | s2
>>> print(s)
```

输出结果如下：

```
{'F', 'A', 'C', 'D', 'B', 'E'}
```

**注意**：正如本示例所显示，集合内元素是无序的。

**3. <s1>.intersection (<s2>,…)或者 <s1>& <s2>& …**

说明：计算集合的交集，等价于 $s_1 \cap s_2 \cap \cdots$。

示例：

```
>>> s1 = {'A', 'B', 'C'}                #定义集合 1
>>> s2 = {'C', 'D', 'E', 'F'}           #定义集合 2
>>> s = s1.intersection(s2)
>>> print(s)
```

输出结果如下：

```
{'C'}
```

示例：

```
>>> s = s1 & s2
>>> print(s)
```

输出结果如下：

```
{'C'}
```

**4. <s1>.difference (<s2>,…)或者 <s1>- <s2>- …**

说明：计算集合的差集。

示例:

```
>>> s1 = {'A', 'B', 'C'}                    #定义集合 1
>>> s2 = {'C', 'D', 'E', 'F'}               #定义集合 2
>>> s = s1.difference(s2)
>>> print(s)
```

输出结果如下:

```
{'B', 'A'}
```

示例:

```
>>> s = s1 - s2
>>> print(s)
```

输出结果如下:

```
{'B', 'A'}
```

**5. <s1>.symmetric_difference(<s2>,…)或者 <s1>^<s2>- …**

说明:计算集合的对称差集。

示例:

```
>>> s1 = {'A', 'B', 'C'}                    #定义集合 1
>>> s2 = {'C', 'D', 'E', 'F'}               #定义集合 2
>>> s = s1.symmetric_difference(s2)
>>> print(s)
```

输出结果如下:

```
{'F', 'A', 'D', 'B', 'E'}
```

示例:

```
>>> s = s1 ^ s2
>>> print(s)
```

输出结果如下:

```
{'F', 'A', 'D', 'B', 'E'}
```

**6. <s1>.isdisjoint(<s2>)**

说明:判断集合<s1>和<s2>是否完全不同,如果存在相同元素则返回 False,不存在相同元素则返回 True。

示例:

```
>>> s1 = {'A', 'B', 'C'}                    #定义集合 1
>>> s2 = {'C', 'D', 'E', 'F'}               #定义集合 2
>>> print(s1.isdisjoint(s2))
```

输出结果如下：

```
False
```

**7. ＜s1＞.issubset（＜s2＞）或者 s1 ＜= s2**

说明：判断集合＜s1＞是否为＜s2＞的子集，如果是则返回 True，否则返回 False。

示例：

```
>>> s1 = {'A', 'B', 'C'}                #定义集合 1
>>> s2 = {'C', 'D', 'E', 'F'}           #定义集合 2
>>> s3 = {'A', 'B', 'C', 'D'}           #定义集合 3
>>> print(s1 <= s2)
```

输出结果如下：

```
False
```

示例：

```
>>> print(s1.issubset(s2))
```

输出结果如下：

```
False
```

示例：

```
>>> print(s1 <= s3)
```

输出结果如下：

```
True
```

示例：

```
>>> print(s1.issubset(s3))
```

输出结果如下：

```
True
```

**8. ＜s1＞.issuperset（＜s2＞）或者 s1 ＞= s2**

说明：判断集合＜s1＞是否为＜s2＞的超集，如果是则返回 True，否则返回 False。

示例：

```
>>> s1 = {'A', 'B', 'C'}                #定义集合 1
>>> s2 = {'C', 'D', 'E', 'F'}           #定义集合 2
>>> s3 = {'A', 'B'}                     #定义集合 3
>>> print(s1 >= s2)
```

输出结果如下：

```
False
```

示例：

```
>>> print(s1.issuperset(s2))
```

输出结果如下：

```
False
```

示例：

```
>>> print(s1 >= s3)
```

输出结果如下：

```
True
```

示例：

```
>>> print(s1.issuperset(s3))
```

输出结果如下：

```
True
```

**9. ＜s＞.add (＜x＞)**

说明：将＜x＞添加到集合＜s＞,如果是重复元素,将自动去重。
示例：

```
>>> s = {'A', 'B', 'C'}                    #定义集合
>>> s.add('D')
>>> print(s)
```

输出结果如下：

```
{'C', 'A', 'D', 'B'}
```

示例：

```
>>> s.add('A')
>>> print(s)
```

输出结果如下：

```
{'C', 'A', 'D', 'B'}
```

**10. ＜s＞.remove (＜x＞)**

说明：将＜x＞从集合＜s＞中移除,如果集合中不存在＜x＞,将提示错误信息。
示例：

```
>>> s = {'A', 'B', 'C'}                    #定义集合
>>> s.remove('B')
```

```
>>> print(s)
```

输出结果如下：

```
{'C', 'A'}
```

示例：

```
>>> s.remove('D')
```

输出结果如下：

```
Traceback (most recent call last):
  File "<stdin>", line 1, in <module>
KeyError: 'D'
```

**11. <s>.discard (<x>)**

说明：将<x>从集合<s>中移除，如果集合中不存在<x>，将跳过。
示例：

```
>>> s = {'A', 'B', 'C'}                  #定义集合
>>> s.discard('B')
>>> print(s)
```

输出结果如下：

```
{'C', 'A'}
```

示例：

```
>>> s.discard('D')
>>> print(s)
```

输出结果如下：

```
{'C', 'A'}
```

**12. <s>.pop ()**

说明：从集合<s>中随机弹出一个元素，如果集合元素为空，将提示错误。
示例：

```
>>> s = {'A', 'B', 'C'}                  #定义集合
>>> s.pop()
```

输出结果如下：

```
'C'
```

示例：

```
>>> s.pop()
```

输出结果如下：

```
'A'
```

示例：

```
>>> s.pop()
```

输出结果如下：

```
'B'
```

示例：

```
>>> s.pop()
```

输出结果如下：

```
Traceback (most recent call last):
  File "<stdin>", line 1, in <module>
KeyError: 'pop from an empty set'
```

**13. <s>.copy ()**

说明：复制集合。
示例：

```
>>> s = {'A', 'B', 'C'}                    #定义集合
>>> t = s.copy()                           #复制集合
>>> t.add('D')
>>> print(s)
```

输出结果如下：

```
{'C', 'A', 'B'}
```

示例：

```
>>> print(t)
```

输出结果如下：

```
{'C', 'A', 'D', 'B'}
```

**14. <s>.clear ()**

说明：清空集合元素。
示例：

```
>>> s = {'A', 'B', 'C'}                    #定义集合
>>> print(s)
```

输出结果如下：

```
{'C', 'A', 'B'}
```

示例：

```
>>> s.clear()
>>> print(s)
```

输出结果如下：

```
set()
```

### 5.5.4　集合应用举例

**例 5-11**　某班级新入学 40 名同学，按 0001～0040 设定学号。现举行迎新晚会，共准备了 10 份奖品，请设计一个抽奖程序进行随机抽奖。要求每个人至多中奖一次，不能出现重复中奖的情况。

(1) 程序代码。

```
#定义一个空集合,注意不要直接设置为{}
s = set()
#按学生编号进行初始化
for i in range(1, 40+1):
    si = '%04d' % i
    s.add(si)
#显示集合
print(s)
#十份奖品,循环抽奖 10 次
for i in range(0, 10):
    print('抽中的学号是', s.pop())
```

程序运行结果如图 5-15 所示。

```
{'0024', '0014', '0028', '0013', '0026', '0031', '0040', '0034', '0039', '0003', '0010', '0
002', '0025', '0011', '0035', '0020', '0001', '0033', '0005', '0017', '0037', '0029', '0022
', '0004', '0038', '0030', '0018', '0008', '0009', '0006', '0015', '0007', '0012', '0036',
'0021', '0027', '0032', '0016', '0019', '0023'}
抽中的学号是 0024
抽中的学号是 0014
抽中的学号是 0028
抽中的学号是 0013
抽中的学号是 0026
抽中的学号是 0031
抽中的学号是 0040
抽中的学号是 0034
抽中的学号是 0039
抽中的学号是 0003
```

图 5-15　例 5-11 的程序运行结果

(2) 程序分析。在例子中，使用集合存储学生的学号信息，而且互不相同，在循环中通过几何的 pop()函数自动随机弹出集合元素，可在得到抽奖结果的同时自动排除重复中奖的可能性。

**例 5-12** 某班级共 40 名学生,现可自由选课,可选择选修课 1 或选修课 2。假设选修课 1 的选课人数为 30,选修课 2 的选课人数为 25 名,请统计同时选择两门选修课的学生。

(1) 程序代码。

```
import random
#定义一个空集合,注意不要直接设置为{}
s = set()
#按学生编号进行初始化
for i in range(1, 40+1):
    si = '%04d' % i
    s.add(si)
#模拟 30 名学生选项课程 1
xk1 = set(random.sample(s, 30))
#模拟 30 名学生选项课程 2
xk2 = set(random.sample(s, 25))
#计算交集
xks = xk1 & xk2
print('选修课 1 的学生人数', len(xk1), '名单为:', xk1)
print('选修课 2 的学生人数', len(xk2), '名单为:', xk2)
print('同时选择了选修课 1 和 2 的学生人数:', len(xks), '名单为:', xk1 & xk2)
```

程序运行结果如图 5-16 所示。

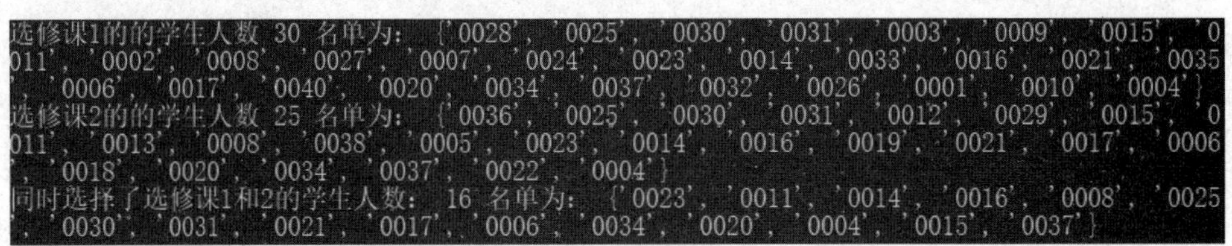


图 5-16 例 5-12 的程序运行结果

(2) 程序分析。在例子中,使用集合来存储学生的学号信息,采用随机取值方式模拟选修课名单,通过计算集合的交集,即可得到同时选择两门课的学生信息。同理,利用集合的计算方法,也可以得到已参加选课、未参加选课学生的名单。

任务工单 5-2:元组、字典、集合实训任务,见表 5-2。

**表 5-2 任务工单 5-2**

| 任务编号 | | 主要完成人 | |
|---|---|---|---|
| 任务名称 | 元组、字典、集合中各选择一个案例运行 | | |
| 开始时间 | | 完成时间 | |
| 任务要求 | 1. 运行元组、字典、集合案例。<br>2. 通过案例初步了解复杂数据类型。<br>3. 思考这些复杂数据类型应用场景 | | |

续表

| | | | |
|---|---|---|---|
| 任务完成情况 | | | |
| 任务评价 | | 评价人 | |

## 5.6 思考与实践

1. 怎么理解列表是有序序列？列表名与列表元素之间是一种什么关系？

2. 是否可以定义不指定长度的列表？为什么？

3. 什么是列表的维数？试说明一维列表和高维列表的差异。

4. 如何理解字典的“键值对”？举例说明字典的应用。

5. 什么是集合？举例说明集合的应用。

6. 自定义一个整数列表 a，读入一个整数 n，如果 n 在列表中存在，则输出 n 的下标；如果不存在，则输出 -1。

7. 现在有如下一个列表：

```
oldArr=[1,3,4,5,0,0,6,6,0,5,4,7,6,7,0,5]
```

要求将以上列表中值为 0 的项去掉，将不为 0 的值存入一个新的列表，生成的新列表如下：

```
newArr=[1,3,4,5,6,6,5,4,7,6,7,5]
```

8. 现在给出两个列表：

```
列表 a=[1,7,9,11,13,15,17,19]
列表 b=[2,4,6,8,10]
```

要求两个列表合并为列表 c，并按升序排列。

9. 15 个猴子围成一圈选大王，依次 1～7 循环报数，报到 7 的猴子被淘汰，直到最后一只猴子成为大王。问哪只猴子最后能成为大王？

10. 假设有两个列表 s1 和 s2：

```
列表 a= [0, 1, 3, 8, 12, 22]
列表 b= ['hello', '您好', 'python']
```

计算如下表达式的结果。

```
a+ b
4 * a + 6 * b
a + b[:-2]
```

11. 求一个3×4矩阵的所有靠外侧的元素之和。设矩阵为：

3 8 9 10

2 5 3 5

7 0 −1 4

12. 给出一个二维列表如下。

1 2 3 4

2 2 5 6

3 5 3 7

4 6 7 4

(1) 求该列表对角线元素平方和。

(2) 判断是否是对称的二维列表,即对所有 i 和 j 都有 a[i][j]=a[j][i]。

(3) 求该列表的转置列表。即令 a[i][j]=a[j][i]。

13. 有一行电文,已按下面规律译成密码。

A→z  a→Z

B→y  b→Y

C→x  c→X

……

即第一个大写字母变成第26个小写字母,第 $i$ 个大写字母变成第 $16-i+1$ 个小写字母;小写字母的加密方式类似,其他非字母字符不变。要求编程序以实现输入明文字符串,输出密文字符串的功能。

14. 输入一行字符,统计其中有多少个单词,规定单词间以一个或多个空格相隔。

15. 输入几个单词,然后按照字母顺序对其排序。

# 第6章 函 数

第 6 章

**基础知识目标**

- 掌握函数的基本概念。
- 掌握函数参数、返回值的概念。
- 了解递归函数的概念及应用场景。
- 理解函数变量作用域范围，了解全局变量的使用场景。

**实践技能目标**

- 按照书中介绍的方法运行本章开头案例。
- 按照书中的说明，使用函数模拟计算汉诺塔问题。
- 熟练填写任务工单。

**课程思政目标**

- 培养学生明白“合作共赢”的道理，明白有分工就有合作的需要，有合作才可能有分工者之间的共赢。
- 培养工匠精神中严谨认真的态度。
- 培养科学家精神中刻苦钻研的精神。

例 1-1 中用 Python 语言演示了一段程序，即从键盘输入两个整数，然后输出这两个数之和。这个问题用程序实现非常简单，通过前面的学习，可以用方法一来实现。

方法 1：

```
x = float(input('请输入任意实数 1:'))
y = float(input('请输入任意实数 2:'))
z = x + y
print('{0} + {1} = {2}'.format(x, y, z))
```

而对于一些熟练的程序设计人员来说，他们可能会给出不同的解决方式，稍微复杂一点，比如使用下面的方法来解决这个问题。

方法 2：

```
def my_sum(a, b):
    c = a + b
    return c
x = float(input('请输入任意实数 1:'))
```

```
5  y = float(input('请输入任意实数 2:'))
6  z = my_sum(x, y)
7  print('{0} + {1} = {2}'.format(x, y, z))
```

对比方法 1 和方法 2,很快就会发现,方法 2 这种写法与前面几章不同,在代码前半部分还有一段程序,这一段程序是来实现两个数相加。而在第 6 行中,通过赋值语句引用了这段预先定义好的程序,从而实现了两个数相加的功能。

方法 2 中程序第 1～3 行是用户自己定义的一个函数 my_sum(),在后面的程序中,通过使用函数 my_sum()来解决问题,这种方法就是函数方法。相对于方法 1,方法 2 看起来要复杂一些,但是这种分而治之的思维,是解决复杂问题的有效方法,并且能够提高代码复用率,从而提高程序设计效率。函数是程序设计中的重要内容,接下来将详细演示用函数解决问题的方法。

## 6.1 函数与程序

### 6.1.1 理解函数

从中学开始,我们就接触到函数的概念,本章为了阐述方便,将学习程序设计以前所接触到的、数学概念上的函数称为数学函数,而把本章和以后程序中要使用的函数称为程序函数,简称函数。

为了理解程序中的函数,首先来回顾一下数学中函数的定义和注意问题,数学函数有两种定义方式。

定义 1:设有两个变量 $x$、$y$,如果对于 $x$ 在某一范围内每一个确定的值,$y$ 都有唯一确定的值与它对应,那么就称 $y$ 是 $x$ 的函数,$x$ 叫作自变量。自变量 $x$ 取值的集合叫作函数定义域,和 $x$ 对应的 $y$ 值叫作函数值,函数值集合叫作函数的值域。例如,函数 $y=3x+4$,其中 $x$ 可以取任何数,$y$ 与之对应。而函数 $y=\sqrt{x}+1$,这里 $x$ 只能取大于或等于零的数。

定义 2:设 $A$、$B$ 都是非空集合,$f: x\rightarrow y$ 是从 $A$ 到 $B$ 的一个对应法则,那么从 $A$ 到 $B$ 的映射 $f: A\rightarrow B$ 就叫作函数,记作 $y=f(x)$,其中 $x\in A$,$y\in B$,集合 $A$ 叫作函数 $f(x)$的定义域。符号 $y=f(x)$即是“$y$ 是 $x$ 的函数”的数学表示,应理解为:$x$ 是自变量,它是法则所施加对象;$f$ 是对应法则,它可以是一个或几个解析式,可以是图像、表格,也可以是文字描述;$y$ 是自变量的函数值,当 $x$ 为允许的某一具体值时,相应的 $y$ 值为与该自变量对应的函数值。当 $f$ 用解析式表示时,则解析式为函数解析式。

例如,函数 $f(x)=3x+4$,$y=f(x)$表明了 $f: x\rightarrow y$ 的一个线性对应法则,这个法则是可以用解析式表示出来的。再如 $f(x)=${如果 $x$ 代表男生,则 $y=0$;如果 $x$ 代表女生,则 $y=1$},$y=f(x)$这个函数显然无法用数学表达式表示,只能用一段文字描述。

这里特别指出数学函数中两个比较重要的特征:第一,数学函数返回值唯一,也就是说不管 $x$ 怎么取值,$y$ 必须有一个且只有一个值与之对应;第二,数学函数变量可以是一个,也可以是多个,定义域可以是数字,也可以是图形或者语言等复杂对象。例如,$y=f(x,z)=$

3$x$+4$z$,其中 $x$ 和 $z$ 取值可以由使用者自己定义。

程序中函数的定义接近于第 2 种,先行案例方法 2 中第 1 行 my_sum(a, b)这个函数,my_sum 是函数名称,同时也可以存储函数返回值,是数值类型数据,可以理解为数学函数中的 $y$。函数 my_sum()中有两个自变量,分别是 a 和 b,在程序中我们称为参数。就像数学函数中 $x$ 一样,参数 a 和 b 也可以取不同数据类型,可以代表不同数据。而程序第 2 行到第 3 行,即函数体,这段函数体阐述了 my_sum(a, b)这个函数中 f 对应法则。

```
1  def my_sum(a, b):                    #函数开始
2      c = a + b
3      return c                         #函数结束,返回
```

与数学函数相比较,程序函数不是数学解析式,也不是图表或者文字描述,而是通过一段计算机语言来进行描述。程序设计人员在使用函数时首先就是要设计整个函数体,完成对函数过程的描述。然后通过反复调用函数,达到使用函数提高编程效率的目的。

## 6.1.2　函数使用

Python 是一门解释型编程语言,采用代码缩进和冒号":"区分代码之间的层次,并且执行时也是按代码顺序自上而下执行,即首先执行未缩进的非"函数/类"定义代码。Python 编程中,对于相对简单的问题,例如书中前面章节中的一些例子,一般是采用命令行或直接书写 py 文件的方式进行编程。但是一旦问题比较复杂,如果代码写得很长(比如说几十页),显然非常不利于程序设计和调试,一个非常自然的解决方式,就是采用分而治之的方法,将一个较大的问题分解为若干个较小的问题,然后每个问题都相对独立,通过解决这些子问题,迅速地解决整个问题。

例如,我们要编写一个主函数 main()用于演示一些常见的排序方法,如果把所有的排序算法统统写到一起,那么一方面这个程序将会很长,可读性很差;另一方面这些不同的排序方法放在一起容易混淆,但是采用如图 6-1 所示的设计方式,即每种排序方法都用一个函数来表达,则能够清晰明快地表示出所有排序算法。

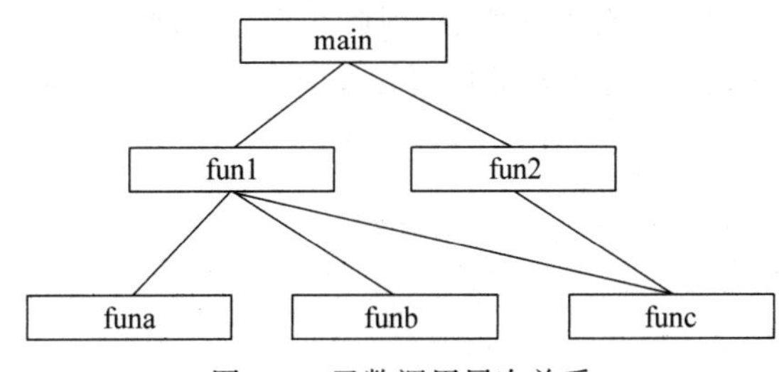


图 6-1　函数调用层次关系

**例 6-1**　无处不在的函数。

格式 1:不采用子模块的设计方式。

```
def main():                             #定义主函数
    ...                                 #持续几页的排序程序代码
```

格式2：采用函数设计的模式。

```
def main():                  #定义主函数
    Bublle_Sort( )           #冒泡排序函数调用
    Select_Sort( )           #选择排序函数调用
    Insert_Sort( )           #插入排序函数调用
    Merge_Sort( )            #归并排序非递归调用
```

可以说,程序中一切功能代码都可以写进函数中,使用函数有以下优点。

(1) 具有良好的可读性。使用函数把一个大模块分解为若干个小模块,使得程序脉络分明,即使比较长的程序,也可以像分好章节的长篇小说一样,具有良好的可读性。

(2) 便于程序调试。在较长的程序中,语法错误是比较容易发现的,但是逻辑错误或者偏差却很难被发现。函数的设计方法,不仅将工作量分开,同时也将逻辑分开,这样调试起来更加容易。例如,在例6-1中通过函数将不同排序方法分开,注意数据之间的影响关系,这样每个算法独立,调试起来就更加容易。

(3) 便于程序设计人员分工编写,分阶段调试。通过函数能够把一个较大工作量分解成为若干较少工作量,这些工作量可以由不同的人来完成。采用函数方法,可以逐步对程序进行调试,首先调试子函数,当子函数运行正确后,再与主函数以及其他函数进行联合调试。例6-1中,由于每个排序相对独立,设计过程中可以逐步增加,也可以由几个人同时设计,每个人负责一个算法,然后合到同一个主函数中。

(4) 函数通过参数,能够实现数据交互。函数参数和返回值非常灵活,可以实现数据交互,满足程序设计需求。

(5) 节省程序代码、存储空间和程序设计时间。函数可以反复调用,因此在程序中需要实现的某一功能,如果多次出现,可以设计为函数,来避免重复设计。例如,每个程序中都出现的输入、输出函数,系统预先定义好了,程序设计人员只需要反复调用即可。

(6) 有利于进行结构化程序设计。即使是复杂大型软件,也是由一个个简单程序根据一定逻辑组合而成的,因此面向函数的设计思维非常重要。有利于帮助程序设计初学者培养程序设计思维,也有助于进一步理解其他程序设计方法。

正因为应用函数设计方法具有上述优点,因此在设计程序过程中,应把大量的功能设计成利用函数来实现。另外,程序设计人员也可以互相调用对方的函数,从而加快程序开发过程。

### 6.1.3 函数分类

#### 1. 从函数定义角度区分

依据不同分类标准,函数可以分为不同类型。

从函数定义角度区分,函数可分为系统/库函数和自定义函数。

(1) 系统/库函数。由Python环境提供,程序设计人员无须定义,只需在使用时直接调用或通过import引用即可。例如,在Python程序设计过程中使用的input()、print()等函数均属此类,其他一些功能函数也可以通过这种方式调用。实际上,Python语言为程序设计人员提供了丰富的系统函数,能够大大加快程序开发过程,例如,利用 int()、float()等函数进行数据类型转换,利用 os 模块进行文件或目录操作等。

(2) 自定义函数。自定义函数是指程序设计人员根据程序需求设计的函数。对于自定义函数,不仅在程序中通过 def 关键字来定义函数本身,而且在跨文件调用时对该被调函数通过"import 文件名""from 文件名 import 函数名"方式进行引用,然后才能使用。

**2. 从函数是否有返回值角度区分**

依据函数返回值,又可把函数分为有返回值函数和无返回值函数两种。有一些程序设计语言把无返回值函数也称为过程。

(1) 有返回值函数。此类函数被调用执行完毕后将向调用者返回一个执行结果,称为函数返回值。如数学函数即属于此类函数。例如,先行案例中的 my_sum()函数、math 模块中的 cos()函数、log()函数等,都是有返回值的函数。

(2) 无返回值函数。此类函数用于完成某项特定的处理任务,执行完成后不向调用者返回函数值。例 6-1 中的 Bublle_Sort()、Select_Sort()、Insert_Sort()等几种不同的排序函数,经常使用的 print()函数也属于无返回值函数。

**提示:** 根据函数设计中是否有参数,也可以分为有参函数和无参函数。

# 6.2 自定义函数

## 6.2.1 函数定义

通过在 Python 中使用输入/输出函数和一些简单数学函数,我们已经了解了系统函数的使用,但是应如何设计自定义函数呢?

**例 6-2** 输出一个字符串。

```
def my_print():
    print('Hello World!')
my_print()
```

在本例中,通过函数形式输出"Hello World!"这个字符串,例子中 my_print()函数就是无参函数,同时也是一个无返回值函数。尽管例 6-2 的设计模式比不采用函数方法更复杂,但是这里主要是用来演示,并且在一些特殊场合也可以用到。

对无参函数而言,函数名后面括号中是空的,没有任何参数。以下为无参函数定义形式。

```
def 函数名( ):
    函数体
```

其中,def 和函数名称为函数头。

函数名是由用户定义的标识符,函数名后有一个空括号,其中可以无参数,但括号不可少。

函数体表示函数执行的代码块,并且在函数体中定义变量,如无特殊声明则认为是局部变量,只能在函数体内部使用。

需要注意的是,函数可以返回值,也可以不返回值,如需返回值可通过 return 语句将对应的数据返回。下面再来详细讨论一下有参函数定义及函数返回值等问题。

**例 6-3** 求两个数的和与积。

```
1   def my_product_and_sum(x, y):
2       z1 = my_sum(x, y)
3       z2 = my_product(x, y)
4       return z1,z2
5   def my_product(a, b):
6       c = a * b
7       return c
8   def my_sum(a, b):
9       c = a + b
10      return c
11  x = float(input('请输入任意实数 1:'))
12  y = float(input('请输入任意实数 2:'))
13  z1,z2 = my_product_and_sum(x, y)
14  print('{0} + {1} = {2}'.format(x, y, z1))
15  print('{0} * {1} = {2}'.format(x, y, z2))
```

首先,比较一下例 6-3 和先行案例,可以发现这两段程序中,代码结构基本相同,所不同的是在前面增加了函数 my_product_and_sum()和 my_product()。在 Python 程序中,一个函数的定义需要放在被调用的语句之前。但是,如果是在函数中调用另外的函数,则对被调用函数的定义位置没有限定。

例 6-3 中,函数 my_product_and_sum()、my_product()和 my_sum()均要求输入参数,并且包含返回值。有参函数定义形式一般如下:

```
def 函数名(参数 1, ...):
    函数体
```

在例 6-3 中第 1、5、8 行为函数定义,输入参数为 x、y。在函数体内,除了输入 x、y 以外,第 6、9 行又定义了一个变量 c,这部分为声明部分。第 9 行为一个赋值语句,用来计算 a+b,计算完毕将值赋给变量 c,最后在第 10 行,使用 return 语句是把 c 值作为函数值返回给主调函数。

**注意**:有返回值函数中至少应有一个 return 语句,Python 中也支持通过元组形式来返回多个变量,在 6.3 节中还将进一步详细讨论参数匹配以及返回值问题。

在程序设计中有时会用到空函数,以下为其定义形式。

```
def 函数名():
    pass
```

例如:

```
def dummy():
```

```
    pass
```

这里定义的 dummy()函数的函数体为空。调用此函数时，什么工作也不做，没有任何实际作用。在程序中如果有调用此函数的语句：

```
dummy()
```

表明要调用 dummy()函数，而现在这个函数没有起作用。那么为什么要定义一个空函数呢？在程序设计中往往根据需要来确定若干个模块，分别由一些函数来实现。而在第一阶段只设计最基本的模块，其他一些次要功能或锦上添花的功能则在以后需要时陆续补上。在程序设计开始阶段，可以在将来准备扩充功能的地方放置一个空函数(函数名起将来采用的实际函数名)，只是这些函数暂时还未编写好，先用空函数占一个位置，等以后扩充程序功能时用一个编好的函数代替它。这样做有利于看起程序结构清楚，可读性好，以后扩充新功能方便，对程序结构影响不大。因此，空函数在程序设计中经常要用到。

函数在使用时被看成"黑匣子"，除了输入/输出外，其他部分可不必关心。从函数的定义看出，函数头是用来反映函数功能和使用接口的，它所定义的是"做什么"，即明确了"黑匣子"的输入/输出部分，输出就是函数返回值，输入就是参数。因此，只有那些功能上起自变量作用的变量才必须作为参数定义在参数表中；而函数体中具体描述"如何做"，除参数之外为实现算法所需用的变量应当定义在函数体内。

### 6.2.2 函数调用

**1. 库函数**

库函数的使用能够大大缩减开发过程，几乎所有的程序设计语言和环境都为开发者提供了丰富的库函数。Python 语言除了常用的输入/输出和基础运算等库函数以外，还提供大量其他功能的库函数，也支持功能强大的第三方库函数，这些库函数使 Python 语言功能强大，用起来简便快捷。

**例 6-4** 求一个数的 arccos 值。

```
1   import math
2   from math import asin
3   x = 0.5                                  #定义 x
4   x_acos = math.acos(x)                    #计算 acos
5   1  x_asin = asin(x)                      #计算 asin
6   print('The arc cosine of', x, ' is', x_acos)
7   print('The arc sin of', x, ' is', x_asin)
```

在本例中，要求一个数字 x 的 arccos()、arcsin()函数值，只需要调用数学函数库中的函数即可，注意在 acos()和 asin()函数中，可通过一个输入参数传入待计算的值，并通过输出参数返回对应计算结果。

程序第 1 行直接通过 import 引入了 math 库，进而可在后面程序中通过"math."方式来调用 math 库提供的变量及功能函数，如可通过 math.acos 来计算 arccos 值。程序第 2 行则通过 from math import 语句引入了 asin 函数,进而可在后面的程序中直接通过 asin 来计算 arcsin 值。由此可见,通过“import 库”语句导入的库,在使用其功能函数时需要包含对应的库名称前缀来进行调用;通过“from 库 import 成员”语句导入的成员,在使用时直接作为对应名称即可进行调用。

程序第 3 行定义了输入参数 x,并分别在第 4 行传递给 acos()函数、第 5 行传递给 asin()函数,注意 acos()、asin()函数中的 x 要求值限制在 $-1\leqslant x\leqslant 1$,因此程序中第 3 行 x 值必须在这个范围内。

此外,库函数还能在自定义函数中进行调用,以完成对应功能。下面的这个例子稍微复杂一些,但更能说明问题。

**例 6-5** 通过函数定义的方式调用库函数来实现字符串与 ASCII 码互相转换。

```
def char_to_ascii(input_s):                  #将字符转换为 ASCII
    output_s = []                            #初始化
    for si in input_s:
        output_s.append(ord(si))             #遍历计算每个字符的 ASCII
    return output_s                          #返回结果
def ascii_to_char(input_s):                  #将 ASCII 转换为字符
    output_s = []                            #初始化
    for si in input_s:
        output_s.append(chr(si))             #遍历计算每个 ASCII 的字符
    return output_s                          #返回结果
print(char_to_ascii('ABCD'))                 #调用函数,将字符转为 ASCII
print(ascii_to_char([100,101,102,103]))      #调用函数,将 ASCII 转为字符
```

在此例中,调用了库函数 ord()、chr(),分别实现将字符转换为 ASCII 码和将 ASCII 码转换为字符的功能。对于函数输入参数可不设置变量类型,通过 return 向外传递返回值。这两个函数在各自函数体内定义的变量,其作用范围仅限于函数体内,所以不同函数内定义的变量名称可以重名,而不受影响。

**2. 无参自定义函数**

无参自定义函数应用也非常广泛,一般在程序中单独作为一条语句出现。开发人员可以根据需要自己定义一些函数,来完成一定功能。

**例 6-6** 输出 50 行“program design!”。

方法 1 简单的程序实现方法。

```
for i in range(0, 50):
    print('program design!')
```

方法 2 运用函数来实现。

```
def my_print():                              #定义函数
    print('program design!')
for i in range(0, 50):
    my_print()                               #调用函数
```

方法 2 看上去比方法 1 更复杂，但使用方法 2 的好处显而易见，通过把一个个小功能设计成函数，方便在需要的时候调用。如果程序要求修改为：先输出 20 行，再做一些其他事，再继续输出，显然使用方法 2 更方便。

通过前面几个例子，可以看出所谓函数调用，就是使程序转去执行函数体。因为除了在主程序执行过程中对函数进行调用外，任何函数都不能单独作为程序运行，所以函数运行都要直接或者间接通过调用的方式来运行。如图 6-1 所示函数中还可以调用其他函数，但是最终整个程序需要一个开始运行的主体，并在运行中根据设计逻辑对函数进行调用，完成相应业务功能。

### 3. 有参自定义函数

大多数函数需要带参数，参数概念在 6.1.1 小节中讲述过，类似于数学函数中的自变量概念。在程序中，参数主要是用于主调函数和被调用函数之间进行值传递。

**例 6-7** 输入一个正整数，判断其是否是素数。

方法 1 不使用函数的设计方法。

```
n = int(input("请输入一个整数: "))
for i in range(2, n):
    if n%i == 0:
        break                        #如果存在能被整除的数
if i < n-1:                          #如果未扫描到最后一个数
    print(n, '不是一个素数')
else:                                #如果扫描到最后一个数都未被整除
    print(n, '是一个素数')
```

方法 2 使用不带返回值的函数来实现。

```
1 def sul(x):
2     for i in range(2, x):
3         if x % i == 0:                #如果存在能被整除的数
4             print(x, '不是一个素数')
5             return                    #直接跳出函数,不执行后续函数体代码
6     print(x, '是一个素数')
7 n = int(input("请输入一个整数: "))
8 sul(n)                                #调用函数
```

在例 6-7 中，函数 sul()实现具体判断是否是一个素数的过程，参数 x 就是被判断的对象。虽然，sul()函数代码写在前面，但是程序从第 7 行开始执行，也就是说程序从输入数据 n 的地方开始执行。程序在执行时，输入了一个正整数 n，这个具体输入的值存储在变量 n 中，通过使用函数 sul(n)，变量 n 的值传递给了函数输入变量 x，实现了函数调用过程中参数值的传递。

**注意**：函数 sul()输入参数为 x 是形参。所以，在调用函数时应写成 sul(n)，而不能写成 sul(x)。

**4. 带返回值的自定义函数**

例 6-6 和例 6-7 中两个自定义函数都是不带返回值的自定义函数,有的自定义函数是带返回值的,可以通过函数名将值传递回来,以备在调用程序过程中使用。

**例 6-8** 输入一个正整数,判断其是否是素数。

```
def su2(x):
    for i in range(2, n):
        if n % i == 0:                          #如果存在能被整除的数
            return 0                            #返回 0 跳出函数,不执行后续函数体代码
    return 1                                    #执行到最后,返回 1
n = int(input("请输入一个整数: "))
if su2(n) == 0:
    print(n, '不是一个素数')
else:
    print(n, '是一个素数')
```

su2()函数返回 0 或 1,主函数中根据这个返回值来判断是否是一个素数。和方法 2 一样相对于方法 1 而言,一个明显的好处就是可以反复调用函数,来判断一个数是否为素数。

在程序中,函数被调用过程中,既可以作为一个表达式,也可以作为一个语句,也可以放在赋值语句中。例如,c=my_sum(a,b)是一个赋值表达式,即把 my_sum 的返回值赋予变量 c。

## 6.2.3 注意问题

**1. 函数设计应尽量短小**

虽然不能从理论上严格证明函数设计越短小越好,但是一个函数一旦超过三四个屏幕,达到几百行甚至上千行,那么便失去了函数存在的意义。虽然现在显示器分辨率很高,但是每个屏幕显示行数有限,一个很长的函数就像是一篇没有分段的文章,会导致可读性非常差。

一个程序到底多长合适?一般认为不应该超过一个屏幕,如果一个函数过长,那么就需要认真考虑是否可以分解成为若干个更短小精悍的函数。

例如,多方法排序程序的过程比较复杂,整个函数也比较长,如果写在一起,那么可读性将非常差。而在例子中,把初始化、创建和输出过程分别单独拿出来作为函数来实现,这样整个问题解决过程比较明晰,程序可读性较强。

**2. 一个功能一个函数**

函数设计的目的是能够将问题分开解决。对于一个较小的问题,分而治之看起来没有什么,但是如能养成针对一个功能设计一个函数的良好习惯,对于日后处理较大的问题,将会受益匪浅。

例如,在字符串处理过程中,有求长度、大小写转换、连接、截取、判断是否为空等功能,这些功能在设计过程中,最好针对每个功能对应的设计一个函数,这样以后能够方便其他程

序调用。

通过合适的函数设计，我们可以像写文章一样来设计程序，先设计好主要脉络，整个文章大纲，也就是主函数。然后根据故事情节，一个一个去美化每一个具体实现细节，把这些细节具体化，形象化，最终组合一篇好文章。

**3. 函数调用应注意的问题**

(1) 调用函数时，调用处的函数名必须与函数名完全一致，而且类型也必须对应一致。例如，在 c=my_sum(a,b)语句中调用 my_sum()函数时，如果 my_sum 写成 my_add 等，则程序不能正确运行。

(2) 参数个数和顺序必须一致。被调函数和主函数之间是通过参数实现值传递的，因此如果数量和顺序不一致，则整个程序就可能会出错。

(3) 函数应先定义或引入，后调用。在 Python 语言中，如果是在函数中调用另外的函数，则对被调用函数定义位置没有限定，其他情况则应将函数定义或引入写在调用之前。库函数实际上是把函数写在另外一个文件中，我们在设计程序过程中，把另外一个文件引入当前文件中，从而实现把库函数引入程序中，因此引入库函数的语句一般是放在最前面。

(4) 不仅在程序执行中可以调用函数，函数内部也可以调用函数，甚至可以调用自己，即递归调用，在后面章节中将进行介绍。

任务工单 6-1：完成思考与实践，见表 6-1。

**表 6-1 任务工单 6-1**

| 任务编号 | | 主要完成人 | |
|---|---|---|---|
| 任务名称 | 完成思考与实践 | | |
| 开始时间 | | 完成时间 | |
| 任务要求 | 1. 根据本节内容，单独完成程序设计。<br>2. 熟练掌握程序设计步骤。<br>3. 掌握一定的程序设计技巧和程序调试方法。<br>4. 学会严谨的程序设计思维 | | |
| 任务完成情况 | | | |
| 任务评价 | | 评价人 | |

# 6.3 函数与变量

## 6.3.1 函数参数

再来看一下先行案例中函数的使用。

```
1   def my_sum(a, b):
2       c = a + b
3       return c
4   x = float(input('请输入任意实数1:'))
5   y = float(input('请输入任意实数2:'))
6   z = my_sum(x, y)
7   print('{0} + {1} = {2}'.format(x, y, z))
```

在代码第1行中，定义了子函数，并且包括两个参数。在第4、5行，程序定义了两个变量，其中变量x、y用来向函数my_sum()传递值。通常情况下，我们把第4、5行中的x和y称为实际参数，而第1行中定义子函数中的参数a和b称为形式参数。

虽然把子函数写在前面，但是程序执行是从第4行开始执行的，也就是说，首先x、y有了具体值，然后调用子函数，进行参数传递，参数传递方向是由实参传递给形参，这样函数中的变量才有了值。当然在传递过程中，实参可以是变量，也可以是表达式。例如，第6行可以改写为z = my_sum(x+y,y)，即把x+y值传递给a。

传递过程是，先计算实参(表达式)值，再将该值传递给对应的形参变量。一般情况下，实参和形参的个数和排列顺序应一一对应，并且对应参数应类型匹配，即实参类型可以自动转化为形参类型，而对应参数的参数名则并不要求相同。

函数形参和实参具有以下特点。

(1) 形参变量只有在被调用时才分配其内存单元，在调用结束时，即刻释放所分配的内存单元。因此，形参只有在函数内部有效。函数调用结束返回主调函数后则不能再使用该形参变量。

(2) 实参可以是常量、变量、表达式、函数等，无论实参是何种类型的变量，在进行函数调用时，它们都必须具有确定的值，以便把这些值传送给形参。因此应预先用赋值、输入等语句使实参获得确定值。

(3) 实参和形参在数量上、类型上、顺序上应严格一致，否则会发生“参数不匹配”的错误。

(4) 函数调用中发生的数据传送是单向的，即只能把实参的值传送给形参，而不能把形参的值反向地传送给实参。因此在函数调用过程中，如图6-2所示，可将实参传递给形参，但如果形参值发生改变，实参中的值一般不会变化。

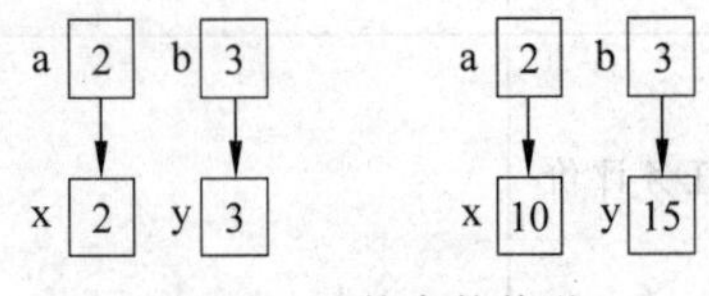

图6-2 函数参数传递

**例 6-9**　求 1～n 之和。

```
1   def my_sum_n(n):
2       s = 0
3       while n > 0:
4           s = s + n                        #对应到 1~n 进行求和
5           n = n - 1                        #更新 n
6       print('n =', n)                      #输出此时 n 值
7       return s                             #执行到最后,返回 s
8   n = int(input("请输入一个正整数: "))
9   s = my_sum_n(n)
10  print('1 + ... +', n, '=', s)
```

本程序中定义了一个函数 my_sum_n(),该函数的功能是求 1～n 之和的值。在第 8 行根据提示输入 n 值,并作为实参变量,在第 9 行调用时传送给 my_sum_n()函数的形参变量 n(注意,本例形参变量和实参变量标识符都为 n,但这是两个不同的变量,各自作用域不同)。程序运行结果如图 6-3 所示。

图6-3　例 6-9 的程序运行结果

在第 10 行中用 print 语句输出一次 n 值,这个 n 值是实参 n 值。在第 6 行函数 my_sum_n()中也用 print 语句输出了一次 n 值,这个 n 值是形参最后取得的 n 值,此时为 0。如图 6-3 所示,从运行情况看,输入 n 值为 100,即实参 n 值为 100。把此值传给函数 s 时,形参 n 的初值也为 100,在执行函数过程中,通过 while 循环来对 n 进行更新,最终形参 n 值变为 0。当调用函数 my_sum_n()返回结果之后,输出实参 n 值仍为 100,可见实参的值不随形参值的变化而变化。

### 6.3.2　函数返回值

在程序分类以及返回值中,函数可以根据有无返回值来分类。其中,无返回值函数可认为是隐式使用了 return None 语句作为返回结果。函数可以通过函数名作为结果进行返回,可以通过函数表达式和函数语句来调用。下面再详细讨论一下调用过程中需要注意的问题。

(1) 函数值只能通过 return 语句进行返回。return 语句一般形式如下:

```
return 表达式;
```

或者

```
return (表达式);
```

该语句的功能是计算表达式值,并作为结果进行返回。每次调用只能有一个 return 语句被执行,因此只能返回一个函数值,正如数学函数的定义一样,返回值必须是唯一的。

(2) 不返回函数值的函数,可以在函数体中明确使用 return None 语句,表示不返回任何元素。

如例 6-9 中函数 my_sum_n()也可以定义为不返回函数值,在函数体最后使用语句

return None 来代替之前的 return s。

```
def my_sum_n(n):
    s = 0
    while n > 0:                                #while 循环计算
        s = s + n
        n = n - 1                               #更新 n
    print('1 + ... +', n, '=', s)
    return None                                 #不返回函数值
n = int(input("请输入一个正整数: "))
s = my_sum_n(n)
print(s)
```

运行后,程序最后将输出 None,表示 my_sum_n 未设置函数返回值。

(3) 对库函数或自定义函数的调用,一般应在使用前通过"import 文件名""from 文件名 import 函数名"语句进行引用,然后才能使用。

一旦函数被定义为空参数类型后,就不能在调用函数中为被调函数传递参数值了。如例 6-6 中,在定义函数 my_print()为空参数类型后,在调用时如使用语句 my_print(i)就是错误的。

(4) 为了使程序有良好的可读性并减少出错,函数命名应具有合理的语义信息,并给出必要的注释说明,以便于理解。

### 6.3.3 函数参数拓展

对于一个数学函数 $f(x)=3x+4$ 而言,$x$ 既可以是一个数字,也可以是其他任何一个能够描述的变量。例如,可以是一个集合,也可以是一个序列。

同理,在程序函数中,函数返回值类型和参数类型也可以是一些常见拓展类型。例如,常见的列表数据类型可以作为函数参数和返回值的数据类型进行数据传送。列表用作函数参数有两种形式:一种是把列表元素(下标变量)作为实参使用,另一种是把列表名作为函数形参和实参使用。

**例 6-10** 判别一个整数数组中各元素值,按如下规则计算。

$$\begin{cases} v & (v>0) \\ 0 & (v\leqslant 0) \end{cases}$$

即若大于 0 则输出该值,若小于或等于 0 则输出 0 值。

```
def sim_relu(v):
    if v > 0:
        print(v)                                #大于 0 则输出原数值
    else:
        print(0)                                #小于或等于 0 则输出 0
data = []                                       #初始化空列表
for i in range(0, 5):
    n = float(input("请输入一个数值: "))
```

```
    data.append(n)                            #添加数值到列表
    sim_relu(data[i])                         #将列表元素输入函数进行调用
```

程序运行后会提示输入数据，并将数据存储到列表中，然后将列表对应元素作为实参调用函数，程序运行结果如图 6-4 所示。

本程序中首先定义一个无返回值函数 sim_relu()，并说明其形参为变量 v。在函数体中根据 v 值输出相应结果。程序中定义了一个列表，并通过 for 循环语句输入列表各元素，每输入一个就以该元素作为实参调用一次 sim_relu()函数，即把 data[i]的值传送给形参 v，供 sim_relu()函数使用。

通过上述例子可以看出，可通过列表下标来将列表元素作为函数实参进行传递，它与普通变量并无区别。因此，当它作为函数实参使用时与普通变量是完全相同的，在发生函数调用时，把作为实参的列表元素值传送给函数形参，即可实现单向值传送。

**例 6-11**　列表中存放了一个学生 5 门课程成绩，求平均成绩。

```
def my_average(vs):
    num = len(vs)                             #列表长度
    s = 0                                     #初始化和
    for vi in vs:
        s = s + vi                            #求和
    return s/num                              #返回平均数
data = []                                     #初始化空列表
for i in range(0, 5):
    n = float(input("请输入第" + str(i+1) + "门课的分数: "))
    data.append(n)                            #添加数值到列表
ave = my_average(data)                        #将列表输入函数中进行调用
print('平均成绩为:', ave)
```

程序运行后会提示输入每门课的分数，并将分数存储到列表中，然后将列表作为实参调用函数 my_average()计算平均分，程序运行结果如图 6-5 所示。

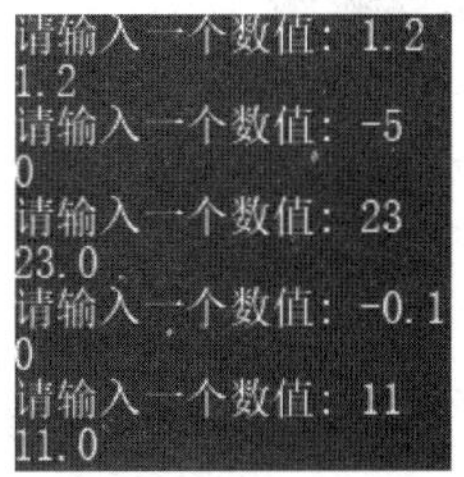


图 6-4　例 6-10 的程序运行结果

图 6-5　例 6-11 的程序运行结果

本程序首先定义了一个函数 my_average()，有一个形参定义为变量 vs。在函数体中，把列表 vs 的各元素值相加后除以列表长度得到平均值，作为输出参数进行返回。程序运行时首先定义分数列表，并通过 for 循环完成各门分数的输入，然后以列表作为实参调用 my_average()函数，将函数返回值定义为变量 ave，最后输出 ave 的值作为平均成绩。

通过例 6-10 和例 6-11 可以发现，当通过下标设置列表元素作实参时，并不要求函数形参也是下标变量。换言之，对列表元素的处理是按普通变量对待。用列表名作函数参数时，则在函数体内可直接按列表形式进行处理。同样道理，多维列表、字典或其他自定义数据结构都可以作为函数参数和返回值类型来进行传递。

**注意**：如果直接将列表作为参数传入函数，则在函数体内可对列表进行永久性修改，因此可通过传递列表副本的方式保持原始列表不变。

**例 6-12** 定义子函数，对列表元素进行系数相乘计算，设置默认系数为－1，试比较不同形式参数传递效果。

```
def coef_list(vs, coef=-1):
    num = len(vs)                              #列表长度
    for i in range(0, num):
        vs[i] = coef * vs[i]                   #乘以 coef，默认是-1
    print('执行系数', coef, '后，列表为：', vs)
data = [-1,-2,3,4,5]                           #初始化列表
print('原始列表：', data)
coef_list(data)
print('直接调用函数后：', data)
data = [-1,-2,3,4,5]                           #初始化列表
print('原始列表：', data)
coef_list(data.copy())
print('副本方式调用函数后：', data)
coef_list(data.copy(), 2)                      #修改系数
coef_list(data.copy(), coef=3)                 #修改系数
```

程序运行结果如图 6-6 所示。

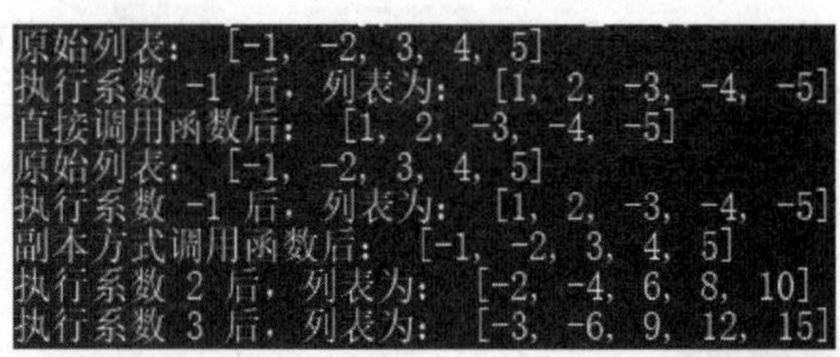


图 6-6 例 6-12 的程序运行结果

本程序首先定义了一个函数 coef_list()，包含 2 个输入参数，即形参 vs 和可选参数 coef（默认为－1）。在函数体中，把列表 vs 的各元素乘以 coef 后进行更新，函数未设置返回值，默认返回 None。程序运行过程如下。

（1）定义列表并通过直接将列表作为实参传入函数 coef_list()，可选参数 coef 使用默认值－1，调用后输出处理前后的列表。

（2）重新定义列表并通过副本方式将列表副本作为实参传入函数 coef_list()，可选参数 coef 使用默认值－1，调用后输出处理前后列表。

（3）修改可选参数 coef 的值，分别通过按参数位置和参数名称的方式来为参数 coef 赋值。

如图 6-6 所示，可以发现直接将列表作为参数传递，在函数体内进行修改会影响到原列表；通过副本方式作为参数传递，在函数体内修改则不会影响原列表；函数可通过默认值定

义来设置可选参数，也可按位置或按参数名进行参数传递。

因此，通过将列表直接作为参数传递，在函数中可直接对其进行编辑，能提高程序运行效率和可读性；如果需要保持列表数据不变，则可通过副本等方式来传递列表参数，避免在函数体内对列表数据修改。

**注意：** 函数调用默认按位置顺序传递实参，所以如果使用设置默认值可选参数，则需要注意函数参数声明顺序，即应先声明没有默认值的参数，然后才能声明包含默认值的可选参数。

## 6.3.4 变量作用域

在前面给出了有参数、有返回值函数定义形式，即：

```
def 函数名(参数 1, 参数 2, ...);
    函数体
    返回值
```

其中，在函数体内也可定义变量，那么这里定义的变量在函数外是否能使用呢？在函数外定义的变量，在函数体内是否也能使用呢？在例 6-9 中，定义了两个 n，这两个 n 是否一样？为什么能进行两次定义呢？

在程序设计语言中，所有变量都有一个作用范围，在某个函数中定义的变量，当函数开始运行时，该变量才有实际意义，才分配其内存空间，当函数运行结束时，该变量所占据的内存空间由系统自动收回。Python 语言中的变量，根据变量定义位置不同，可访问范围也有差异。变量可访问范围也称为变量作用域，变量可分为局部变量和全局变量。

局部变量一般是在某个函数或某个语句块内进行定义说明。例如，本章先行案例中方法 2 定义了变量 a、b、c，其中 a、b 为形参，c 为函数中定义的变量，形参只有在传递值的时候才起作用，对于变量 c 当函数调用时才分配其空间，当函数调用结束时，变量 c 内存空间被收回；此外，在 if、for 和 while 等语句块内定义的变量，其作用域范围也只限其语句块内。

全局变量不属于哪一个函数，它属于一个源程序文件，作用域是整个源程序。而局部变量作用域仅限于函数或语句块内，在该作用域范围之外再使用这些变量就会产生错误。

**例 6-13** 变量的作用范围。

```
a = 5                     #变量 a 初始化
b = 10                    #变量 b 初始化
def f1(x):                #函数 f1
    c = 2                 #变量 c 作用范围在本函数内，因此不与函数 f2 中的变量 c 冲突
    print('a =',a,' b =',b,' c =',c,' x =',x)
    d = a * c+b * x       #使用外部变量
    return d
def f2():                 #函数 f2
    c = 3                 #变量 c 作用范围在本函数内，因此不与函数 f1 中的变量 c 冲突
```

```
    d = f1(a)                    #使用外部变量
    print('d =', d)
f2()                             #调用函数 f2
```

程序运行时会通过函数 f2()调用函数 f1(),使用了全局变量来参与计算,并在两个函数内定义了同名的局部变量,程序运行结果如图 6-7 所示。

```
a = 5  b = 10  c = 2  x = 5
d = 60
```

图 6-7　例 6-13 的程序运行结果

**注意**:一般来讲,为提高程序可读性,函数中变量名不应与全局变量名重复,但是不同函数中变量名称可以重复。

### 1. 通过 global 声明全局变量

在 Python 语言中,如果要在函数体内对外部变量进行重新赋值,可使用 global 关键字来声明,表示处理的是外部变量。

**例 6-14**　在函数体内修改全局变量

```
a = 5                            #变量 a 初始化
b = 10                           #变量 b 初始化
def f1(x):                       #函数 f1
    global a                     #声明使用全局变量 a
    c = 2                        #变量 c 作用范围在本函数内,因此不与函数 f2 中的变量 c 冲突
    print('a =',a,' b =',b,' c =',c,' x =',x)
    d = a*c+b*x                  #使用外部变量
    a = 14                       #对 a 进行修改
    #b = 21                      #尝试对 b 进行修改,由于未声明 global b,所以此时会报错
    return d
def f2():                        #函数 f2
    c = 3                        #变量 c 作用范围在本函数内,因此不与函数 f1 中的变量 c 冲突
    d = f1(a)                    #使用外部变量
    print(d)
f2()                             #调用函数 f2
print('第 1 次调用 f2 后,a =',a,'b =',b)
f2()                             #再次调用函数 f2
print('第 2 次调用 f2 后,a =',a,'b =',b)
```

程序运行时会通过函数 f2()调用 f1(),在使用全局变量 a 参与计算之前,通过 global a 语句声明 a 为全局变量,并在函数内对 a 进行了修改。同时,由于对全局变量 b 未进行 global 声明,故不能在函数内对 b 进行修改。最终程序的运行结果如图 6-8 所示。

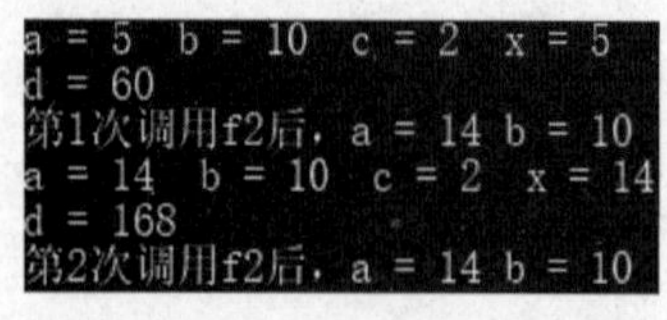


图 6-8　例 6-14 的程序运行结果

如图 6-8 所示,程序对函数 f2()进行了两次调用,第 1 次调用时 a 的值为 5,调用后 a 的值变为 14,再调用 f2()则会按 a=14 进行计算。

### 2. 通过 nonlocal 声明非局部变量

在 Python 语言中,可在函数体内嵌套子函数,如果要在嵌套子函数中对上级函数中定义的变量进行重新赋值,则可使用 nonlocal 关键字来声明,表示要处理的是上级函数的

变量。

**例 6-15**　在函数体内嵌套子函数，并通过 nonlocal 来更新变量。

```
a = 5                          #变量 a 初始化
b = 10                         #变量 b 初始化
def f2():                      #函数 f2
    c = 3                      #定义变量 c
    def f1(x):                 #函数 f1
        nonlocal c             #声明使用上级函数的变量 c
        c = 2                  #修改变量 c
        print('a =', a, ' b =', b, ' c =', c, ' x =', x)
        d = a * c + b * x      #使用外部变量
        return d
    print('调用 f1 前,c =', c)
    d = f1(a)                  #使用外部变量
    print('调用 f1 后,c =', c)
    print('d =', d)
f2()                           #调用函数 f2
print('第 2 次调用 f2 后,a =',a,'b =',b)
```

程序运行时会通过在函数 f2()内调用嵌套子函数 f1()，在 f1()中使用变量 c 之前，通过 nonlocal c 语句声明 c 为非局部变量，并在函数中对 c 进行了修改。最终程序的运行结果如图 6-9 所示。

```
调用f1前, c = 3
a = 5  b = 10  c = 2  x = 5
调用f1后, c = 2
d = 60
```

图 6-9　例 6-15 的程序运行结果

程序在函数 f2()内嵌套了子函数 f1()，并在 f1()内通过 nonlocal 声明 c 为非局部变量，可以发现在 f1()内对 c 进行更新可对上级函数中对应变量也发生作用。

限于篇幅，本书在这里不过多说明每种变量类型的使用方法，请感兴趣的读者查阅与 Python 语言相关的资料。

## 6.4　递　　归

一个函数，如果在它的函数体内直接或间接地调用它自身，则称为函数的递归调用，这种函数称为递归函数。有一些程序设计语言不允许函数递归调用，而 Python 语言则允许函数递归调用。在递归调用中，主调用函数又是被调用函数，执行递归函数将反复调用其自身，每调用一次就进入新的一层。

递归函数的执行分为“递推”和“回归”两个过程，这两个过程由递归终止条件控制，即逐层递推，直至递归终止条件，然后逐层回归。

在很多教材中都通过如图 6-10 所示汉诺塔问题来理解递归问题，法国数学家爱德华·卢卡斯曾编写过一个印度的古老传说：在世界中心贝拿勒斯（在印度北部）圣庙里，一块黄铜板上插着三根宝石针。印度教主神梵天在创造世界的时候，在其中一根针上从下到上地穿好了由大到小 64 片金片，这就是汉诺塔。

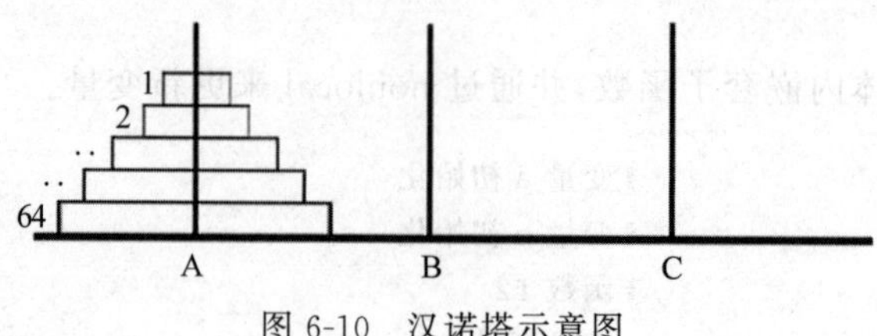


图 6-10 汉诺塔示意图

不论白天黑夜,总有一个僧侣按照一定法则移动这些金片,即一次只移动一片,不管在哪根针上,小片必须在大片上面。僧侣们预言,当所有金片都从梵天穿好的那根针上移到另外一根针上时,世界就将在一声霹雳中消灭,而梵塔、庙宇和众生也都将同归于尽。

不管这个传说的可信度有多大,如果考虑一下把 64 片金片,由一根针上移到另一根针上,并且始终保持上小下大的顺序。这需要多少次移动呢?这里可用递归方法来解决问题。假设有 $n$ 片,移动次数是 $f(n)$。显然 $f(1)=1, f(2)=3, f(3)=7$,且 $f(k+1)=2*f(k)+1$。此后不难证明 $f(n)=2^n-1$。当 $n=64$ 时,假如每秒一次,共需多长时间呢?一个平年 365 天有 31536000 秒,闰年 366 天有 31622400 秒,平均每年 31556952 秒,计算一下,总时间为 18446744073709551615 秒。

这表明移完这些金片需要 5845.54 亿年以上,而地球存在至今不过 45 亿年,太阳系的预期寿命据说也就是数百亿年。过了 5845.54 亿年,不说太阳系和银河系,至少地球上生物的寿命没有那么长,梵塔、庙宇估计也很难存在那么久远。

本题算法分析如下。

设 A 上有 n 个盘子。如果 n=1,则将圆盘从 A 直接移动到 C。如果 n=2,则:

(1) 将 A 上 n-1(大于或等于 1)个圆盘移到 B 上。

(2) 再将 A 最后一个圆盘移到 C 上。

(3) 最后将 B 上 n-1(大于或等于 1)个圆盘移到 C 上。

如果 n=3,则:

(1) 将 A 上 n-1(大于或等于 2,令其为 n′)个圆盘移到 B(借助于 C),采取以下步骤。

① 将 A 上 n′-1(大于或等于 1)个圆盘移到 C 上。

② 将 A 上最后一个圆盘移到 B。

③ 将 C 上 n′-1(大于或等于 1)个圆盘移到 B。

(2) 将 A 上最后一个圆盘移到 C。

(3) 将 B 上 n-1(大于或等于 2,令其为 n′)个圆盘移到 C(借助 A),采取以下步骤。

① 将 B 上 n′-1(大于或等于 1)个圆盘移到 A。

② 将 B 上最后一个盘子移到 C。

③ 将 A 上 n′-1(大于或等于 1)个圆盘移到 C。

到此,完成了三个圆盘的移动过程。

从上面分析可以看出,当 n 大于或等于 2 时,移动的过程可分解为三个步骤。

(1) 把 A 上的 n-1 个圆盘移到 B 上。

(2) 把 A 上的一个圆盘移到 C 上。

(3) 把 B 上的 n-1 个圆盘移到 C 上。

其中第 1 步和第 3 步是类同的。

当 n=3 时,第 1 步和第 3 步又分解为类同的 3 步,即把 n′−1 个圆盘从一个针移到另一个针上,这里 n′=n−1。

这是一个递归过程,据此算法可进行如下编程。

```
#定义 move()函数
def move(x, y):
   print(x, '-->', y)
#定义 hanoi()函数
def hanoi(n,one,two,three):
    #n 盘从 one 座借助 two 座后移至 three 座
    if n == 1:                              #初始移动
        move(one,three)
    else:                                   #递归调用
        hanoi(n-1,one,three,two)
        move(one,three)
        hanoi(n-1,two,one,three)
#设置汉诺塔规模
n = int(input("请输入圆盘的数量: "))
#模拟执行过程
hanoi(n,'a','b','c')
```

从程序中可以看出,hanoi()函数是一个递归函数,它有 4 个形参 n、one、two、three。n 表示圆盘数,one、two、three 分别表示三根针。move()函数的功能是把 x 上的 n 个圆盘移动到 z 上。当 n==1 时,直接把 x 上的圆盘移至 z 上,输出 x→z。当 n>1 时,整个函数分为三步,即递归调用 hanoi()函数,把 n−1 个圆盘从 x 移到 y;输出 x→z;递归调用 hanoi()函数,把 n−1 个圆盘从 y 移到 z。在递归调用过程中 n=n−1,故 n 的值逐次递减,直到最后 n=1 时,终止递归,然后逐层返回。例如,当 n=4 时,程序运行的结果如下:

```
a→b
a→c
b→c
a→b
c→a
c→b
a→b
a→c
b→c
b→a
c→a
b→c
a→b
a→c
b→c
```

对于递归算法,通过特殊的数据结构——栈,更容易理解整个递归实现的过程,这里通过汉诺塔问题求解来演示函数的递归调用。想要进一步学习的读者,可以查阅数据结构课程中栈方面相关知识内容,深入研究函数递归的相关知识。

## 6.5 函数综合训练

**例 6-16** 编写程序,输入两个数以及“加、减、乘、除”中某运算符号,并调用自己编写的函数计算相应结果。

要编写主函数和进行四则运算的函数 cal()。

首先来编写主函数,在主函数中输入两个数和运算符号,并以它们作为参数调用 cal()函数,最后输出计算结果,编写程序开始时可不必考虑 cal()函数的详细步骤,只需了解该函数的功能和调用格式。程序初始代码如下:

```
def cal(a, sym, b):                          #定义函数
    return None                              #返回空
a = float(input("请输入数值 1: "))
sym = input("请输入运算符号(+- * /): ")
b = float(input("请输入数值 2: "))
c = cal(a, sym, b)                           #调用函数
print(a,sym,b,'=',c)                         #输出结果
```

在编写 cal()函数前,可先测试程序的功能逻辑,若没有错误,再继续编写 cal()函数。如果未编写 cal()函数,直接运行程序会报错误,解决方法是将 cal 按照输入和输出要求定义为空函数。

```
def cal(a, sym, b):                          #定义函数
    return None                              #返回空
```

在编写 cal()函数过程中,可利用多分支 if 语句进行四则运算,用 return 语句将计算结果返回,但在处理除法运算时,还需要考虑分母为 0 时的情况。

以下为程序代码。

```
def cal(a, sym, b):                          #定义函数
    c = 0
    if sym == '+':
        c = a + b                            #加法
    elif sym == '-':
        c = a - b                            #减法
    elif sym == '*':
        c = a * b                            #乘法
    elif sym == '/':
        if b == 0:                           #除法,判断除数是否为 0
            print('除数不能为 0!')
        else:
```

```
        c = a / b                       #除法
    else:
        print('运算符错误,请核查!')
    return c                            #返回 c
a = float(input("请输入数值 1: "))
sym = input("请输入运算符号(+- * /): ")
b = float(input("请输入数值 2: "))
c = cal(a, sym, b)                      #调用函数
print(a,sym,b,'=',c)                    #输出结果
```

程序运行时根据提示输入数值和运算符,最终程序的运行结果如图 6-11 所示。

**例 6-17**　高级 Python 语言编程示例:可变参数的函数。

从第 1 章中就接触了 print()函数,通过本章学习,很多初学者会感到纳闷,为什么 print()函数中参数可以变化?实际上,Python 语言中的函数远比本章中介绍的复杂,功能也更强大。下面给出了一个高级 Python 函数编程例子,感兴趣的读者可以进一步研究。

```
def demo( * a):                         #定义可变参数函数
    for i in range(0, len(a)):          #遍历参数
        print('第', (i+1), '个参数:', a[i])
demo("DEMO", "This", "is", "a", "demo!" ,"666")
```

程序运行时会根据传入的可变参数来进行输出,最终程序的运行结果如图 6-12 所示。

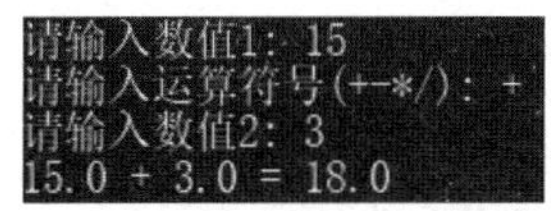


图 6-11　例 6-16 的程序运行结果

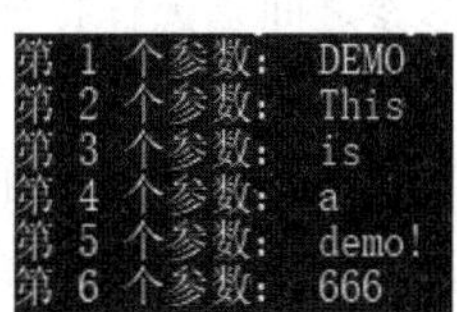


图 6-12　例 6-17 的程序运行结果

程序中使用了带星的形参来定义函数,即 * a,这表示该函数可传递可变数目的实参,且调用时对应的参数组成一个元组来进行使用。如果使用两个星号的形参,例如**a,则表示该函数可传递可变数目的实参,且调用时对应的参数组成一个字典来进行使用。

任务工单 6-2:完成思考与实践,见表 6-2。

**表 6-2　任务工单 6-2**

| 任务编号 | | 主要完成人 | |
|---|---|---|---|
| 任务名称 | 完成思考与实践 | | |
| 开始时间 | | 完成时间 | |
| 任务要求 | 1. 根据本节内容,单独完成程序设计。<br>2. 熟练掌握程序设计步骤。<br>3. 掌握一定的程序设计技巧和程序调试方法。<br>4. 学会严谨的程序设计思维 | | |

续表

| | | | |
|---|---|---|---|
| 任务完成情况 | | | |
| 任务评价 | | 评价人 | |

## 6.6 思考与实践

1. 怎样理解程序函数中的参数和返回值？为什么函数参数可以有不同类型？为什么可以返回不同类型的函数值？

2. 如何理解“凡是别人设计过的不要重复设计”？

3. 理解下列名称及其含义。

(1) 函数、库函数、自定义函数。

(2) 实参、形参、返回值、空函数。

(3) 嵌套、递归。

4. 实参与形参之间是怎样传递值的？函数又是怎样把返回值(如果有)带给主调用函数的？

5. 什么是嵌套和递归？使用递归应该注意什么？

6. 通过函数来理解模块化程序设计思想。

7. 设计一个子函数,实现将两个整数交换,并在主函数中调用此函数。

8. 设计一个子函数,统计任意一串字符中数字字符的个数,并在主函数中调用此函数。

9. 设计一个子函数,对任意 $n$ 个整数排序,并在主函数中输入 10 个整数,调用此函数。

10. 设计一个子函数,将任意 $n\times n$ 的矩阵转置,并在主函数中调用此函数将一个 4×4 矩阵进行转置,并输出结果。

11. 设计一个子函数,用以判断一个整数是否为素数,如果是,则返回 1;否则返回 0,并利用此函数,找出 100～200 的所有素数。

12. 设计一个函数,找出任意两个整数的最大公约数,并在主函数中调用此函数。

13. 设计一个子函数,判断二维数组是否为对称数组(对称矩阵),如果是,则返回 1;否则返回 0,并在主函数中调用此函数,判断一个 4×4 矩阵是否是对称数组。

14. 编写函数,求如下级数,在主函数中输入 n,并输出结果。

$$A=1+1/(1+2)+1/(1+2+3)+1/(1+2+3+4)+\cdots+1/(1+2+3+\cdots+n)$$

15. 设计一个函数,求任意 $n$ 个整数的最大数及其位置,并在主函数中输入 10 个整数,然后调用此函数。

16. 设计一个函数,分别统计任意一串字符中字母个数,并在主函数中调用此函数。

# 第7章　面向对象程序设计简介

第7章

**基础知识目标**

- 掌握类、对象的基本概念。
- 掌握面向对象程序开发的概念。
- 了解类继承的概念及应用场景。
- 理解类的数据属性和管理行为的概念及使用场景。
- 思考面向对象程序设计与函数之间的关系。

**实践技能目标**

- 按照书中介绍的方法设计一个简单的人员类。
- 按照书中的说明，使用类完成时间字符串的格式化转换应用。
- 根据需求完成任务工单。
- 初步学习团队协作开发一个任务。

**课程思政目标**

- 掌握程序设计思维，厘清按规章制度办事的基本规则。
- 养成严谨、仔细的作风。
- 在设计程序过程中，养成换位思考的习惯，树立为人民服务的意识。

目前各学校已经广泛应用校园信息化管理系统，以提高管理效率。同学们在日常生活中也离不开校园信息化系统，大部分系统中有一个基本功能，即学生学籍管理功能。现在我们以简化版学籍管理软件设计实现过程，演示面向对象程序设计方法。

**先行案例**：简单学籍管理系统设计。

在这个案例中，需要考虑至少三个不同对象（专有名词，指的是客观世界中事物的归纳抽象，下文将详细介绍），即教师、班级和学生，如图7-1所示，其中辅导员系列属于教师，但是又

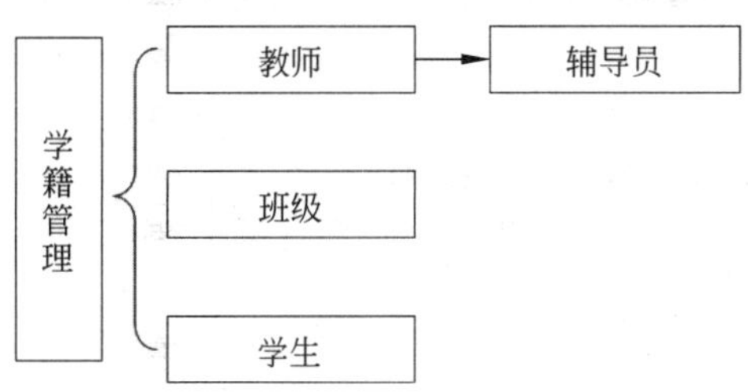


图7-1　学籍管理系统中包括的对象

不同于教师(尽管现实中真正使用的系统要比这个复杂一些,但这并不妨碍演示)。

现在已经把学籍管理系统中的对象分为教师、班级和学生三个大类,接下来要进行这三类对象的管理以及处理三类对象之间的关系,在此先解决班级管理和学生管理的问题,教师管理以及三类之间关系的处理放在后面讨论。

一个特定对象的管理分为三个方面:一是该对象属性定义;二是该对象管理行为;三是属性和行为使用。下面给出教师、学生和班级对象管理的实现示例。

**1. 程序代码**

(1) Teacher 类。实现教师对象管理。

```
class Teacher:
    def __init__(self, name, id):
        #教师姓名和工号管理
        self.name = name
        self.id = id
        self.courseID = None

    #设置教师上课课程
    def setCourse(self, courseID):
        self.courseID = courseID

    #获取教师姓名
    def getName(self):
        return self.name

    #获取教师工号
    def getID(self):
        return self.id
```

(2) Student 类。实现学生对象管理。

```
class Student:
    def __init__(self, name, id):
        #学生姓名和学号管理
        self.name = name
        self.id = id
        self.courseID = None

    #设置学生上课课程
    def selectCourse(self, courseID):
        self.courseID = courseID

    #获取学生姓名
    def getName(self):
        return self.name
```

```
    #获取学生学号
    def getID(self):
        return self.id

    #显示所有课程分数
    def displayAllScore(self):
        pass

    #计算个人平均分
    def computeAvg(self):
        pass
```

(3) AlldayClass 类。实现班级对象管理。

```
class AlldayClass:
    def __init__(self, name):
        #班级管理
        self.name = name
        self.students = []

    #添加学生
    def addStudent(self, s):
        self.students.append(s)

    #显示所有学生信息
    def displayAllStudents(self):
        pass

    #显示所有学生所有课程分数
    def displayAllStudentsScore(self):
        pass

    #班级平均分计算
    def computeAvg(self):
        pass
```

**2. 程序说明**

本程序中出现了大量与前几章 Python 语言不同的代码，class、self 等都是 Python 语言关键字，上面这一段代码是 Python 类定义的典型语法，包含数据属性与管理行为定义。这里并不是讲述教师、学生和班级这几个类的详细定义，而是借助这种描述来讲述面向对象思维，为日后学习打下基础。

读完上述案例，可能你会感觉摸不着头脑，以为面向对象程序设计很难学习。事实上，一旦你找到了正确理解问题的方式，在熟练掌握前面几章基础上，掌握面向对象程序设计基础不会太困难。接下来需要进一步完善这些属性和行为,并使用和管理这些行为。每个对象类中,都可以定义更多的属性和行为来实现更多功能,下面从对象、类这些基础内容介绍面向对象开发的基本方法,以便于读者初步了解面向对象方法思维模式。

# 7.1 面向对象程序设计基础

## 7.1.1 对象

在学籍管理系统设计过程中,通过对客观世界中事物的归纳抽象得到了三个对象(object),即教师、班级和学生,整个系统围绕这三个"对象"的"行为"来实现。由此得知,在面向对象程序设计中,可以将客观世界中的任何事物都看成对象。例如,在学籍管理系统中,我们可以把班级、学生、教师、辅导员教师统统看作不同对象;在程序设计过程中,如图7-2所示交通工具中汽车、轮船和飞机等,也可以看作不同对象。

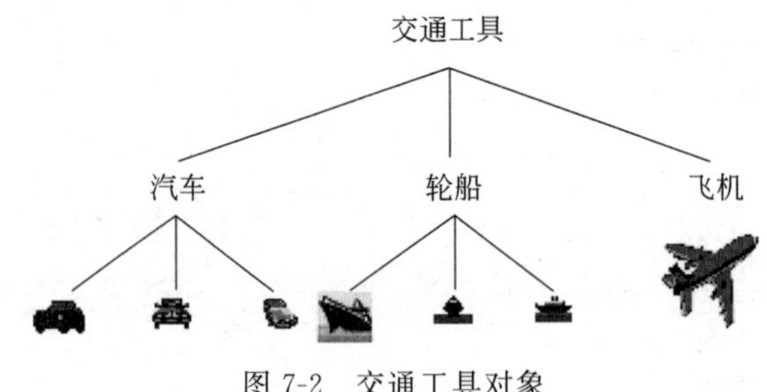


图7-2 交通工具对象

现实社会中,对象是构成不同物体分类的基本单位;在基于面向对象方法设计的软件中,对象是该软件系统的基本结构,代表着软件系统中的一个实体。

### 1. 为什么使用对象

对象产生的过程是很自然的,在第1章中我们讨论了软件与程序之间的关系,同时指出软件开发过程是一个复杂的过程,需要很多人协同工作。为了使一个软件开发团队能够协同工作,必须将一个复杂软件分为若干个子模块,并制定统一规则,大家可以分不同模块进行开发,然后将这些不同模块合并在一起。

例如,在本章先行案例中,假设校园管理系统由三个程序员分别完成不同功能,他们可以分别开发教师、班级和学生功能,然后将这三个部分功能合到一起,形成学籍管理系统。对象使得复杂软件系统简单化,可帮助人们构建大型软件系统,是程序向软件转变的根本。

对象之所以能够做到这一点,是因为任何一个对象都具有两个要素,即属性(attribute)和行为(behavior),不同对象具有不同的属性和行为。例如,把班级和学生划分为两个不同对象,一个基本依据就是它们具有不同属性,班级和学生虽然都有"名称"这个属性,但是班级对象中"学生向量组"这个属性明显是学生对象不具备的,学生对象中学号也是班级属性所不具备的,因此"班级"和"学生"是两个不同对象。而教师和学生对象虽然都有姓名和编号这类属性，但是它们的行为不同，学生是选课，而教师是授课，因此它们也是不同的对象。

如图 7-2 所示，交通工具对象也有不同分类，为什么摩托艇不属于汽车分类，这是因为它们的属性不同，一个根本的区别是汽车在路上跑，而摩托艇则是在水上跑。同样道理，飞机和汽车、轮船也是不同的对象。

**例 7-1** 先行案例中教师对象中的属性。

```
class Teacher:
    def __init__(self, name, id):
        #教师姓名和工号管理
        self.name = name                 #教师姓名属性
        self.id = id                     #教师工号属性
        self.courseID = None             #教师授课属性
```

借助于对象，把一个复杂系统中要处理的模型进行划分，从而复杂问题简单化，在接下来的设计过程中，只需要处理好各个对象之间的关系，满足用户需求，就可以逐渐把系统加以实现。

对象之间或者对象内部属性和功能的处理和实现，称为对象的“行为”，在一些场合也叫作“方法”，实际上就是在对象内部定义的函数。例如，教师、班级和学生之间有不同的关系，其中一种关系是教师管理某个班级，而学生则属于这个班级，这样教师、班级和学生之间建立起一种关系。当然教师和学生之间还可以通过课程判断是否存在直接的教与学的关系，各对象之间的关系如图 7-3 所示。

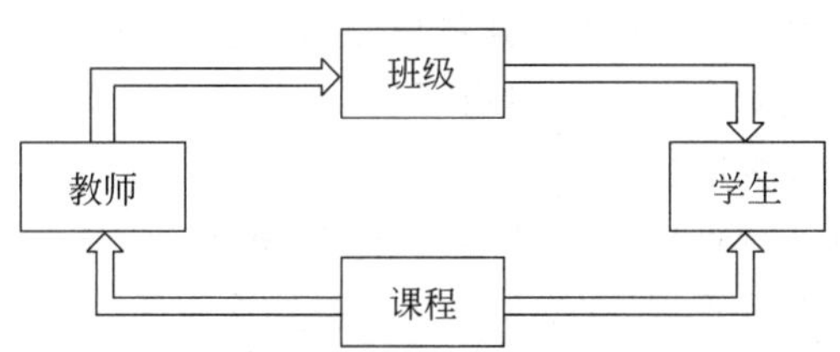


图 7-3 各对象之间存在的关系

教师对象中定义的几个方法，其中对于 getName()方法和 getID()方法已给出具体代码实现，而 setCourse()方法则仅仅是给出其定义。

**例 7-2** 教师类中的几个方法。

```
class Teacher:
    ...

    #设置教师上课课程
    def setCourse(self, courseID):
        self.courseID = courseID

    #获取教师姓名
    def getName(self):
        return self.name
```

```
    #获取教师工号
    def getID(self):
        return self.id
```

### 2. 怎样获取对象

通过上述分析，我们了解到对象是设计一个复杂软件系统的基础。在设计软件时，首要问题是确定该系统是由哪些对象组成的，并且如何设计这些对象，如何根据需求分析建立对象模型，从具体问题中抽象出可以用程序设计语言实现的对象模型。

通过抽象的方法有助于将自然问题转化为计算机处理问题，抽象是指将事物共同的、本质性的特征抽取出来，而抛弃一些外在的差别。例如，张三和李四尽管有很多差异，但是他们都是属于人的类别。还可以根据设计需要再深入找一些共同点，比如都是教师或者都是学生，属于教师和学生类；SUV和轿车不同，但是都属于汽车，而战舰和运输舰也不同，但是都属于轮船范畴，可以把它们相同的属性抽象出来，放在一起。

对象模型通常表示静态的、结构化的系统数据性质，描述了系统静态结构，它是从客观世界实体对象关系角度来描述，表现了对象的相互关系。模型主要关心系统中对象的结构、属性和行为，并且通过对属性和行为的描述来明确问题需求，为用户和开发人员提供一个协商基础，作为后继设计和实现框架。

**例 7-3** 复杂系统对象分析过程举例。

在本章开头先行案例中，初步给出了学籍管理系统对象分析，但是这里的对象并不完整，实际应用中完整的学籍管理系统要比案例更复杂一些。

假设相对完整的复杂学籍管理系统具有下述功能。

(1) 能够对学校现有班级进行管理。

(2) 对学生所属班级进行管理，并支持学生转班、转专业、升级和降级等功能。

(3) 对学生所属宿舍进行管理，并支持学生更换宿舍。

(4) 可以指定学生课程，也可以由学生自主选择课程。

(5) 为了满足学生课程需要，需要对教师基本信息进行管理，并简单介绍教师，教师信息要能够动态管理。

(6) 要建立教师和课程之间的对应关系。

(7) 教师要对学生成绩进行评定，评定后的成绩能够按一定规则进行管理。

(8) 教师分为几个类别，分别是管理员、辅导员和任课教师。

通过对系统实现的功能描述，可以得出系统必须要涉及以下对象，即学校、班级、宿舍、学生、课程、教师、成绩。学校下辖不同学院或者系；课程有必修课程和选修课程；教师有管理员、辅导员和任课教师。

在进行功能分析时，可以先选定某一个核心对象，然后找出与这个核心对象相关联的其他对象，这样就容易梳理了。在本例中，可以从学生开始进行分析，然后找出与之相关的对象。这样分析也有一个好处，如果发现某个对象是与其他对象不相关的，那么这个对象可能就不是系统所需要的。

确定好这些对象后，可以继续进行下一步分析，找出不同对象属性和对象之间的关联关系，从而逐步开展系统设计，因此对象分析和设计是系统设计的基础。

### 3. 对象的特点

对象具有属性和行为，通过把复杂系统分解为不同对象，能够简化系统设计过程，加速系统开发，对象具有以下特点。

(1) 唯一性。每个对象的属性和行为不同，这种不同形成了对象之间的差异标识。每个对象都有自身唯一的标识，通过这种标识，可找到相应的对象。在对象的整个生命期中，它的标识都不会改变，不同对象不能有相同的标识。

(2) 封装与信息隐蔽。可以对一个对象进行封装处理，把它的一部分属性和功能对外界屏蔽，也就是说从外界是看不到的，甚至是不可知的。这样做的好处是对于外界人员，只需要考虑对象提供的功能即可，不需要考虑对象是怎么实现这些功能的。

封装性(encapsulation)是面向对象程序设计方法一个重要特点，所谓“封装”主要包括两方面含义。

一是将有关数据和操作代码封装在一个对象中，形成一个基本单位，各个对象之间相对独立，互不干扰。

二是将对象中某些部分对外隐蔽，即隐蔽其内部细节，只留下少量接口，以便与外界联系，接收外界消息。这种对外界隐蔽的做法称为信息隐蔽(imformation hiding)。

例如，在开篇先行案例的学籍管理系统中，对于学生功能来讲，只需要提供教师的授课信息，而教师的姓名、年龄、薪资等其他信息，都被封装在教师对象内部；另外，信息隐蔽还有利于数据安全，防止无关的人了解和修改数据。

(3) 抽象。在对象设计和实现过程中，常用到抽象(abstraction)这一名词。抽象过程是将有关事物共性归纳、集中的过程。

在前面章节中阐述的数据类型，就是对一批具有同样性质事物的抽象，如字符类型是对字符的归纳抽象，而整数类型则是代表了所有整数。同样，对象的抽象是对同类型事物的归纳分析，如一个三角形可以作为一个对象，10个不同尺寸的三角形是10个同一类型的对象。因为这10个三角形有相同的属性和行为，可以将它们抽象为一种类型，称为三角形对象。

(4) 继承与重用。如果在软件开发中已经建立了一个名为A的对象，又想另外建立一个名为B的对象，而后者与前者内容基本相同，只是在前者的基础上增加了一些属性和行为，因此，只需在类A的基础上增加一些新内容即可。这就是面向对象程序设计中的继承机制。

利用继承可以简化程序设计步骤。例如，“管理员”“辅导员”和“任课教师”继承了“教师”的基本特征，但又增加了新的特征，形成了不同的对象，“教师”是父类，或称为基类，“管理员”“辅导员”和“任课教师”是从“教师”派生出来的，称为子类或派生类。

(5) 多态性。如果有几个相似而不完全相同的对象，有时人们要求在向它们发出同一个消息时，它们的反应各不相同，分别执行不同的操作，这种情况就是多态现象。

如在Windows环境下，双击一个文件对象(即向对象传送一个消息)，如果对象是一个可执行文件，则会执行此程序；如果对象是一个文本文件，则会启动文本编辑器并打开该文件。

### 7.1.2 类

面向对象程序设计中另外一个非常重要的概念,就是类。对于初学者来讲,一下子很难搞清楚什么是类。类中包含生成对象的具体方法,由一个类所创建的对象称为该类的实例。

通过了解类与对象之间的关系,可以帮助我们掌握类,从某个角度可以说对象是自然界存在的,通过对现实问题的抽象获取,而类是计算机语言描述对象的方法。

一般来讲,一个对象对应着一个类,对象中的属性和行为在该类中加以定义;但是一个类可以对应很多个对象中相同属性和行为特征,类也可以不对应对象。

先行案例中的Teacher、Student和AlldayClass是三个不同类,在这三个类之前用class来说明,在一些面向对象语言中,class都是用来说明类的关键字。为了进一步理解什么是类,我们先回顾一下,在第5章数据类型扩展中提到的字典数据类型。假设在某个系统中要用到学生这个变量,包括学生姓名、学生编号和性别三个"键值对",可以用字典加以表示。

**例7-4** 用字典类型方法来定义学生变量。

```
#定义了两个字典变量 stud1 和 stud2
stud1 = {
    'no':1,
    'name':'张同学',
    'age':20
}
stud2 = {
    'no':2,
    'name':'李同学',
    'age':21
}
```

上述代码定义了2个字典变量,这个字典中包括了3个成员,分别是整数类型no,字符类型name和整数类型age。这3个成员可以描述学生对象的属性构成及对应值。stud1和stud2对应了两个学生对象,可以进行编辑,并在程序的其他地方进行使用。

**例7-5** 用类的方法来定义学生对象。

```
class Student:
    def __init__(self, name, no, age):
        #学生基本信息管理
        self.name = name
        self.no = no
        self.age= age
    #显示学生基本信息
    def display(self):
        print('no: ', self.no, '; name: ', self.name, '; age: ', self.age)
#定义两个 Student 的对象 stud1 和 stud2
stud1 = Student('张同学', 1, 20)
stud2 = Student('李同学', 2, 21)
```

这里的 Student 是定义好的一个类。而如果通过 Student 类来定义 stud1 和 stud2，stud1 和 stud2 就不是一个数据类型，而是一个实例化的类对象。

可以看到定义类的方法，特别是类成员定义方式与字典“键值对”方式有些相近。但是类和字典不同，类除了包含成员变量外还包含功能函数，具有更高的灵活度。

可以用一种叫作 UML 的工具对类进行简单描述，关于 UML 的技术非常复杂，这里只是简单介绍如何用 UML 描述一个类，一个类如图 7-4 所示。

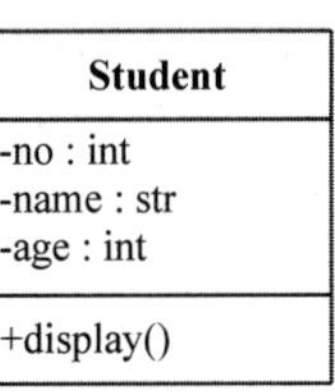


图 7-4　UML 类图和类 Student 的表示

在进行面向对象程序设计时，主要是对类的设计，包括类数据和成员函数。类的数据是单独的，但是成员函数需要从不同对象中抽象出来，因此我们希望将类中的变量和定义进行与外界隔离保护，而把类中的成员函数对外公开，以方便其他类进行调用。这样就可以把例 7-5 加以改写。

**例 7-6**　类中的私用和公用。

```
class Student:
    def __init__(self, name, no, place, age):
        #学生基本信息管理
        self.name = name
        self.no = no
        self._place = place          #成员前面加入"_"表示受保护成员
        self.__age = age             #成员前面加入"__"表示私有成员

    #定义私有函数
    def __get_age(self):
        return self.__age

    #通过属性装饰器定义属性并使其受保护
    @property
    def place(self):
        return self._place

    @place.setter
    def place(self, placei):
        self._place = placei

    #显示学生基本信息
```

```
    def display(self):
        print ('no: ', self.no, '; name: ', self.name, '; place: ', self.place, ';
            age: ', self.__age)

    #显示学生年龄
    def display_age(self):
        print('age: ', self.__get_age())

#定义 Student 的对象
stud1 = Student('张同学', 1, '山东', 20)
stud1.display()                              #调用成员函数,显示基本信息
stud1.display_age()                          #调用成员函数,显示年龄信息
print(stud1.name)                            #显示姓名
print(stud1.no)                              #显示学号
stud1.place = '河南'                         #通过受保护的属性函数来更新受保护成员
print(stud1.place)                           #通过受保护的属性函数来显示位置
print(stud1.__age)                           #显示年龄,由于是私有成员,会报错
print(stud1.__get_age)                       #获取年龄,由于是私有成员函数,会报错
```

可以发现,类的数据成员与函数成员默认是公共的(public),也可通过加前缀的方式来声明成员访问控制类型,即由一个下划线开头的前缀“_”来被声明为受保护的(protected),而由两个下划线开头的前缀“__”来被声明为私有的(private)。

它们描述了对类成员的访问控制。

**1. 公共的(public)**

Python类中默认把变量声明为公共类型,那么在程序中其他部分就可以通过对象来直接访问,这些相应信息也可以在别的地方使用。公共变量和类型相当于全局变量,这在软件开发中一般是不提倡使用的。但是行为(或方法)一般是公共的,当然如果你的方法只是你自己在使用,你也可以将其私有化。

**2. 私有的(private)**

Python类中可把变量声明为私有,对象必须要调用专用的方法才能够访问该变量。这样每个对象只处理自己的变量,避免了变量的冲突,也避免了数据的公开,实现了数据保护。

**3. 受保护的(protected)**

这个属性在类继承中使用,关于继承的知识超出了本书讨论范围,感兴趣的读者可通过专门介绍面向对象语言的书籍进行学习。

为了实现数据封装,提高数据安全性,我们一般会把类的属性声明为私有,而把类的方法声明为公共。这样,对象能够直接调用类中定义的所有方法,当对象想要修改或得到自己的属性时,就必须要调用已定义好的专用方法才能够实现。

通过上述描述,我们可得到其一般形式如下:

```
class 类名:
```

类体代码

其中，类名为有效标识符，一般以大写字母开头进行定义；类体代码类似函数体的定义方式，依然由按缩进规则代码块来实现，包括数据成员（属性）与函数成员（方法）。在使用类时，要注意以下几点。

（1）类名定义应遵循命名约定，具有一定语义含义；在一个文件中可以定义多个类，但比较复杂的类定义建议用单个文件专门存储，并且文件名与类名应保持一致，便于调用。例如，在先行案例中给出的三个类，即 Teacher、AlldayClass 和 Student 三个类可存放于同一个文件中。

（2）类内定义的变量和成员函数（行为）可以在其他地方使用，但要通过具体对象来调用。

例如，在程序中使用对象的属性和方法。

```
#定义了两个 Student 类的对象
stud1,stud2 = Student('张同学', 1, '山东', 20), Student('李同学', 2, '北京', 21)
#假设 no 已定义为公用的整型数据成员
stud1.no=1001
```

表示将整数 1001 赋给对象 stud1 中的数据成员 no。其中“.”是成员运算符，用来对成员进行限定，指明所访问的是哪一个对象中的成员。

不仅可以在类外引用对象的公用数据成员，而且可以调用对象的公用成员函数，但同样必须指出对象名，如：

```
stud1.display()                        #正确，调用对象 stud1 的公用成员函数
display()                              #错误，没有指明是哪一个对象的 display()函数
```

应该注意所访问的成员是公用的（public）还是私有的（private），在类以外的程序中，只能访问 public 成员，而不能访问 private 成员，如果已定义 no 为私有数据成员，下面的语句是错误的。

```
stud1.no=10101                         #no 是私有数据成员，不能被外界引用
```

（3）无论是 Python、C++ 还是 Java 这些面向对象语言，都提供了丰富的类库文件，程序员可以通过调用类库文件来完成程序设计，大大缩减了程序开发时间，程序员应该尽量熟悉类库文件，而不是所有功能都需要自己开发。设计人员也可以自己累积通用类，像零件一样嵌入不同软件系统中，通过日积月累缩减软件开发周期。

### 7.1.3　面向对象开发

#### 1. 结构化程序设计与面向对象程序设计

通过前面章节学习，我们对结构化程序设计有了一个初步了解，在面向过程的结构化程序设计中，使用下述公式来表示程序：

程序＝算法＋数据结构

算法和数据结构两者互相独立、分开设计，在掌握了数据结构及语法规则以后，面向过

程的程序设计是以算法为主体的。通过不断练习,我们了解到算法和数据结构是密不可分的,特定算法对应特定数据结构,数据结构与算法之间互相影响。

面向对象程序设计与结构化程序设计之间根本差异在于对象,设计者面对的是一个个对象。所有数据分别属于不同对象,而算法则是以对象为基础,封装在相对应的类中,通过设计对象属性和方法来解决问题,因此,就形成了以下新的观念。

对象=算法+数据结构

程序=(对象+对象+对象+……)+消息

上述两式合并起来,就成为下列算式。

程序=对象 s +消息

"对象 s"表示多个对象,也就是说,在设计程序的时候要找到多个对象,每一个对象都包括了算法和数据结构。消息的作用是实现对象控制,消息其实就是一些特殊函数,既可以与对象有关,也可以与对象无关。

面向对象程序设计的关键是设计好每一个对象,以及确定这些对象的行为和控制对象的消息,使各对象完成相应操作。因此面向对象程序设计与结构化程序设计的思路根本不同,结构化程序设计从整体上解决问题,而面向对象程序设计采用"分而治之"的思路,面对一个个对象,数据和对象打交道,通过属性和消息来处理数据。

显然,对于面向对象程序设计和结构化程序设计,"算法"的概念也不同,面向对象设计中,"算法"的概念更广泛,不仅是程序执行步骤,也包括了软件设计思路和设计方法。

与结构化程序设计不同,面向对象程序设计者的任务包括两个方面:一是设计所需的各种类和对象,即决定把哪些数据和操作封装在一起;二是考虑怎样向有关对象发送消息,以完成所需的任务。这时程序设计者如同一个总调度,不断地向各个对象发出命令,让这些对象活动起来(或者说激活这些对象),完成自己职责范围内的工作。各个对象的操作完成了,整体任务也就完成了。

显然,对一个大型任务来说,面向对象程序设计方法是十分有效的,它能大大降低程序设计人员的工作难度,减少出错机会。

**2. 面向对象软件开发过程**

随着软件规模的迅速扩大,即使采用了面向对象的软件开发方法,软件开发人员面临的问题仍然十分复杂。需要规范整个软件开发过程,明确软件开发过程中每个阶段的任务,在保证前一个阶段工作正确性的情况下,再进行下一阶段工作。面向对象软件开发设计过程可以包括以下几个部分。

(1) 面向对象分析(object oriented analysis,OOA)。对软件系统进行分析,设计人员通过和用户结合在一起,对用户需求做出精确分析和明确描述,归纳出要解决的问题。根据归纳出的要解决的问题,按照面向对象的概念和方法,从对任务分析中,根据客观存在的事物和事物之间的关系,归纳出有关对象(包括对象的属性和行为)以及对象之间的联系,并将具有相同属性和行为的对象用一个类(class)来表示。

(2) 面向对象设计(object oriented design,OOD)。根据面向对象分析阶段形成的需求模型,对每一部分分别进行具体设计,首先是进行类设计,类设计可能包含多个层次(利用继承与派生)。然后以这些类为基础提出程序设计的思路和方法,包括对算法的设计。在设计阶段，并不牵涉某一种具体的程序设计语言，而是用一种更通用的描述工具（如伪代码或流程图）来描述。

(3) 面向对象编程（object oriented programming, OOP）。根据面向对象设计结果，用一种程序设计语言把它写成程序，显然应当选用面向对象程序设计语言，否则无法实现设计要求。

(4) 面向对象测试（object oriented test, OOT）。在写好程序交给用户使用前，必须对程序进行严格测试。测试目的是发现程序中的错误并改正它。面向对象测试是用面向对象的方法进行测试，以类作为测试的基本单元。

(5) 面向对象维护（object oriented soft maintenance, OOSM）。因为对象的封装性，当修改一个对象时对其他的对象影响很小。利用面向对象方法维护程序，大大提高了软件维护效率。

现在设计一个大型软件，是严格按照面向对象软件工程5个阶段进行的，这5个阶段的工作不是由一个人从头到尾完成，而是由不同的人分别完成。这样，OOP阶段的任务就比较简单了，程序编写者只需要根据OOD阶段提出的思路，用面向对象语言编写出代码即可。在一个大型软件开发中，OOP过程只是面向对象开发过程中一个很小部分。如果所处理的是一个较简单问题，可以不必严格按照以上5个阶段进行，往往由程序设计者按照面向对象的方法进行程序设计，包括类设计（或选用已有的类）和程序设计。

**3. 面向对象程序设计语言**

细心的读者已经发现，在先行案例和前面几个例子中，所用的编程方法与前面章节内容有明显差异。例如，在类定义过程中用到的class、self等关键字。Python是面向对象开发语言，开发人员可根据业务应用场景设计对应的类，通过定义成员变量和成员函数来满足业务需求。从广义上来看，Python中的变量、函数也可称为对象，能够对其进行定义、调用等。

另外，一个比较流行的面向对象程序设计语言就是Java，它也是以面向对象程序开发为基础的，具有功能强大和简单易用的特点。因为大部分开源软件都是使用Java开发，再加上其完善的网络程序设计能力及跨平台特性，因此Java语言也是最重要的面向对象语言之一。

一般来讲，面向对象语言具有以下特点。

(1) 模块化。面向对象开发方法很自然地支持了把系统分解成模块的设计原则，因此面向对象语言也必须遵循模块化开发原则。对象就是模块，而类引用则是为了较好地实现模块化。模块化就是一个分而治之的概念，像盖房子一样，建筑工人只管把生产好的砖、石、门窗等模块按设计好的方案进行安装即可，而不必从沙石、铁矿石的处理这类工作开始。

(2) 抽象。面向对象语言不仅支持过程抽象，而且支持数据抽象。

(3) 信息隐藏。

在面向对象语言中，信息隐藏通过对象的封装性来实现。信息隐藏使面向对象语言更方便分开设计，也使得软件更安全。

面向对象程序设计语言经过一段时间的发展，表现出来更多特性，为程序设计者提供了很多方便。使用其他编程语言当然也可以实现面向对象程序设计，我们要从北京到上海，可以坐车、乘飞机，也可以步行，不同的语言就像不同的交通工具，各有其优缺点。

任务工单7-1：设计学籍管理系统中对象与类，见表7-1。

表7-1 任务工单7-1

| 任务编号 | | 主要完成人 | |
|---|---|---|---|
| 任务名称 | 对本校学籍管理系统进行简单需求分析，并实现对象和类的设计 | | |
| 开始时间 | | 完成时间 | |
| 任务要求 | 1. 使用UML工具设计相应的类与对象。<br>2. 熟悉对象的概念。<br>3. 建立相应的工程 | | |
| 任务完成情况 | | | |
| 任务评价 | | 评价人 | |

# 7.2 面向对象程序举例

**例7-7** 为了便于在学籍管理系统中对学生报到时间信息录入，请定义一个FormatTime类，可通过输入三组合适的数字来设置时、分、秒这三个时间数据成员，最后按照时间格式输出。

```
#定义 FormatTime 类
class FormatTime:
    hour = 0
    minute = 0
    sec = 0
#定义 FormatTime 对象
t1 = FormatTime()
#输入时间
t1.hour = int(input('请输入时:'))
t1.minute = int(input('请输入分:'))
t1.sec = int(input('请输入秒:'))
#输出时间
print(t1.hour,':',t1.minute,':',t1.sec)
```

程序运行后会提示输入数据，并将输入内容存储到类对象的成员中，然后将其按格式输出，程序运行结果如图 7-5 所示。

分析：本案例创建了一个 FormatTime 类对象，并通过 input 语句输入各个数据成员，最后按照时间格式输出。因为这是一个类成员定义和使用的案例，所以并没有对输入格式进行限制，默认输入的是正确并且能够转化为时间格式的数字。通过这个时间类可以将时间按时、分、秒进行组合，便于在学籍信息系统中对学生报到时间进行录入和管理。

图7-5　例 7-7 的程序运行结果

例 7-7 中通过关键字 class 定义了一个类 FormatTime，实现定义三个变量的功能，这样做为了方便后面程序的使用。我们可以简单比较一下这个类和字典数据类型，如果在程序中定义一个包含同样字段的字典对象，也是一样可以实现的。在程序中，使用 FormatTime 类来定义一个变量 t1，t1 这个变量类型是一个类，这个类是由用户自己定义的。系统这样做，使得整个程序非常灵活，因为类中不仅有变量，还有函数，都可以通过用类来定义的变量进行引用。

**注意：**

(1) 在引用数据成员 hour、minute、sec 时不要忘记在前面指定对象名。

(2) 不要错写为类名，如写成 FormatTime.hour、FormatTime.minute、FormatTime.sec 是不对的。因为类是一种抽象的数据类型，并不是一个实体，也不占存储空间，而对象是实际存在的实体，占存储空间，其数据成员是有值的，可以被引用。

(3) 如果删去程序的 3 个输入语句，即不向这些数据成员赋值，则它们的值自动使用类定义时设置的默认值。

**例 7-8**　为了便于学籍管理系统中有关时间差的计算，我们需要开发一个能表示一天的时间类，名字为 Time24，预留相应接口，可以在其他地方调用，如实现计算车辆停留计费、判断是否属于自习室开放时间和是否属于休息时间等功能。

```
#定义类
class Time24:
    def __init__(self, h=0, m=0):
        #小时
        self.hour = h
        #分钟
        self.minute = m

    #预留接口,读取时间
    def readTime(self):
        pass

    #预留接口,打印时间
    def writeTime(self):
        pass

    #预留接口,添加时间
    def addTime(self, m):
```

```
        pass

    #计算时间差异
    def duration(self,t):
        #结束时间:分
        m1 = t.getHour() * 60 + t.getMinute()
        #开始时间:分
        m2 = self.hour * 60 + t.minute
        #时间差异:分
        m = (m1-m2) % 60
        #时间差异:小时
        h = (m1-m) /60
        #重新生成时间计时对象
        s = Time24(h, m)
        return s

    #获取小时
    def getHour(self):
        return self.hour

    #获取分钟
    def getMinute(self):
        return self.minute

    #预留接口,时间格式化
    def normalizeTime(self):
        pass

#计费单位
PERHOUR_PARKING = 6.00
#定义进入时间、退出时间、时间差对象
enterGarage = Time24()
exitGarage = Time24()
parkingTime = Time24()
#设置时间
print("Enter the times the car enters and exists the garage: ")
enterGarage.readTime()
exitGarage.readTime()
#计算差异时间
parkingTime =   enterGarage.duration(exitGarage)
#对应到小时
billingHours = parkingTime.getHour() + parkingTime.getMinute() /60.0
#显示详情
print("Car enters at: ")
```

```
enterGarage.writeTime()
print("Car exits at: ")
exitGarage.writeTime()
print("Parking time: ")
parkingTime.writeTime()
#显示计费结果
print("Cost is ", billingHours * PERHOUR_PARKING)
```

分析：程序开头定义了一个类 Time24，这个类中包括一系列函数，readTime()函数对外设输入的时间进行初步处理，将处理好的数据返回；addTime()函数则对时间进行处理，以便在主函数中进行调用；writeTime()函数则是实现向外界输出时间。注意这三个函数在例子通过 pass 暂时设定为空函数，可以按照业务逻辑进行功能完善。

在类 Time24 中，除了上述函数以外，还定义了 normalizeTime()函数，该函数的功能是将输入的时间进行格式转换，实现将输入的符合条件的数字转换为时间格式，以方便按时间进行计算。

在程序中，enterGarage、exitGarage、parkingTime 是通过类 Time24 定义的三个实例化对象，通过对这些对象反复调用来实现预期功能。通过整个程序对类的定义和使用进行演示，侧重解析类似问题的解决方案，类中的方法没有具体实现。

**注意**：如图 7-6 所示，例 7-8 明显比例 7-7 复杂一些。例 7-8 中定义的类 Time24 无法用字典变量来取代，因为这个类中除了变量，还定义了函数，这些在结构化程序设计中，实现起来是比较麻烦的，而采用面向对象的方法，则能较为方便地实现各个功能模块。

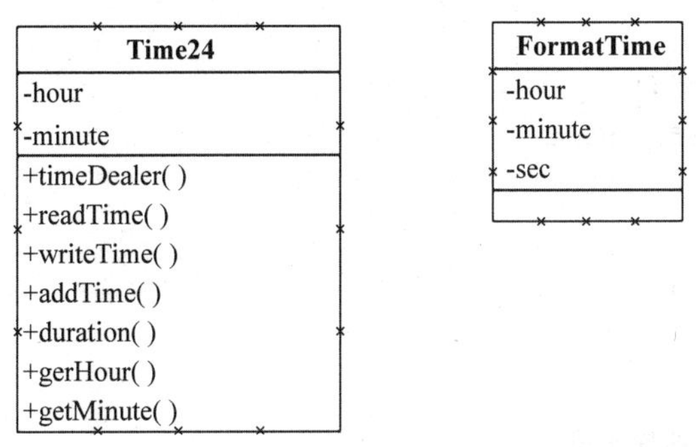


图 7-6　Time24 类和 FormatTime 类的比较

**例 7-9**　学籍管理系统进一步研究。

前面两个例子演示了主函数调用类模块的属性(变量)和行为(函数)。下面在本章先行案例基础上，进一步讨论一下类之间的关系。

一个广义的学籍管理系统，采用面向对象模块化设计方法，可以划分为若干个模块，比如，课程管理模块、成绩管理模块、籍贯管理模块、德育评价模块等。以课程管理模块为例进行分析，这个模块至少要包括两个基础类，即课程类和学生类，用于管理学生和课程两个对象的基本属性和行为。各类及其之间的关系如图 7-7 所示。

```
#课程类
class Course:
```

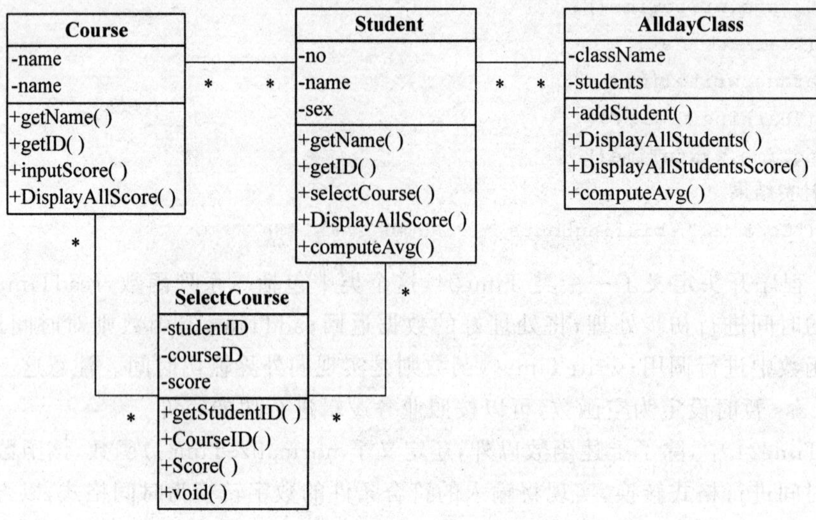


图 7-7　Course、Student、AlldayClass 和 SelectCourse 类

```
    def __init__(self, name, id):
        #名称
        self.__name = name
        #编码
        self.__id = id

    #获取名称
    def getName(self):
        return self.__name

    #获取编码
    def getID(self):
        return self.__id

    #定义接口,录入课程成绩
    def inputScore(self):
        pass

    #定义接口,显示所有选课学生的成绩
    def DisplayAllScore(self):
        pass

#学生类
class Student:
    def __init__(self, name, id):
        #名称
        self.__name = name
```

```
        #编码
        self.__id = id

    #获取名称
    def getName(self):
        return self.__name

    #获取编码
    def getID(self):
        return self.__id

    #定义接口,选择课程
    def selectCourse(self, course_id):
        pass

    #定义接口,显示所有课程的分数
    def displayAllScore(self):
        pass

    #定义接口,计算个人平均分
    def computeAvg(self):
        pass

#全日制班级类
class AlldayClass:
    def __init__(self, name):
        #名称
        self.__name = name

    #定义接口,添加一个学生
    def addStudent(self, stu):
        pass

    #定义接口,显示所有学生信息
    def displayAllStudents(self):
        pass

    #定义接口,显示所有学生所有课程分数
    def displayAllStudentsScore(self):
        pass

    #定义接口,计算班级平均分
    def computeAvg(self):
        pass
```

```
#选课类
class SelectCourse:
    def __init__(self, sid, cid):
        #学生 ID
        self.studentID = sid
        #课程 ID
        self.courseID = cid
        #分数
        self.score = 0

    #获取学生 ID
    def getStudentID(self):
        return self.studentID

    #获取课程 ID
    def getCourseID(self):
        return self.courseID

    #获取课程分数
    def getScore(self):
        return self.score
```

分析：系统包括四个基本定义类。

(1) Course类。基本属性是课程名称和课程编码。给定课程名称和课程编码。提供读取函数获得课程的名称和编码。但课程名称和编码不允许修改(修改课程只能删除实例再构造新的实例),因此不提供这2个属性的修改函数。

(2) Student类。基本属性是学生姓名和学号,给定课程名称和课程编码。提供读取函数,不提供修改函数。

(3) AlldayClass类。基本属性是班级名称。

(4) SelectCourse类。基本属性是学生ID、课程ID和分数。

**注意**：学生除了要与课程建立关系外,还需要和教师、宿舍管理员、图书馆等建立关系,通过对学生对象分析,可以得到一个逐步扩大的对象圈,逐步实现与学生相关的校园信息管理系统。

任务工单7-2：初步完成学籍管理系统中类程序编写,见表7-2。

**表7-2 任务工单7-2**

| 任务编号 | | 主要完成人 | |
|---|---|---|---|
| 任务名称 | 例7-9的实训 | | |
| 开始时间 | | 完成时间 | |

续表

| | | | |
|---|---|---|---|
| 任务要求 | 1. 单独运行一次案例。<br>2. 熟练掌握类的定义。<br>3. 学会利用面向对象编程方法去解决问题。<br>4. 进一步思考面向对象编程方法与工作、生活的关系 | | |
| 任务完成情况 | | | |
| 任务评价 | | 评价人 | |

# 7.3　进一步理解

## 7.3.1　类的封装、继承、多态

面向对象程序设计的基本特点包括封装(encapsulation)、继承(inheritance)、多态(polymorphism),如果考虑到程序设计初期对问题进行分析建模的过程,则还包括抽象等特点。通过面向对象程序设计,可以提高程序开发可靠性、可复用性和可维护性,也从一定程度上提高了程序可读性,提高软件协同开发效率。

**1. 封装**

封装是面向对象的主要特性之一,直接从字面上来看有“包装”的含义,既可通过将数据属性和操作方法封装到一起来形成对应的类对象,还可通过设置访问权限控制来对内部成员进行私有化,达到数据和操作隐藏的目的。因此,通过类的封装可提高数据和操作的安全性,避免无关人员或程序的越权操作。

封装是对象独立性和完备性的支撑,将数据和方法组合为一个独立完备的单位,对外可隐藏内部处理细节,用户无须关注内部处理逻辑和实现代码,只需根据公开接口或属性来进行访问即可,这样便于统一维护升级。

**2. 继承**

继承是面向对象程序开发的重要概念,是设计复用和代码复用的主要方法,可通过继承复用已有类允许访问其属性和方法,并可在无须改写的情况下根据需要对功能进行拓展,减少开发工作量并提高基础功能维护效率。

继承是对象拓展的基础,将已有的、被继承的类称之为“父类”或“基类”,新设计的、继承得到的类称之为"子类"或"派生类"。根据类访问权限,子类可以继承父类的共有成员,不能继承父类的私有成员;在子类中访问父类公开成员可通过内置函数 super()或"父类名.成员名"方式来实现。

例如,Person 是人员类,Student(学生)类可继承 Person 类,而 Teacher(教师)类也可继承 Person 类。这里 Person 就是基类,Student、Teacher 就是派生类。因此,可以说学生或教师是人员,但反过来说人员是学生或教师是不准确的,因为人员还可能是程序员、医生或其他人员。

### 3. 多态

多态是面向对象程序的一个重要特性,直接从字面上来看有"多种表现形态"的含义。多态是将数据和方法进行封装成为独立体,不同独立体之间通过继承建立派生关系,进而产生多态机制。因此,面向对象的封装和继承是实现多态的必要条件。

派生类通过继承可以自动获得基类能访问到的数据和方法,而派生类自身也可以定义自己的同名数据和方法。因此,通过派生类得到的对象可能会面对两种情况,即派生类的类型、基类的类型,这里对象的多类型即可称之为多态。通过多态对象能以自己的方式来决定如何对同一消息做出响应,即同一消息可以根据处理对象的不同而采用不同的实现策略。所以,通过多态允许用户以更大覆盖面来进行功能设计,进一步提高面向对象程序设计的通用性和可维护性。

例如,Shape 是图形类,Rectangle(长方形)类可继承于 Shape 类,Circle(圆形)类也可继承于 Shape 类。这里的 Shape 就是基类,Rectangle、Circle 就是派生类。假设在 Shape、Rectangle 和 Circle 中都定义了计算图形面积的函数 get_area(),则我们可以定义一个基类 Shape 的集合,其元素可指向派生类 Rectangle、Circle,进而可通过统一的循环来调用函数 get_area()进行面积计算,实际调用时采用的是派生类的面积计算方法,这就是多态性的一个应用。如果需要进行软件升级,例如增加 Triangle(三角形)类,只需要继承基类 Shape 并实现对应面积计算方法即可。

**例 7-10** 设计基类 Shape,派生类 Rectangle(长方形)、Circle(圆形)和 Triangle(三角形),计算不同图形的面积,并统一存储到列表进行输出。

分析:利用面向对象程序设计封装、继承和多态的特点,设计基类、派生类,并按照对应图形面积计算方法定义成员函数,实现面积计算,最后将结果统一到基类 Shape 进行遍历输出。

```
import math

#基类 Shape
class Shape:
    def __init__(self, name, area):
        self.name = name
        self.area = area

    #计算面积
    def get_area(self):
```

```
        pass

    #显示结果
    def display(self):
        print('{}的面积为: {:.1f}'.format(self.name, self.area))

#派生类 Rectangle
class Rectangle(Shape):
    def __init__(self, name, w, h):
        self.name = name
        self.w = w
        self.h = h

    #计算面积
    def get_area(self):
        area = self.w * self.h
        return area

#派生类 Circle
class Circle(Shape):
    def __init__(self, name, r):
        self.name = name
        self.r = r

    #计算面积
    def get_area(self):
        area = math.pi * self.r**2
        return area

#派生类 Triangle
class Triangle(Shape):
    def __init__(self, name, a, b, c):
        self.name = name
        self.a = a
        self.b = b
        self.c = c

    #计算面积
    def get_area(self):
        p = (self.a+self.b+self.c)/2
        area = math.sqrt(p * (p-self.a) * (p-self.b) * (p-self.c))
        return area

#初始化列表
shapes = []
```

```
#Rectangle 对象
a = Rectangle('长方形', 10, 12)
#对应到基类
shapes.append(Shape(a.name, a.get_area()))

#Circle 对象
b = Circle('圆形', 5)
#对应到基类
shapes.append(Shape(b.name, b.get_area()))

#Triangle 对象
c = Triangle('三角形', 7, 9, 10)
#对应到基类
shapes.append(Shape(c.name, c.get_area()))

#遍历显示面积
for s in shapes:
    s.display()
```

程序运行后可得到对应的图形面积,具体结果如图 7-8 所示。

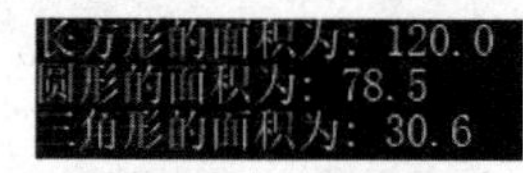


图7-8　例 7-10 的程序运行结果

## 7.3.2　类的特殊属性和方法

Python 类对象包括众多的特殊属性和方法,提供了丰富的功能,一般以双下划线开始和结束进行标识,下面列举一些常用特殊属性和方法。

**1. __init__**

构造函数在生成对象时自动调用。代码如下:

```
>>> class MyClass:
...     def __init__(self):
...         print('调用了__init__()函数')
...
>>> a = MyClass()
```

输出结果如下:

```
调用了__init__()函数
```

**2. __del__**

析构函数在销毁对象时自动调用。代码如下:

```
>>> class MyClass:
...     def __del__(self):
...         print('调用了__del__()函数')
...
```

```
>>> a = MyClass()
>>> del(a)
```

输出结果如下：

```
调用了__del__()函数
```

**3. __dict__**

用类的属性字典显示公开的属性信息。代码如下：

```
>>> print(str.__dict__)
{'__repr__': <slot wrapper '__repr__' of 'str' objects>, '__hash__': <slot
wrapper '__hash__' of 'str' objects>, '__str__': …
```

**4. __class__**

用对象所属的类显示对应的类名称。代码如下：

```
>>> a = '123'
>>> print(a.__class__)
<class 'str'>
```

**5. __bases__或__base__**

用类的基类显示对应的基类元组或基类信息。代码如下：

```
>>> print(str.__bases__)
(<class 'object'>,)
>>> print(str.__base__)
<class 'object'>
```

**6. __name__**

用类的名称显示类的名称字符串。代码如下：

```
>>> print(str.__name__)
str
>>> print(int.__name__)
int
```

**7. __subclasses__**

用类的子类信息显示对应的子类列表。如例 7-10 所示，在定义了基类 Shape，以及派生类 Rectangle(长方形)、Circle(圆形)和 Triangle(三角形)后，可显示基类 Shape 的子类列表。代码如下：

```
>>> print(Shape.__subclasses__())
>>> [<class '__main__.Rectangle'>, <class '__main__.Circle'>, <class '__
main__.Triangle'>]
```

本小节列出了面向对象程序设计中一些常用的特殊属性和方法，限于篇幅还有很多其他的方法没有列出，感兴趣的读者可以参考 Python 的官方网站。

## 7.4 思考与实践

1. 理解下列名称及其含义。

(1) 对象、属性、方法。

(2) 类、公共、私有、面向对象程序语言。

(3) 类的继承、多态。

2. 什么是类封装？在使用中有哪些注意事项？

3. 在 Python 中，类的设计应遵循的原则是什么？

4. 面向对象的系统分析和设计的主要目的和应完成的主要工作是什么？

5. 如图 7-9 所示学生管理系统中的一些关系，根据这些关系用 UML 简单画出一个类图，并表示出各类之间的关系。

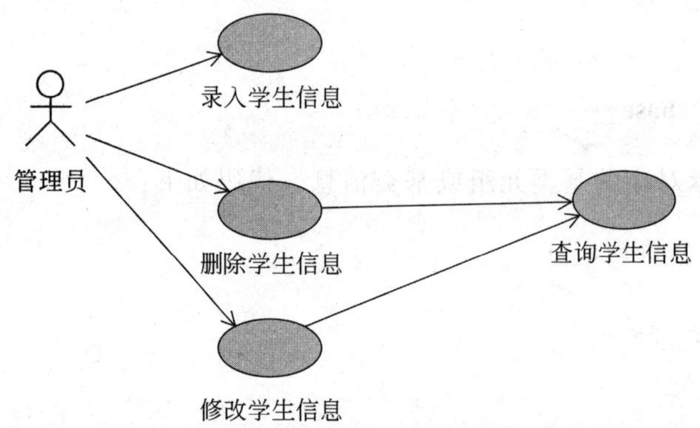


图 7-9　学生管理系统中的一些关系

6. 参考如下示例代码，实现类 MultiplicationTable，构建并输出 9×9 乘法表。

```
class MultiplicationTable:
    def __init__(self, n):
        self.n = n

    def print_info(self):
        #输入当前数字的乘法表
        for i in range(1, self.n+1):
            print(i,'*',self.n,'=',i*self.n,end='\t')
        print()

#1~4 组
for n in range(1, 5):
    mt = MultiplicationTable(n)
```

```
    mt.print_info()
```

7. 参考如下示例代码,实现类 YearDays,计算输入年份对应的总天数。

```
class YearDays:
    def __init__(self, y):
        self.year = y

    def print_info(self):
        #判断是否闰年
        if self.year % 400 == 0 or (self.year % 4 == 0 and self.year % 100 != 0):
            print(366)                    #闰年
        else:
            print(365)                    #非闰年

yd = YearDays(2022)
yd.print_info()
```

# 第 8 章　可视化程序设计思维

**基础知识目标**

第 8 章

- 进一步熟悉开发环境。
- 理解可视化程序概念,理解所见即所得。
- 掌握窗体、控件和事件等基本概念。

**实践技能目标**

- 熟悉使用 PyCharm 进行可视化程序设计。
- 熟悉窗体、控件和事件功能。
- 能够熟练建立工程,并成功运行计算器程序。
- 初步掌握程序开发流程。

**课程思政目标**

- 通过可视化进一步了解信息化进程中的创新活动,思考如何创新。
- 理解信息化为社会服务、提供便捷的方式和思维。
- 培养服务社会、不断创新的企业家精神。

几乎每个人都用过计算器,本章接下来要介绍如何使用 Python 设计一个计算器,并介绍相关程序设计方法和思路。

**先行案例**:一个简单的计算器。

如图 8-1 所示给出了设计完成的计算器界面,在这个计算器中,有两个区域,分别是文本区和按钮区。文本区主要由输入框构成,可以在输入框中通过按钮输入数字,并结合按钮区左侧的+、-、×、÷按钮列出计算式,最后通过按钮区右下角的=按钮执行计算,并在文本框中显示运算结果。

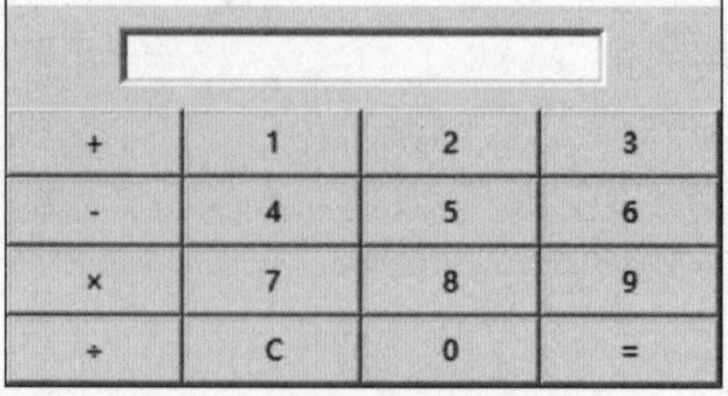

图 8-1　计算器界面

当然，这个计算器程序还有很多缺点，例如运算按钮较少，不能判断一些输入错误，甚至没有小数点等，这里只是作为一个示例，来引出一种新的程序设计方式，即可视化程序设计。可视化程序设计与我们前面学习过的程序设计有很大不同，最明显的特征是所见即所得，即设计结果随时可见。通过可视化程序设计，复杂程序的设计像堆积木一样容易，大大提高了程序设计人员的兴趣和工作效率。

# 8.1 可视化环境搭建

## 8.1.1 可视化基本概念

从一个基本的计算器应用需求出发，需设计四个模块，包括以下几方面。

(1) +、-、×、÷四个运算按钮。

(2) 0～9 十个数字按钮。

(3) 重置按钮(C)和等号(=)按钮。

(4) 文本显示框。

这些基本功能设计，如果仍然采用代码从头编写，会给程序设计人员带来巨大的额外负担。可视化程序设计是由开发环境提供标准的基础控件，程序设计人员根据需求，通过使用控件来完成界面设计即可，大大提高了程序设计效率。程序设计人员不必花费大量时间用于界面设计，而是集中精力完成功能设计。如图 8-2 所示给出了常见的网页设计工具 Dreamweaver，这是一个非常典型的可视化程序设计工具，能够帮助网站开发人员快速完成页面设计工作。

图 8-2 Dreamweaver 可视化界面

案例中计算器程序界面设计过程，也可以采用可视化程序设计方法，可视化设计完成后,用户可直观地理解各个控件功能。程序开发人员可从业务应用出发来设计控件对应事件的响应函数,进而使用户可通过交互式的操作来完成包括输入、计算和输出等过程在内的业务流程。

从可视化程序设计到可视化思维,避免了重复编写代码工作,设计人员从繁重的界面设计中解脱,可集中精力进行功能设计。通过调整“控件”参数来完成设计的方式,在计算机各个领域已得到广泛应用。不仅程序设计人员使用可视化程序设计方法,大量使用计算机软件来进行设计工作的从业人员,也在进行可视化设计工作。例如,广告设计人员,使用Photoshop等软件进行设计的过程,即是在一个给定的画布或初始画面上,使用各种“控件”进行设计,对控件的参数进行修改;如Maya、AutoCAD及CAM软件等大部分都是基于这种可视化设计的思维。

综上所述,可视化程序设计方法的优点很明显,就是能够简洁方便、快速地进行程序设计,使一些设计更加简化。“所见即所得”既是可视化程序设计的核心思想,也是可视化程序的最大优点之一。其缺点就是由于通常在集成的环境下进行设计,程序运行效率往往较低,而且由于程序设计人员倾向于使用已经设计好的控件,大大限制了程序设计人员的发挥和创新。

### 8.1.2 Python可视化环境搭建

可视化程序设计具有所见即所得、方便快捷等优点,因此大部分程序设计语言都支持可视化程序设计,但是在进行可视化程序开发时,一般需要花点时间配置可视化环境,以支持可视化程序开发。Python支持多个开发框架,包括PyQT、PyGtk、wxPython、IronPython、Jython和Tkinter等,也可与第三方库进行集成使用,具有较高的灵活可拓展性。在实际工程应用中,Tkinter是目前应用较多的可视化框架,支持跨平台使用,具有简单实用的特点,如图8-3所示,Python自带的IDLE就是基于Tkinter开发的,呈现出简洁高效的设计风格。下面以搭建Tkinter开发框架为例,来说明如何在Python进行可视化程序设计。

在Python中,使用Tkinter进行可视化开发非常简单,只需要在程序中采用以下三种方法中的一种引入Tkinter即可。

(1) import tkinter。直接导入Tkinter模块,在程序中可通过tkinter.语句进行调用。

(2) import tkinter as tk。导入Tkinter模块并设置为tk,在程序中可通过tk语句进行调用。

(3) from tkinter import *。导入Tkinter模块的所有内容,在程序中可直接调用。

Tkinter主要包括_tkinter、tkinter.constants和tkinter等模块。其中,_tkinter模块是二进制形式的扩展模块,提供了Tk低级接口,一般不直接用于应用程序开发;tkinter.constants模块定义了tkinter中诸多常量;tkinter模块是主要使用模块,通过import导入tkinter时,会自动导入tkinter.constants等模块。

Tkinter图形用户界面一般基于主窗口(或称为根窗口,在下一节会有详细介绍)进行设计,假设程序通过import tkinter as tk语句进行了引入,则可通过tk.Tk()函数直接创建主窗口,并通过tk.mainloop()语句发布并显示。下面我们通过建立一个空的窗体(可视化基础控件之一,是可视化界面的基础),来测试是否成功引入Tkinter,从而完成可视化程序环境搭建。

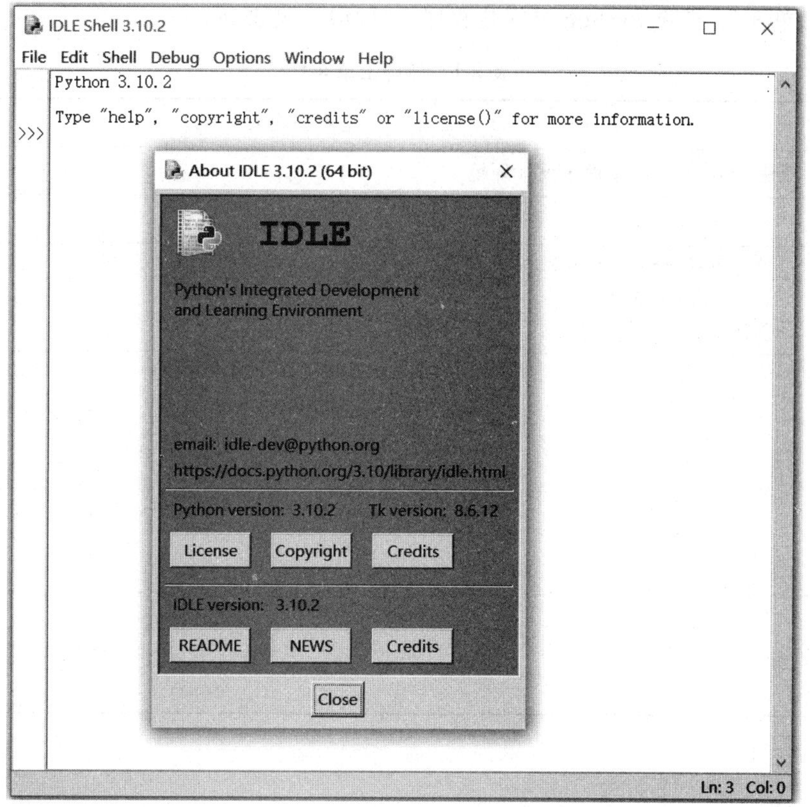


图 8-3　Python 自带的 IDLE 软件

**例 8-1**　利用 Tkinter 设计一个空 GUI 窗体。

```
import tkinter as tk
win = tk.Tk()
tk.mainloop()
```

Python 可视化控件与事件电子活页

如果程序正常运行,会自动创建一个空可视化窗体,弹出显示,程序运行结果如图 8-4 所示。顺利看到窗体,即表示可视化程序设计环境搭建成功。

图 8-4　例 8-1 的程序运行结果

任务工单 8-1：搭建 Python 可视化程序设计环境，见表 8-1。

**表 8-1　任务工单 8-1**

| 任务编号 | | 主要完成人 | |
|---|---|---|---|
| 任务名称 | 搭建 Python 可视化程序设计环境 | | |
| 开始时间 | | 完成时间 | |
| 任务要求 | 1. 熟悉可视化编程的基本步骤，建立对应工程。<br>2. 导入 tkinter 模块。<br>3. 创建空项目窗体 | | |
| 任务完成情况 | | | |
| 任务评价 | | 评价人 | |

# 8.2　计算器程序实现

8.1 节详细阐述了可视化程序设计思维和环境搭建，接下来演示先行案例具体实现过程。整个过程分为两大步骤：一是界面设计，二是功能实现。

## 8.2.1　界面设计

要做出如图 8-1 所示界面，我们分为 2 步来完成整个工作。

**1. 窗体设计**

上一节中已经演示了如何基于 Python 的 Tkinter 框架设计一个窗体。这里通过 import 引入工具包 tkinter、tkinter.messagebox，并将 tkinter 命名为 tk 以便于调用。设计窗体 calc，设置标题为"一个简单的计算器"，同时对窗体大小、显示内容进行设置。

**例 8-2**　构建计算器窗体。

```
import tkinter as tk
calc = tk.Tk()
#设置标题
calc.title('一个简单的计算器')
#设置窗体尺寸和位置
```

```
calc.geometry("400×300+0+0")
#设置标签
bq = tk.Label()
bq['text'] = '加减乘除'
bq.pack(pady=120)
#显示窗体
tk.mainloop()
```

本例中利用 Tkinter 模块通过 calc = tk.Tk()创建窗体，所创建窗体大小为 400×300，启动时默认在屏幕左上角，标题为“一个简单的计算器”，如图 8-5 所示。注意窗体对象提供了丰富的属性和方法进行调用，以达到不同显示效果。例如在程序中通过 calc.title(名称)语句设置窗体标题，通过 win.geometry('宽度×高度')语句来设置窗体尺寸。

(1) 窗体宽度为 width、高度为 height，可单独设置 width×height 来定义窗体的尺寸。

(2) +x 为主窗体左侧距离屏幕左侧的距离，-x 为主窗体右侧距离屏幕右侧的距离。

(3) +y 为主窗体上方距离屏幕上方的距离，-y 为主窗体下方距离屏幕下方的距离。

图 8-5　例 8-2 的运行结果

在完成窗体设计之后，有时需要根据需要对窗体进行划分。如先行案例中，根据计算器的基本功能划分窗体为文本框区域、功能按钮区域和数字按钮区域，这种划分称为布局。下面演示对窗体进行布局划分的过程。

**例 8-3**　计算器窗体布局。

```
#设置面板
calc_frame = tk.Frame(calc)
type_frame = tk.Frame(calc)
data_frame = tk.Frame(calc)
cal_frame = tk.Frame(calc)
#内容区域在上方
calc_frame.pack(side="top")
#计算类型区域在左侧
```

```
type_frame.pack(side="left")
#数据区域在右侧
data_frame.pack()
cal_frame.pack()
#文本框
text_entry = tk.Entry(
    calc_frame,
    fg = "red",
    bd = 3,
    width = 30,
    justify = 'right'
)
text_entry.pack(padx=5, pady=10)
```

**2. 添加其他按钮**

在完成窗体设计之后,现在需要在窗体上添加按钮和输入框。这里通过 Button 控件和 Entry 控件来实现相应的功能。控件实际上是把对象属性和行为进行了封装,以可视化形式提供给程序设计人员。

**例 8-4** 计算器按钮和输入框设计。

根据计算器+、-、×、÷按钮,0~9 数字按钮,C 清空按钮和=计算按钮,设计通用按钮类,利用参数 command_type 来进行区分。为了统一多个按钮控件布局,这里使用 grid(网格)方式按行列进行布局。

```
#计算器通用按钮定义
class CalButton():
    def __init__(self, iframe, itext, grid_side=None, command_type=None):
        if command_type is None:
            #按钮:数字
            self.btn = tk.Button(
                iframe,
                text=itext,
                activeforeground="green",
                activebackground="red",
                width=10,
                command=lambda: insert_data(itext)
            )
        elif command_type == 'reset':
            #按钮:C
            self.btn = tk.Button(
                iframe,
                text=itext,
                activeforeground="green",
                activebackground="red",
                width=10,
```

```
                command=lambda: clear_data()
            )
        else:
            #按钮:=
            self.btn = tk.Button(
                iframe,
                text=itext,
                activeforeground="green",
                activebackground="red",
                width=10,
                command=lambda: run()
            )
        #对应的位置
        if grid_side is not None:
            self.btn.grid(row=grid_side[0], column=grid_side[1])
        else:
            self.btn.pack()
```

综合使用例 8-3 和例 8-4 与例 8-2 代码，即可得到如图 8-1 所示的可视化效果，至此完成了计算器界面设计工作。

在这里主要用到了 2 种不同类型控件，分别是 Button 控件和 Entry 控件，并且对这2 种控件的一些属性进行修改。窗体和表单也是一种控件，也具有大量的属性，通过修改这些属性，可以得出不同的效果，程序设计人员只需要根据设计需要来修改这些属性即可。

除了窗体控件、Button 控件和 Entry 控件以外，Tkinter 模块还为程序设计人员提供了其他的控件，例如 Label 控件、Text 控件、Radiobutton 控件和 Listbox 控件等。还有一些专门针对文件对话框、颜色选择对话框和图形绘制等应用的控件，这些控件极大地丰富了程序设计功能，节省了大量的时间。下面就这几种常见的控件简单说明其用途。

(1) Button 控件。Button 也称为按钮，是 Tkinter 最常用的控件之一，用于响应用户的单击操作。可通过设置 Button 的属性和方法来进行功能开发，例如设置 Button 显示的内容、宽度和颜色等。特别的，当单击某按钮时，会自动触发其 command 事件，执行对应的操作。

**例 8-5**　基于 Python 的 Tkinter 框架设计一个“测试”按钮，单击时按钮变色并且进行弹框提示。

```
import tkinter as tk
import tkinter.messagebox
win = tk.Tk()
#设置窗体标题
win.title('按钮示例')
#设置窗体尺寸
win.geometry('300×100')
#设置按钮
btn = tk.Button()
#设置显示的名称
```

```
btn['text'] = '测试'
#设置宽度
btn['width'] = 20
#设置单击时字体颜色
btn['activeforeground'] = 'green'
#设置单击时按钮颜色
btn['activebackground'] = 'red'
#设置单击时的响应函数
btn['command'] = lambda: tkinter.messagebox.showinfo('提示', '单击了按钮!')
#添加到窗体
btn.pack(pady=40)
#显示窗体
tk.mainloop()
```

其中,btn['text']语句用于设置按钮的名称属性,btn['activeforeground']语句用于设置按下按钮时文字的颜色,btn['activebackground']语句用于设置按下按钮时按钮的背景颜色,btn['command']语句用于设置按钮的事件响应函数,btn.pack 语句用于设置按钮的显示位置。为了便于演示,这里使用了"lambda:"的方式进行了函数定义,调用 tkinter.messagebox 的 showinfo()函数来弹窗显示信息。

程序运行后会自动创建包含"测试"按钮的窗体,并在单击时会变色并弹窗提示,程序运行结果如图 8-6～图 8-8 所示。

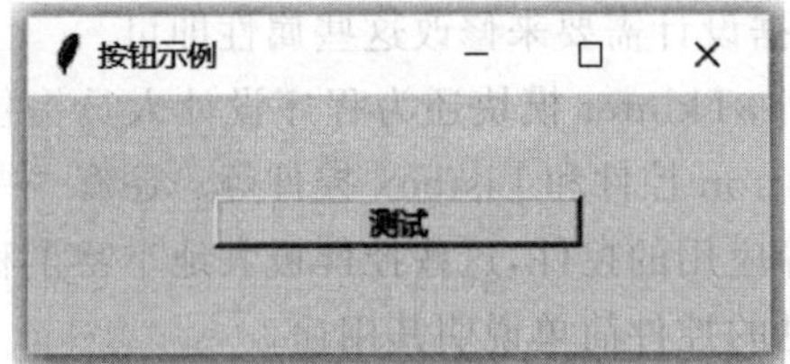


图 8-6　包含按钮的窗体

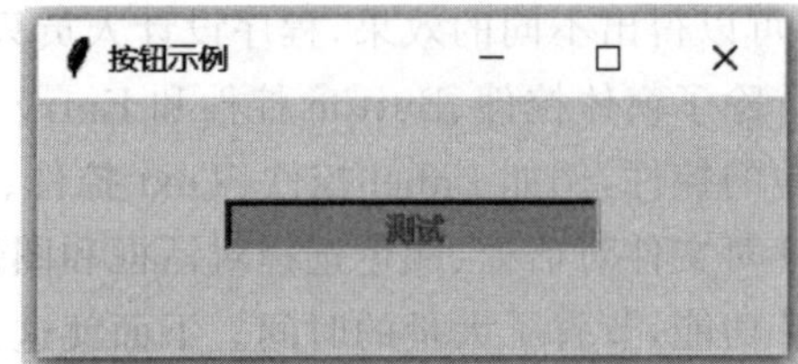


图 8-7　按钮被按下时变色

图 8-8　单击按钮时弹窗提示

(2) Entry 控件。Entry 表示单行文本框,广泛应用于 Tkinter 的文本显示,特别是短文本的情况。可通过设置 Entry 类的属性和方法来进行功能开发,如设置 Entry 控件显示的内容、颜色等。特别地,可通过.delete(0, 'end')语句清空文本框,用.insert(0, string)语句插入字符串到文本框进行显示。

**例 8-6** 基于 Python 的 Tkinter 框架设计一个“统计”按钮、一个单行文本框，单击按钮时显示文本框内字符的个数，并将该信息显示在文本框中。

```
import tkinter as tk
win = tk.Tk()
#设置窗体标题
win.title('文本框示例')
#设置窗体尺寸
win.geometry('300×100')
#设置文本框
ent = tk.Entry()
#执行分析
def run():
    #获取文本内容
    op = ent.get()
    #统计个数
    num = len(op.strip())
    #清空当前文本框
    ent.delete(0, 'end')
    #显示结果到文本框
    ent.insert(0, '输入了 '+str(num)+' 字符')
#设置按钮
btn = tk.Button()
#设置显示的名称
btn['text'] = '统计'
#设置宽度
btn['width'] = 20
#设置单击时的响应函数
btn['command'] = run
#添加到窗体
ent.pack(pady=20)
#添加到窗体
btn.pack(pady=10)
#显示窗体
tk.mainloop()
```

其中，在 run()函数中首先通过 ent.get()方法获取文本框内的字符串，然后统计字符串的长度，最后通过 ent.delete(0, 'end')方法清空文本框，用 ent.insert(0, '输入了 '+str(num)+' 字符')语句将结果写入文本框。通过 btn['command']语句来设置单击按钮 btn 时的事件响应函数。

程序运行后会自动创建包含文本框和“统计”按钮的窗体，并在单击时会自动统计并显示字符串统计结果到文本框，程序运行结果如图 8-9 和图 8-10 所示。

(3) Label 控件。Label 也称为标签，主要用于显示内容，包括文本、图片等。可通过设置 Label 类的属性和方法来进行功能开发，如设置 Label 显示的内容、字体和颜色等。

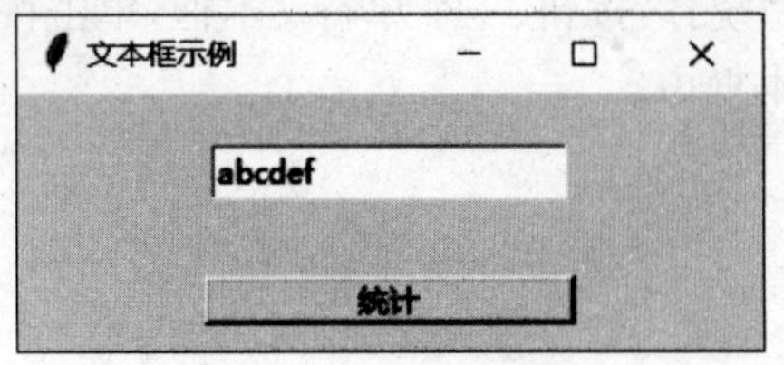


图 8-9 输入字符串

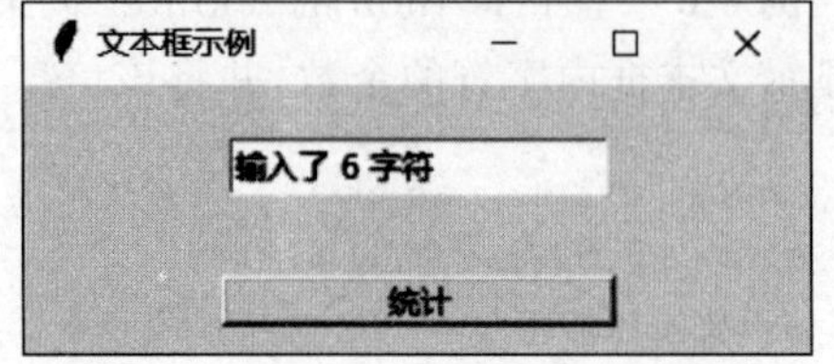


图 8-10 单击按钮时显示统计结果

**例 8-7** 基于 Python 的 Tkinter 框架设计一个简单的用户登录窗体,包括用户名、密码和登录按钮,单击时进行弹框提示。

```
import tkinter as tk
import tkinter.messagebox
win = tk.Tk()
#设置窗体标题
win.title('标签示例')
#设置窗体尺寸
win.geometry('300×200')
#设置标签
lab = tk.Label(text='用户名')
lab2 = tk.Label(text='密码')
#设置文本框
ent = tk.Entry()
#设置文本框
ent2 = tk.Entry()
#设置按钮
btn = tk.Button()
#设置显示的名称
btn['text'] = '登录'
#设置宽度
btn['width'] = 20
#设置单击时的响应函数
btn['command'] = lambda: tkinter.messagebox.showinfo('提示', '单击了登录!')
#添加到窗体
lab.pack(pady=5)
ent.pack()
lab2.pack(pady=5)
ent2.pack(pady=5)
btn.pack(pady=10)
#显示窗体
tk.mainloop()
```

其中,lab、lab2 对象对应了 Label 控件,内容分别是"用户名"和"密码",与 Entry 和 Button 共同构成了一个简单的登录窗体。通过 btn['command']语句关联 lambda()函数来设置单击按钮 btn 时的事件响应函数。

程序运行后会自动创建包含标签、文本框和“登录”按钮的窗体,并在单击“登录”按钮时会给出弹窗提示,程序运行结果如图 8-11 所示。

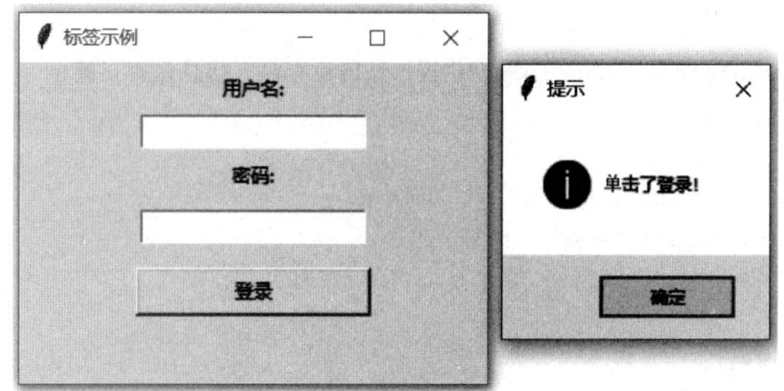


图 8-11 例 8-7 的程序运行结果

### 8.2.2 程序功能实现

完成界面设计之后,为了实现计算器功能,需要通过完善事件响应函数来完成相应的功能设计。事件响应函数也就是控件的方法,是可视化另外一个重要特性,当用户使用控件时,控件能够提供的功能效果。常用事件函数包括键盘事件、鼠标事件和窗体事件,因此用户可通过鼠标和键盘与图形用户界面交互,触发对应的事件函数。例如,在先行案例中,当单击程序中的某一个数字按钮时,就在输入框中输入一个数字,这部分功能的实现是通过调用对应数字按钮的方法来实现的;当单击+按钮时,就调用对应的计算方法来完成相加的功能,并将结果输出到文本框显示。

也就是说,通过设计完善事件响应函数,实现自定义功能,进而完成可视化程序设计。

**例 8-8** 根据计算器的输入、计算和输出过程,设计三个事件响应函数,其中,run()函数用于执行计算;insert_data()函数用于向文本框插入数据;clear_data()用于清空文本框的数据。

```
#执行计算
def run():
    #初始化
    op = ''
    try:
        #获取计算当前表达式
        op = text_entry.get()
        if op == '':
            return
        #处理乘法和除法的符号
        op = op.replace('×','*').replace('÷', '/')
        #执行计算
        result = eval(op)
        #清空当前文本框
```

```
            text_entry.delete(0, 'end')
            #显示结果到文本框
            text_entry.insert(0, str(result))
        except:
            tk.messagebox.showerror("错误", "请检查输入信息是否正确!" + op)

    #插入数据
    def insert_data(itext):
        text_entry.insert("end", itext)

    #清空数据
    def clear_data():
        text_entry.delete(0, "end")
```

程序中包含 3 个函数,其中函数 run()获取待计算的表达式,通过 eval 执行得到计算结果,并在文本框中显示计算结果;函数 insert_data()将字符添加到文本框尾部;函数 clear_data()清空文本框的内容。下一步即可创建自定义类 CalButton 的对象,建立函数与按钮事件响应的关联,当单击按钮时自动执行对应的操作。

**例 8-9** 添加按钮到窗体,设计对应事件响应函数。根据计算器按钮类型,调用前面定义的通用按钮类得到按钮对象,设置对应事件响应函数,最后将其添加到窗体。

```
#计算类型:加减乘除
chs = ['+', '-', '×', '÷']
for ch in chs:
    CalButton(type_frame, ch)

#设置 3*3 的数据
for i in range(4):
    data_framei = tk.Frame(data_frame)
    data_framei.pack()
    if i == 3:
        #最后一行,中间列定义为 0
        CalButton(data_framei, 0, grid_side=(i, 1))
    else:
        for j in range(3*i+1, 3*i+4):
            #对应到 1~3、4~6、7~9
            CalButton(data_framei, j, grid_side=(i, j))
#重置按钮
CalButton(data_framei, 'C', grid_side=(i, 0), command_type='reset')
#等号按钮
CalButton(data_framei, '=', grid_side=(i, 2), command_type='run')
```

窗体及控件设置完毕,即可通过 calc.mainloop()来显示窗体,得到计算器应用,最终效果如图 8-12 和图 8-13 所示。

在程序中利用前面介绍的窗体、控件、布局管理和事件函数的知识进行开发,并采用面

(a) 示例1

(b) 示例2

图 8-12　乘法示例之输出

(a) 示例1

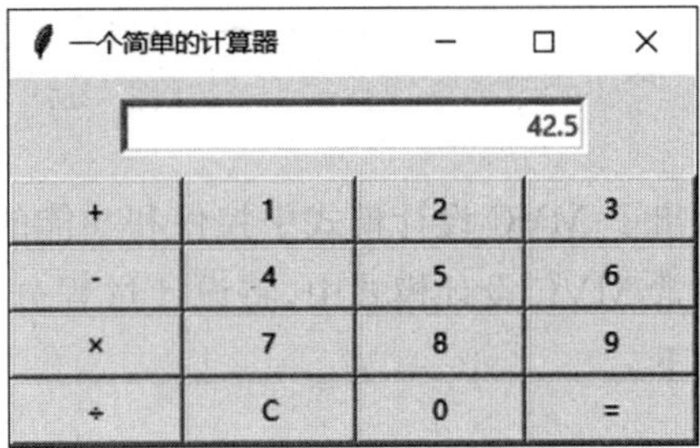


(b) 示例2

图 8-13　除法示例之输出

向对象的程序设计方法，将按钮控件封装为自定义的类 CalButton，通过设置不同的参数来创建计算器的各个功能按钮，具有一定的通用性。感兴趣的读者可以考虑增加开根号、取倒数和小数点等更为复杂的计算功能。

### 8.2.3　程序架构初步

在可视化程序设计中，通过界面设计把程序设计人员常用的应用程序进行划分，并根据需要设计成控件集合，以便在设计程序过程中调用。程序设计人员不用过分关注一些界面属性的设计，而是注重如何实现整个程序的逻辑。在设计过程中，除了使用这些可视化的控件外，还可以用一些第三方的工具包，复用相关的功能模块。“所见即所得”是可视化程序设计的核心思想，本章先行案例中计算器的界面设计采用的就是可视化程序设计。与前面介绍的其他程序设计不同，这种程序设计方法允许程序设计人员使用已经设计好的“控件”来迅速地完成基本界面设计，然后通过完善这些控件之间的操作和关系来进行程序设计。

也就是说，在可视化程序设计中，有两点比较重要，第一是控件的复用性。例如，我们要添加 10 个按钮，只需要使用 10 次已经设计好的按钮控件，这使得程序设计非常方便。第二是要有控制程序，来实现一定的功能。例如，如果系统需要和数据库进行连接，也可以使用一些工具包来完成，或者通过自己定义的类来实现。

这种包括了视图(view)、模型(model)和控制(controller)的设计思想，是一种 MVC 设计框架，一些技术资料上对框架和设计模式不加以区别，也称为 MVC 设计模式，如图 8-14

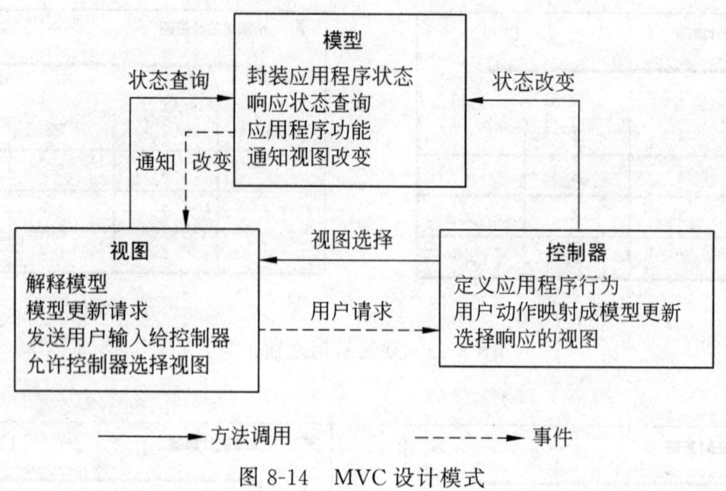


图 8-14 MVC 设计模式

所示给出了 MVC 设计模式中控件和功能的关系。

通常 MVC 设计模式中,将设计过程分为三个层面,即视图层、模型层和控制层。具体介绍如下。

**1. 视图层**

视图层代表用户交互界面,比如说控件的选用和控件属性的设计,在网页中也可以是 HTML、XHTML、XML 等技术的应用。随着应用的复杂性和规模化,界面的处理也变得具有挑战性。一个应用可能有很多不同的视图,MVC 设计模式对于视图的处理仅限于视图上数据的采集和处理,以及用户的请求,而不包括在视图上业务流程的处理。业务流程的处理交予模型(Model)处理。

**2. 模型层**

模型层就是业务流程/状态处理以及业务规则的制定。业务流程处理过程对其他层来说是暗箱操作,模型接收视图请求的数据,并返回最终的处理结果。业务模型的设计可以说是 MVC 设计模式的核心。

**3. 控制层**

控制层可以理解为从用户接收请求,将模型与视图匹配在一起,共同完成用户的请求。划分控制层的作用也很明显,它清楚地告诉你这就是一个分发器,选择什么样的模型,选择什么样的视图,可以完成什么样的用户请求。控制层并不做任何数据处理。例如,用户单击一个连接,控制层接受请求后,并不处理业务信息,它只把用户的信息传递给模型,告诉模型做什么,选择符合要求的视图返回给用户。因此,一个模型可能对应多个视图,一个视图也可能对应多个模型。

对于初学者来讲,上述概念可能显得难以理解,这里并不要求一开始就掌握 MVC 设计框架的精髓,只是做一下介绍。可以这样理解 MVC 模式,比如顾客要到一个饭店吃饭,第一步是和服务员点菜，点好菜以后由服务员将菜单交给厨师，厨师根据菜单用原材料加工出顾客需要的菜品，然后由服务员上菜给顾客。

在整个过程中，顾客只和服务员打交道，就好像一个软件用户，只和窗体上的控件打交道。顾客所吃的菜，是根据一定的流程或者使用一定的方法做出来的。至于是什么方法，原料是什么，顾客不需要知道。制作这个菜的模型和上菜的流程顾客并不知晓。顾客不必要知道哪些菜分配给了哪个厨师，也不必知道厨师的制作方式。这就像软件用户，不需要知晓软件的实现方式，只考虑软件是否好用就可以了。

这种设计方法在 B/S、C/S 架构设计中得到广泛的使用，因为它具有众多优点：第一，将用户显示（视图）从动作（控制器）中分离出来，提高了代码的重用性。将数据（模型）从对其操作的动作（控制器）分离出来，可以让你设计一个不必关心后台存储数据采用何种方案的系统。就 MVC 架构的本质而言，它是一种解决耦合系统问题的方法。第二，实现一个模型的多个视图，采用多个控制器，当模型改变时，所有视图将自动刷新，所有的控制器将相互独立工作。只需在以前的程序上稍作修改或增加新的类，即可轻松增加许多功能。以前开发的类可以重用，而程序结构无须改变，各类之间相互独立，便于团体开发，提高开发效率。第三，它还有利于软件工程化管理。由于不同的层各司其职，每一层不同的应用具有某些相同的特征，有利于通过工程化、工具化产生管理程序代码。

当然，MVC 设计框架也有一定的缺点。一方面，由于完全理解 MVC 并不容易。使用 MVC 需要精心规划，由于内部原理比较复杂，所以需要花费一些时间去思考；同时由于模型和视图要严格的分离，这也给调试应用程序带来了一定的困难。每个构件在使用之前都需要经过彻底测试。因此，这种设计模式不适合小型，中等规模的应用程序，设计过程也不够灵活，增加了系统结构和实现的复杂性。另一方面，对于简单的界面，严格遵循 MVC，使模型、视图与控制器分离，会增加结构的复杂性，并可能产生过多的更新操作，降低运行效率。视图与控制器是相互分离的，但却是联系紧密的部件，视图没有控制器的存在，其应用是有限的，反之亦然，这样就妨碍了它们的独立重用。

任何一种设计框架或者设计模式都有其优点和缺点，有的资料中把设计框架归纳在设计模式中。设计模式是对可复用性设计方法的归纳和总结，要想进一步学习程序设计，掌握其中的技巧，可以对设计模式进行深入研究，良好的设计模式能够大大提高软件的设计效率。

任务工单 8-2：完成计算器程序，见表 8-2。

**表 8-2　任务工单 8-2**

| 任务编号 | | 主要完成人 | |
|---|---|---|---|
| 任务名称 | 完成计算器程序 | | |
| 开始时间 | | 完成时间 | |
| 任务要求 | 1. 参照 8.2 节内容，设计计算器窗体。<br>2. 完成计算器控件的布局和事件函数编写。<br>3. 学会利用可视化程序设计的方法去解决问题。<br>4. 进一步思考其他的可视化软件，分析软件界面与功能的关系 | | |

续表

| | | | |
|---|---|---|---|
| 任务完成情况 | | | |
| 任务评价 | | 评价人 | |

## 8.3 思考与实践

1. 理解下列名称及其含义。

(1) 可视化、窗体、控件、布局管理器。

(2) Label标签、Entry单行文本框、Button按钮。

(3) 对话框。

(4) 菜单栏。

2. 结合先行案例,指出可视化程序设计与前面学习的程序设计有什么不同。

3. 解析一下什么是控件,并结合类来谈一下对控件的理解。

4. 什么是事件? 如何理解事件?

5. 举几个简单的鼠标、键盘响应事件。

6. 创建一个窗体要经过几个步骤?

7. 如图8-15所示,设计一个最简单的对话框程序。

图8-15 简单的对话框

8. 在窗体上设计一个简单的按钮,单击时弹出Hello文本提示框。

# 第 9 章　常用程序设计

第 9 章

**基础知识目标**

- 掌握移动应用程序软硬件的环境。
- 理解微信小程序与移动应用程序之间的差异。
- 初识大数据与人工智能程序。
- 探寻其他应用程序。

**实践技能目标**

- 掌握如何配置移动应用程序开发的环境。
- 掌握微信小程序开发技能。
- 初步了解大数据与人工智能程序开发的方法。

**课程思政目标**

- 树立起软件即服务思维。
- 探索通过软件结合传统产业进行创新的路径。

随着移动互联网、大数据、人工智能等技术的不断发展,信息技术对人们生活的影响更加广泛,人们的生活越来越离不开移动应用,包括移动支付、共享单车、订外卖、购物、办公等。熟悉了解移动应用软件开发过程,了解软硬件开发环境,无论是对于日常生活还是职业生涯发展都有一定的意义。

**先行案例**:计算器 APP。

第 8 章介绍了如何用可视化编程方法完成一个计算器程序开发,接下来将介绍如何在移动设备上实现这个计算器功能,并打包发布使其成为一个APP,来进行初步的 APP 程序开发演示。如图 9-1 所示,在这个计算器中,有两个区域,分别是文本区和按钮区。文本区主要由输入框构成,可以在输入框中通过按钮输入数字,并结合按钮区左侧的+、−、×、÷按钮列出计算式,最后通过按钮区右下角=按钮执行计算,并在文本框中显示运算结果。

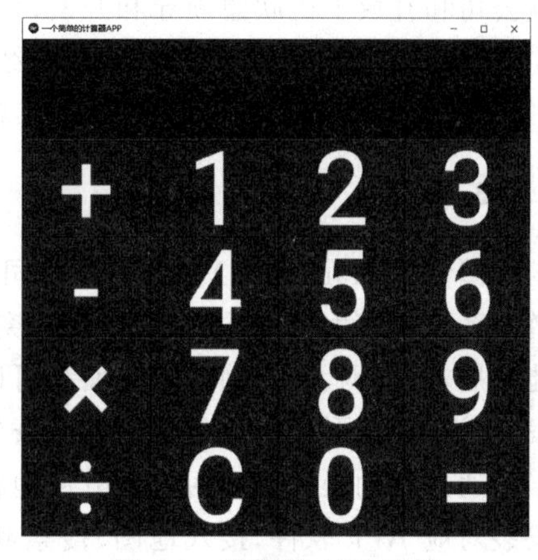

图 9-1　计算器 APP 示例

这个计算器 APP 虽仍存在较多的缺点和不足,如不能进行开根号计算,不支持小数点等,这里只是作为一个APP开发示例,阐述如何通过Python设计APP程序,并将其打包安装到手机中进行使用。

随着移动应用程序的大量使用,人们产生和收集的数据越来越多,普通数据处理方式已不能满足信息技术应用需求。大数据应用技术目前已经成为大部分程序设计的基础技术之一,无论计算机桌面端还是移动端,大数据已经普及大部分应用程序中。随着大数据技术的深度应用,越来越多的人工智能应用得以普及推广,如广告推荐、人脸核验、智慧考勤、辅助驾驶等,人工智能已经深入人们的工作和生活中。接下来将逐步介绍移动应用APP、微信小程序、大数据、人工智能这些生活工作中常见的程序开发的相关环境和技术,以帮助读者了解当前最新应用程序的开发方法和技巧。

## 9.1 移动应用程序

### 9.1.1 APP简介

移动应用与计算机端应用软件类似,需要运行于对应的移动操作系统上,当前流行的移动平台主要包括iOS和Android等,所以常用的APP也对应分为iOS版本和Android版本。

**1. iOS**

iOS即iPhone operate system,是由苹果公司开发和发行的移动操作系统,最初面向iPhone手机设计,后来陆续延伸到iPad、iPod Touch和Apple TV等苹果产品。iOS自2007年推出以来便得以广泛应用。随着苹果公司对iOS的持续优化,iOS已成为当前主流的移动应用操作系统之一。

**2. Android**

Android也就是人们经常提到的“安卓”,是基于Linux内核的开源移动操作系统,由谷歌公司和开放手机联盟领导和开发,自2008年发布以来已进行多次迭代升级。Android最初主要是为智能手机而开发,后来陆续应用到了平板电脑、智能手表、智能电视,甚至延伸到了汽车、智能冰箱等应用场景,具有广泛的应用范围。

**3. 鸿蒙**

鸿蒙即HarmonyOS,是华为公司推出的一款“面向未来”的全场景分布式操作系统。鸿蒙系统拥有大量优秀的技术特性,突出“万物互联”基础概念,在通信设备、可穿戴设备、智能家居、车联网、智能制造等方面都可以应用到鸿蒙系统,开发者能够基于鸿蒙做到一次开发、多端部署,形成了特色鲜明的鸿蒙生态。

通过移动操作系统用户可方便地将移动设备接入互联网、局域网等环境,结合自身需求安装对应APP软件,接入地图、搜索和邮件等通用服务模块,满足人们多样化工作和生活需求。

不同平台下 APP 开发语言选择也有差异，如 Android 开发一般使用到 Java、Kotlin 和 C++ 等，iOS 开发使用 Swift、Objective-C 等，鸿蒙开发使用 JS、Java 和 C++ 等。软件开发人员可根据业务需求及应用场景进行综合考虑，选择对应的开发语言和开发工具。

## 9.1.2　APP 开发示例

### 1. 开发环境配置

如同可视化程序设计一样，为了实现移动应用开发，很多厂商、开源组织提供了移动应用开发插件。通过安装和使用插件，可以方便地实现移动应用程序开发。Python 对 APP 开发也提供了丰富的功能框架，其中 Kivy（也被称为 kvlang、KV）就是一个开源、跨平台的 APP 开发框架，利用 Python 快速编程的特点，可迅速开发出面向 Windows、Linux、Mac、Android 和 iOS 等平台的移动应用程序，达到一次开发、多平台使用的效果。我们选择 Kivy 来演示如何开发计算器 APP。

Kivy 作为一款 Python 框架，可使用 pip 命令进行安装，并通过 import 方式调用，最后将代码打包封装得到移动端安装文件。下面以先行案例中提到的计算器为例，说明如何利用 Kivy 进行 APP 设计、开发，最后将其打包为 Android 系统.apk 文件进行安装试用。

在安装好 Python 的计算机上，打开 cmd 窗口，执行如下 pip 命令执行自动化安装。

```
pip install kivy
```

然后导入 kivy。通过 import kivy.app、from kivy.app import App 等方式导入，这样就可以进行移动应用程序开发了。

### 2. 开发 APP

开发 APP 的步骤包括程序功能设计开发、打包 apk 文件和手机端安装这三个步骤。接下来我们先按照案例进行设计开发。

(1) 程序功能设计开发。

**例 9-1**　设计一个计算器 APP，支持＋、－、×、÷运算。

分析：参照第 8 章的计算器开发过程，使用基于 kivy 框架进行设计开发。

Tensorflow 环境下搭建 Linux 操作系统电子活页

```
#coding=utf-8
from kivy.app import App
from kivy.uix.button import Button
from kivy.uix.boxlayout import BoxLayout
from kivy.uix.gridlayout import GridLayout
from kivy.uix.label import Label
from kivy.core.window import Window
class JsqApp(App):
    def build(self):
        Window.clearcolor = (0.2, 0.2, 0.2, 1)
        calc_frame = BoxLayout(orientation='vertical')
```

```
        data_label = Label(size_hint_y=0.5, font_size=150)
        #数据符号列表
        data_list = ['+', '1', '2', '3',
                     '-', '4', '5', '6',
                     '×', '7', '8', '9',
                     '÷', 'C', '0', '=']
        #grid 布局管理器
        data_grid = GridLayout(cols=4, size_hint_y=2)
        for datai in data_list:
            data_grid.add_widget(Button(text=datai, font_size=150))
        #显示字符
        def display_info(datai):
            data_label.text += datai.text
        #清空显示
        def clear_label(datai):
            data_label.text = ""
        #执行计算
        def run(datai):
            cmd_string = ''
            try:
                #替换可能出现的乘法和除法字符
                cmd_string = str(data_label.text)\
                    .replace('×', '*').replace('÷', '/')
                data_label.text = str(eval(cmd_string))
            except SyntaxError:
                data_label.text = 'Error, please check your input!'
        #绑定按钮响应事件函数
        for button in data_grid.children:
            if button.text == 'C':
                #如果是按钮 C
                button.bind(on_press=clear_label)
            elif button.text == '=':
                #如果是按钮=
                button.bind(on_press=run)
            else:
                #如果是其他按钮
                button.bind(on_press=display_info)
        #添加到显示窗体
        calc_frame.add_widget(data_label)
        calc_frame.add_widget(data_grid)
        App.title = '一个简单的计算器 APP'
        return calc_frame
JsqApp().run()
```

程序运行后会自动创建一个简单的计算器 APP 窗体，支持+、-、×、÷运算，程序运行结果如图 9-2 和图 9-3 所示。

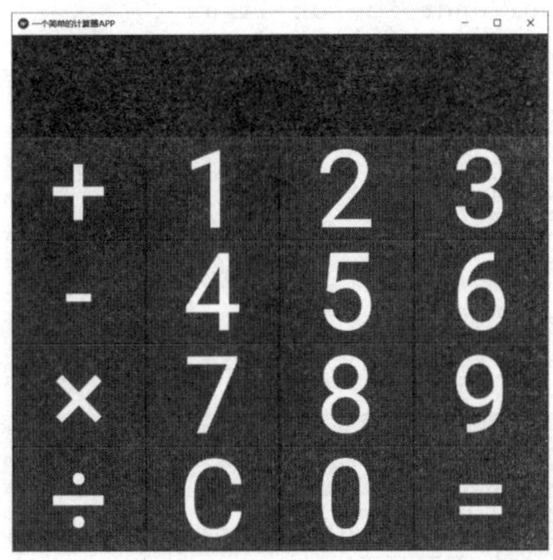


图 9-2　计算器 APP 窗口

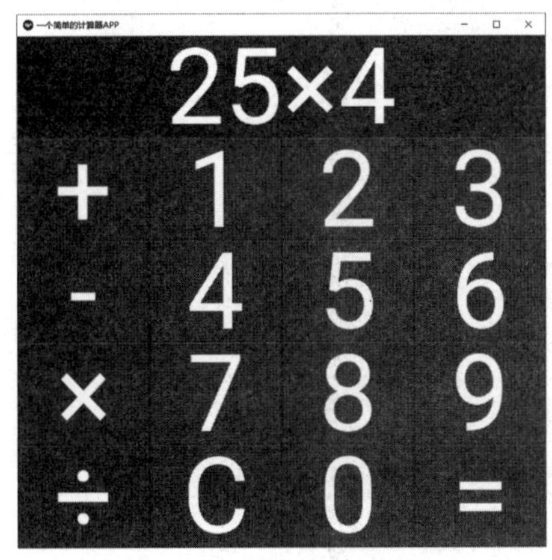


(a) 计算输入

(b) 计算输出

图 9-3　计算输入与输出示例

程序开发完毕，即可得到与桌面应用程序类似的 APP 窗口。参照第 8 章介绍的桌面程序可以发现，APP 程序代码和桌面代码主要差异集中在调用库、控件方法和参数配置等方面，在开发过程中需要加以区分。

(2) 打包 apk 文件。为了让程序能够在移动端使用，需要将其打包为 apk 文件。打包 apk 文件方法有很多，这里介绍通过 Python for Android 工具进行打包的过程。为方便使用，可选择 VirtualBox 搭建虚拟机，加载包含打包工具的 UNIX 系统镜像将 kivy 程序打包为.apk 文件，最后发送到 Android 手机进行安装试用（Python for Android 工具的安装，VirtualBox 搭建虚拟机过程见电子活页）。

① 构建文件夹。在虚拟机中建立文件夹，如图 9-4 所示存放.p4a、main.py 两个文件。其中，.p4a 文件为打包配置参数，main.py 为计算器 APP 的代码。

.p4a 文件包含程序打包时的必要参数，内容如下：

```
--dist_name lyq_jsq
--android_api 19
```

```
--sdk_dir /home/lyq/andr/android-sdk-linux
--ndk_dir /home/lyq/andr/crystax-ndk-10.3.2
--requirements python3crystax,kivy
--private .
--package com.myapp.lyq_jsq
--name lyq_jsq
--version 1.0
--bootstrap sdl2
```

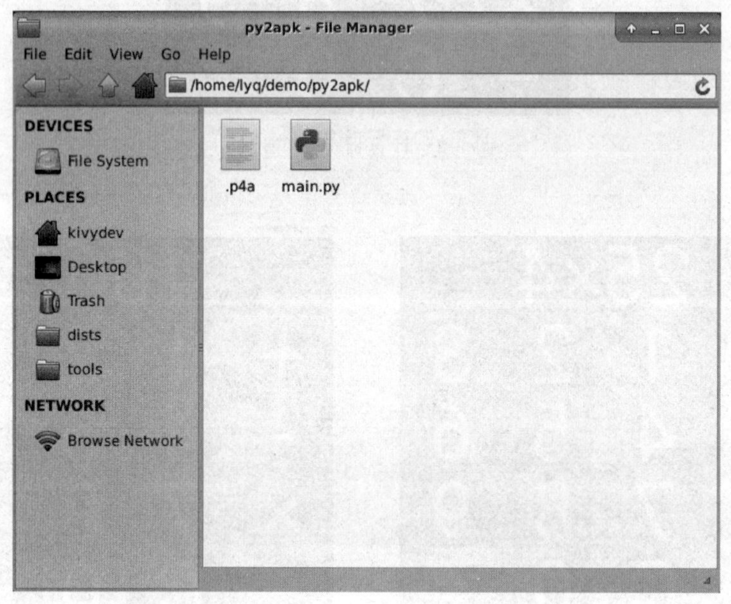


图 9-4　待打包的文件夹

.p4a文件包含程序打包时的必要参数,包括发布名称、版本号和依赖库等,可结合实际情况进行配置,本案例的配置可参见表 9-1。

**表 9-1　打包配置文件示例**

| 配置项 | 配置说明 | 配置样例 |
|---|---|---|
| --dist_name | 目标名称 | lyq_jsq |
| --android_api | android_api 基本 | 19 |
| --sdk_dir | sdk 路径 | /home/lyq/andr/android-sdk-linux |
| --ndk_dir | ndk 路径 | /home/lyq/andr/crystax-ndk-10.3.2 |
| --requirements | 程序要求的依赖库 | python3crystax,kivy |
| --private | 项目路径,设置为"."则表示当前目录 | . |
| --package | 编译后的包名称,可用于调试阶段 | com.myapp.lyq_jsq |
| --name | 安装后出现在手机桌面的 APP 名称 | lyq_jsq |
| --version | 版本号 | 1.0 |
| --bootstrap | 引导设置 | sdl2 |

② 执行打包。如图 9-5 所示，打开 Shell 窗口，通过命令 p4a apk 执行打包。

打包完毕，会在当前目录下生成对应的.apk 文件，如图 9-6 所示。

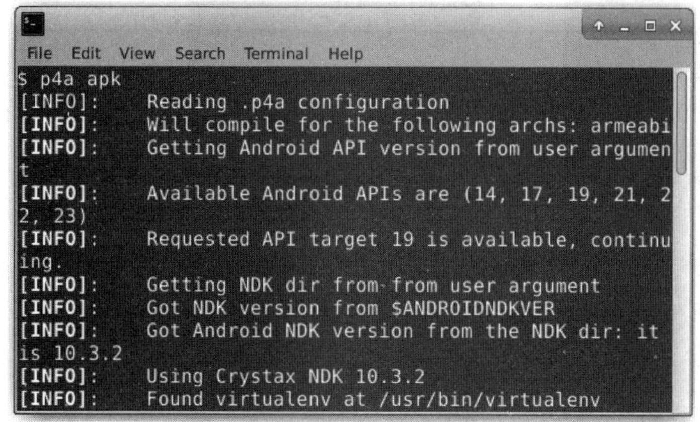


图 9-5　通过命令进行打包

图 9-6　打包生成的.apk 文件

（3）手机端安装。如图 9-7 所示，对生成的.apk 文件可通过 E-mail 附件、USB 文件复制、网盘共享等方式传输到某 Android 手机，然后进行 APP 安装，完成后即可打开使用。最终可得到如图 9-8 所示的 APP 界面。由此可见，在计算机端和手机端具有相同的运行界面，下面对该计算器进行试用，效果如图 9-9 所示。

至此，完成了一个简单的计算器 APP 设计开发过程，主要阐述了如何基于 Python 设计开发 APP、打包及安装到手机端的过程，感兴趣的读者也可通过专门介绍 APP 开发的书籍进行学习。

图 9-7　手机端安装.apk 文件

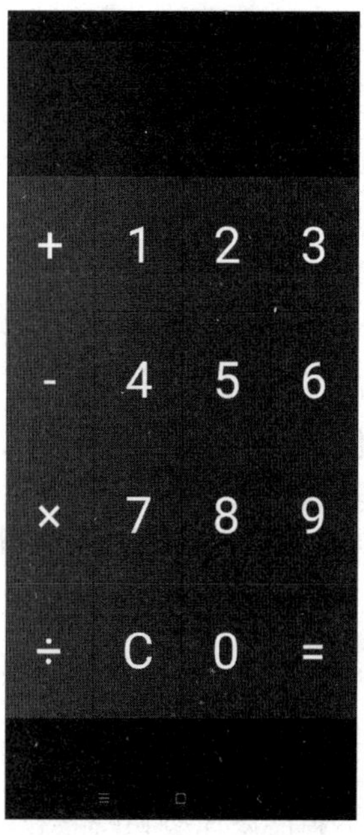


图 9-8　APP 运行截图

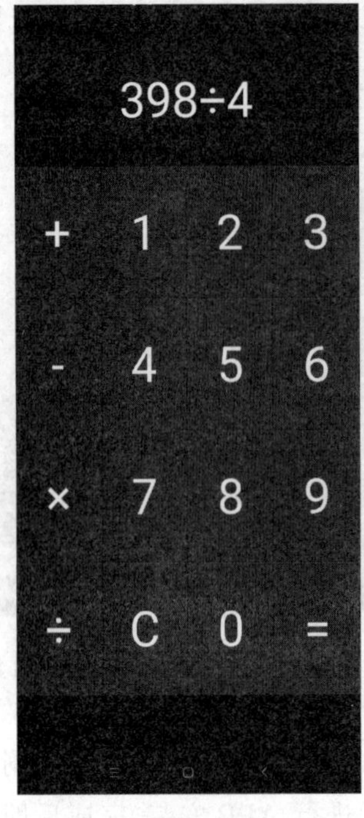


(a) 示例1

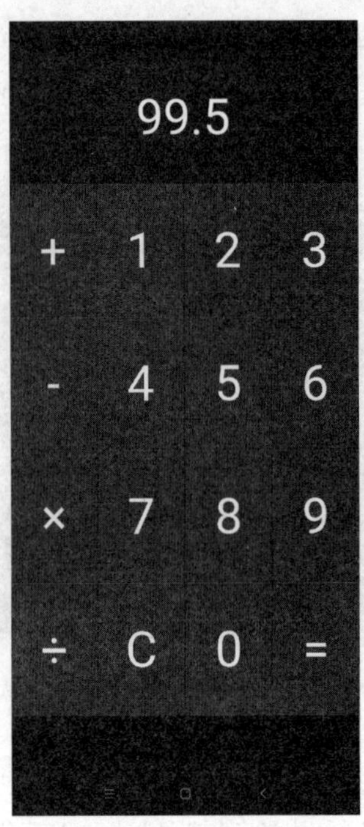


(b) 示例2

图 9-9　手机端计算示例输入和输出

# 9.2　微信小程序

## 9.2.1　小程序简介

小程序依托于微信、抖音和百度等“超级 APP”，可视为一种轻量级应用，不需要下载安装即可使用，实现了对应用“触手可及”的梦想。用户只需通过扫码、分享或搜索即可打开小程序，遵循“用完即走”的设计理念，无须进行应用下载安装、消息推送和版本兼容等问题，具有无须安装、无处不在、随时可用的优势。因此，自小程序推出以来就受到了广大开发者和用户的欢迎，使用范围越来越广泛。

以微信小程序为例，其开发入门难度相对较低。如图 9-10 所示，微信小程序所属公司会提供详细的开发文档、示例模板和设计指南，同时提供了功能丰富的开发工具，程序员可以获得“无缝衔接”的开发体验。此外，微信小程序依托微信海量用户资源与高频使用习惯，可以更灵活地获得流量入口，便于运营推广。

## 9.2.2　小程序开发示例

微信小程序所属公司会提供一系列工具帮助开发者快速接入并完成小程序开发。本小节通过一个实现阶乘计算功能的微信小程序，演示搭建微信小程序开发环境、功能设计、代

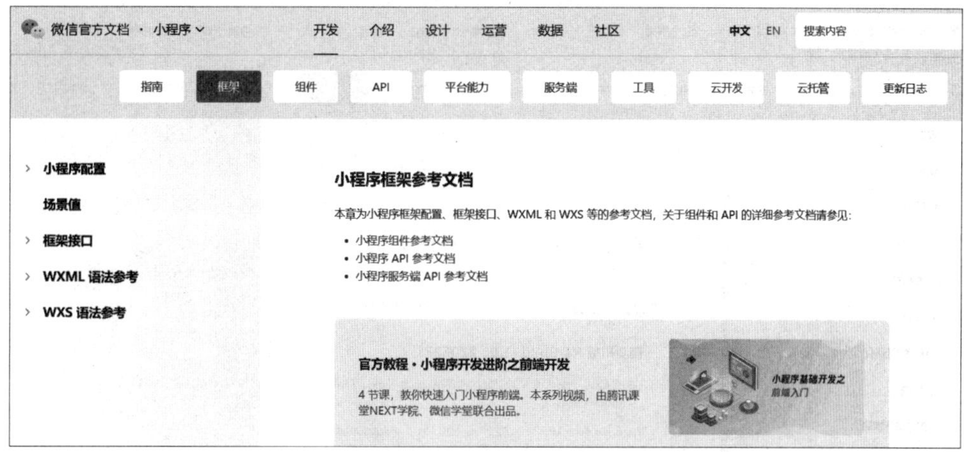


图 9-10　微信小程序参考资料

码实现、上传试用等关键步骤。

**1. 搭建微信小程序开发环境**

(1) 注册开发者账号。按照官方网站设置的小程序账号申请流程，填写相关信息并激活，创建小程序开发者账号，然后登录该账号，进入如图 9-11 所示的个人管理界面。

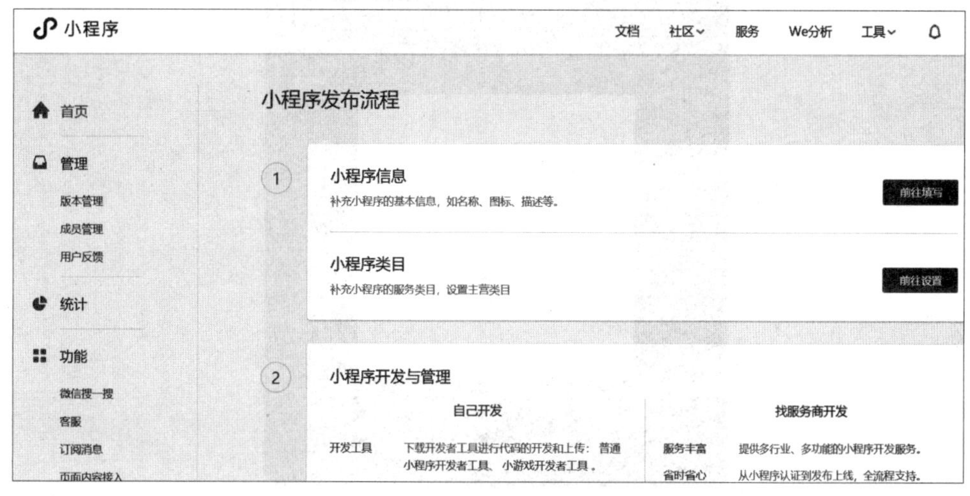


图 9-11　小程序开发者管理界面

(2) 安装小程序开发工具。微信小程序官方在原有公众号网页调试工具基础上，推出了全新的微信开发者工具，集成了公众号网页调试和小程序调试两种开发模式。如图 9-12 所示，结合自身环境，可选择下载 Windows 64 位稳定版开发工具。

下载完毕，按照提示进行安装，最后会在桌面上建立“微信开发者工具”快捷方式，打开后可通过微信扫码登录该工具，具体过程如图 9-13 和图 9-14 所示。至此，即完成微信小程序开发环境搭建。下面通过一个案例来说明开发过程。

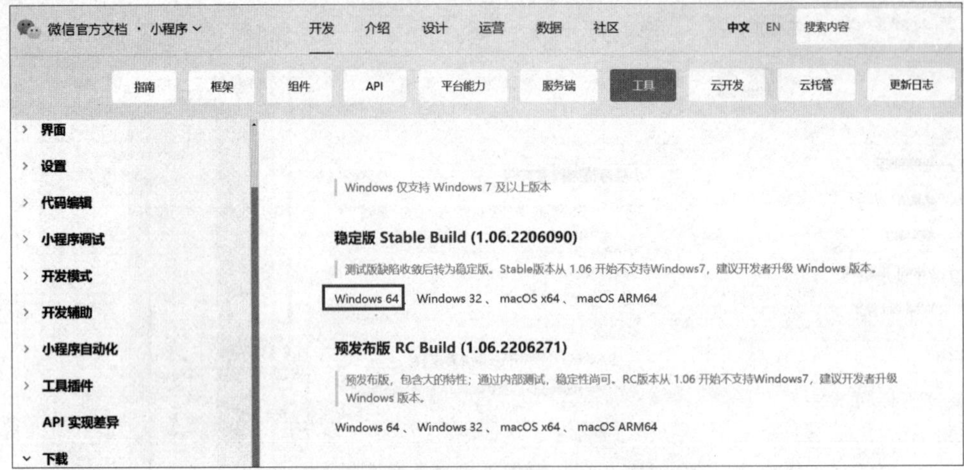


图 9-12 小程序开发工具下载

图 9-13 扫码登录“微信开发者工具”

**2. 开发小程序**

(1) 获取 AppID。如图 9-14 所示，在创建微信小程序项目时可选择丰富的模板，为了简化开发过程，这里选择“不使用模板”项。另外，微信小程序项目创建还需要设置对应AppID项，进而将该小程序与开发者 ID 进行关联。为了获取 AppID 参数，可进入小程序开发者管理界面，依次选择“小程序”→“开发”→“开发管理”→“开发设置”选项并复制AppID，再将其设置到微信小程序项目创建页的 AppID 项，之后即可创建小程序项目并进入了开发界面，具体过程如图 9-15～图 9-17 所示。

图 9-14 微信小程序项目创建界面

图 9-15 查看 AppID

如图 9-17 所示,利用微信小程序开发工具基于“空模板”创建工程后会自动生成空白小程序,并提供了初始化代码框架。下面重点对 index 文件夹中的四个文件进行说明。

① js 文件:小程序的页面逻辑文件,可编写 JavaScript 程序,实现对应的逻辑处理。其中,JavaScript(简称 JS)是一种具有函数优先的轻量级、解释型编程语言,支持即时编译、跨平台运行,广泛应用于 web、html 等开发场景。

② json 文件:小程序的配置文件,可对小程序项目的路径、页面 UI 和导航菜单等进行配置。

③ wxml 文件:小程序的页面文件,类似 HTML,可设置小程序页面的组件布局、类型和事件响应等。

④ wxss 文件:小程序的样式文件,类似 CSS,可设置小程序页面的组件颜色、大小和位

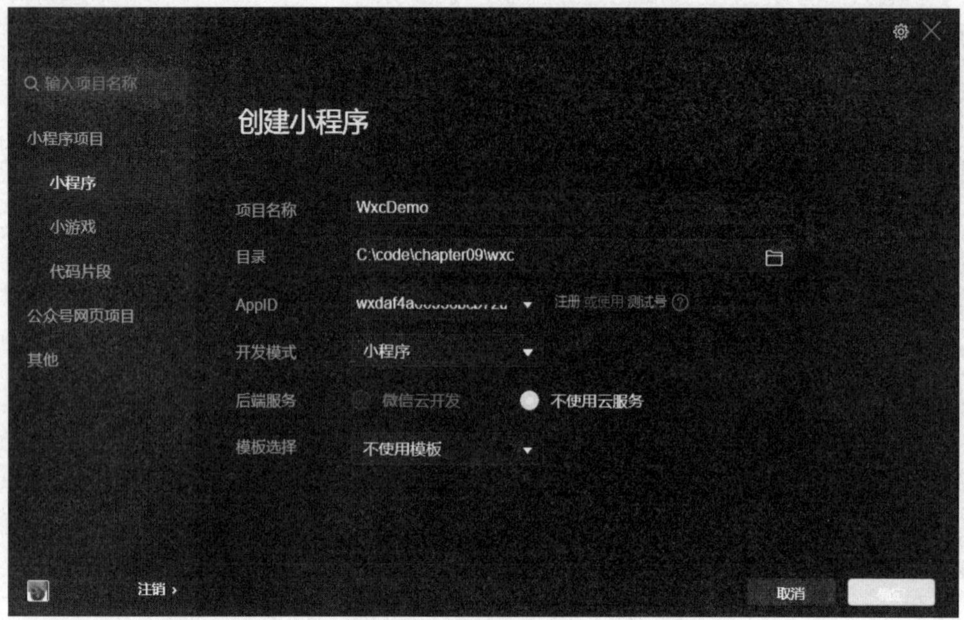


图 9-16　设置 AppID

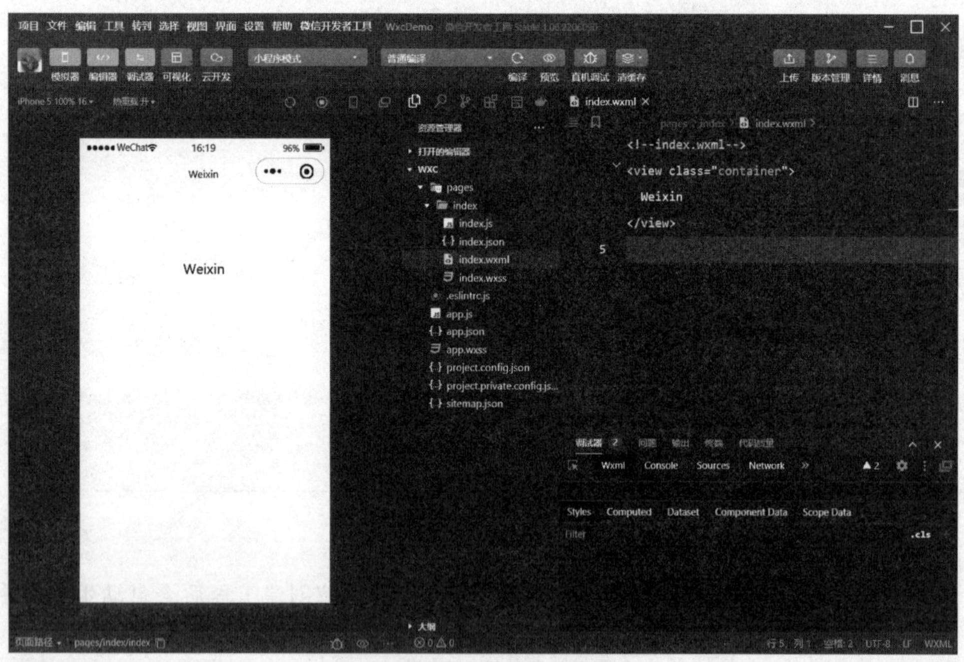


图 9-17　小程序工程开发界面

置等。

为了演示如何快速进行小程序开发，这里设计一个"计算阶乘"小程序，可接收用户输入的正整数，单击"计算"按钮后得到该输入的阶乘，并将结果显示到对应的组件。由于该小程序主要涉及了组件可视化和数值计算的功能，所以重点处理 WXML 文件、JS 文件，编写对应的功能代码。

(2) 界面设计。计算阶乘的功能可简化为输入、计算、输出和重置的功能模块,如图 9-18 所示,可在 Visio、画图板等工具中简要设计出小程序界面。

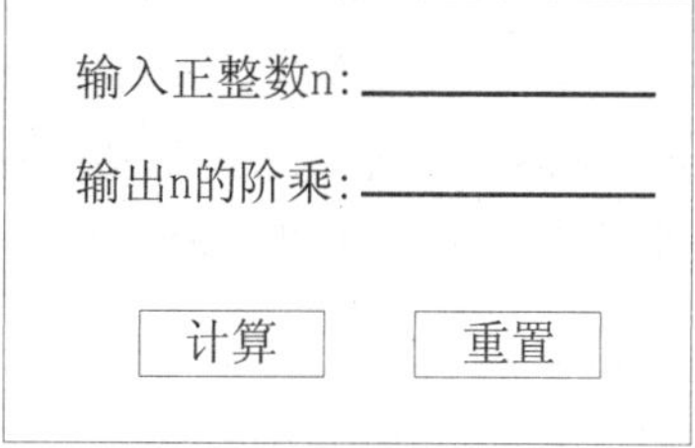


图 9-18　小程序界面设计

根据设计图,该小程序的组件主要包括文本标签 label、输入框 input 和按钮 button,再通过 view 组件进行布局,最后将其融入一个 form 窗体,此模块完整代码如下(界面设计需要一定的 HTML 相关知识,本书不再详述)。

```
<form bindsubmit="calcForm">
  <view style="display:flex;">
    <label>输入正整数 n:</label>
    <input name="n" style="border-bottom: 1px solid gray;"/>
  </view>
  <view style="display:flex;margin-top:10px;">
    <label>输出 n 的阶乘:</label>
    <input name="nj" value="{{res}}" style="border-bottom: 1px solid gray;"/>
  </view>
  <view style="display:flex;margin-top:30px;">
    <button formType="submit" type="primary">计算</button>
    <button formType="reset" type="primary">重置</button>
  </view>
</form>
```

将此段程序保存到文件 index.wxml,单击打开左侧的预览窗口,即可查看页面的设计效果,如图 9-19 所示。

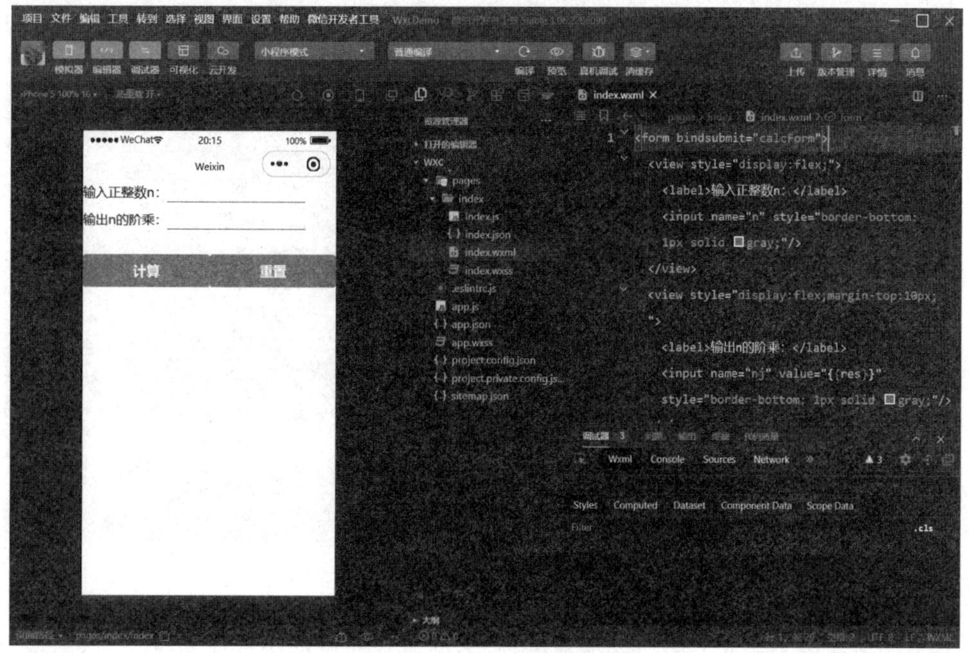

图 9-19　小程序界面预览

可见,界面添加的组件包含了部分属性设置,如输入框的颜色、按钮的类型等,各个组件封装到一个Form里面,用于构建表单提交的处理流程。

(3) 功能实现。计算阶乘的过程可在文件index.js内用JavaScript语言实现,接收index.wxml传递过来的数值,计算阶乘后将结果返回到界面进行显示,将如下的模块代码放置于index.js即可完成计算功能。

```
Page({
  calcForm: function(data) {
    var x = data.detail.value.n;
    var y = 1;
    for(y = 1; x > 1;  x--) {
      y *= x;
    };
    if(y > 1 || x==1){
      this.setData({
        res: y
      })
    }
  }
})
```

如图9-20所示,将此段程序保存到文件index.js中,即可实现阶乘计算功能。

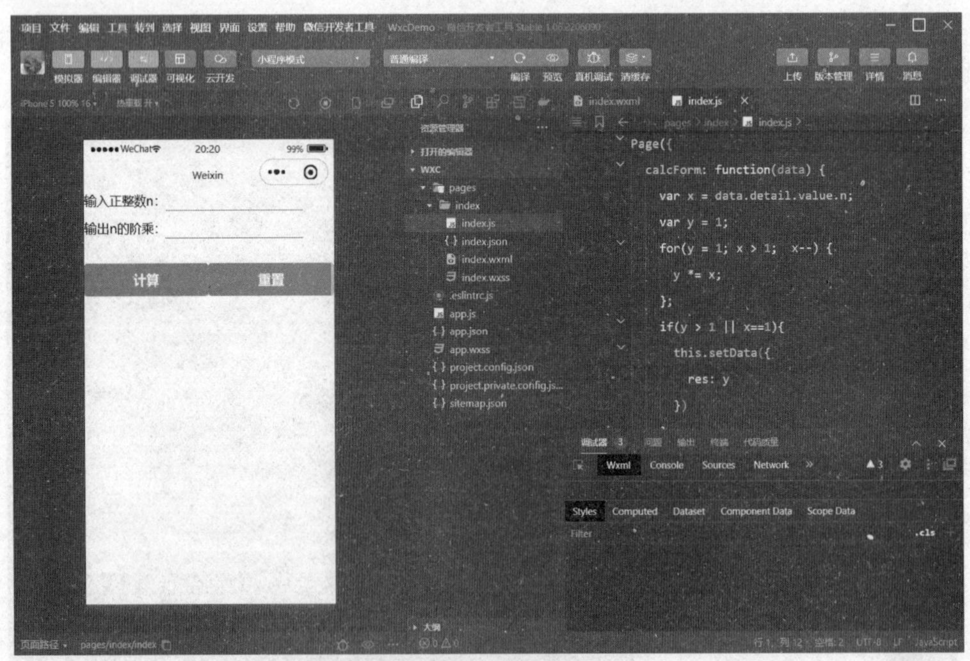

图9-20 小程序事件JS函数

(4) 功能联调。完成上面的两步并保存后,即可在左侧的小程序预览窗口进行功能联调，输入数值执行阶乘计算并验证计算结果是否正确，部分示例如图 9-21 和图 9-22 所示。

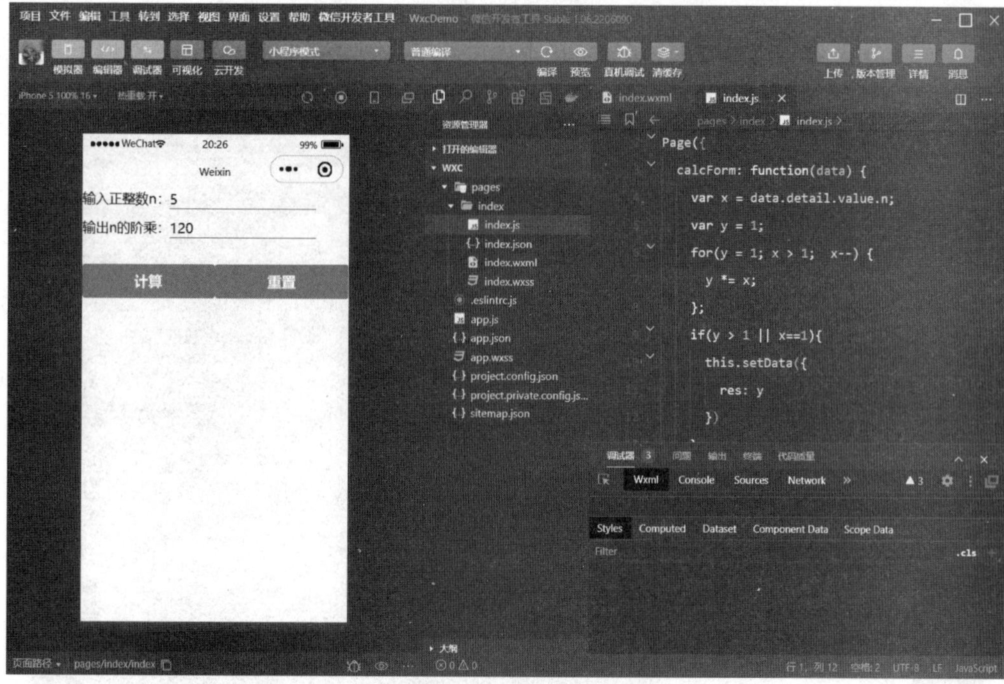

图 9-21　测试计算 5!

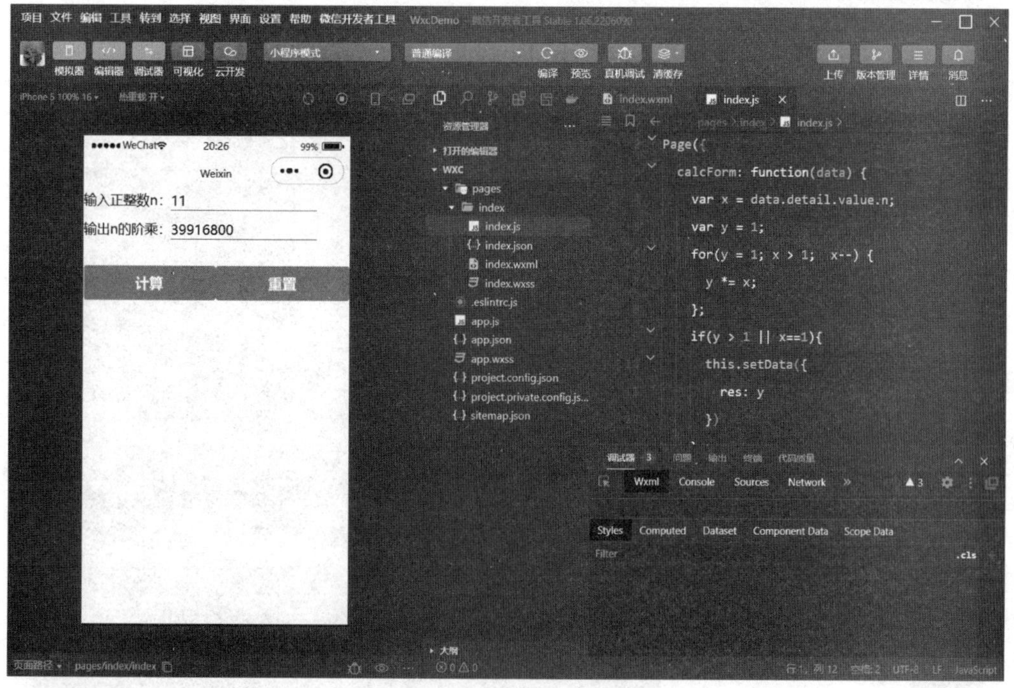

图 9-22　测试计算 11!

### 3. 上传试用小程序

(1) 小程序上传。通过前面的步骤,小程序已实现了阶乘计算功能,调试通过后即可单击右侧的"上传"按钮进行上传,具体过程如图 9-23～图 9-26 所示。

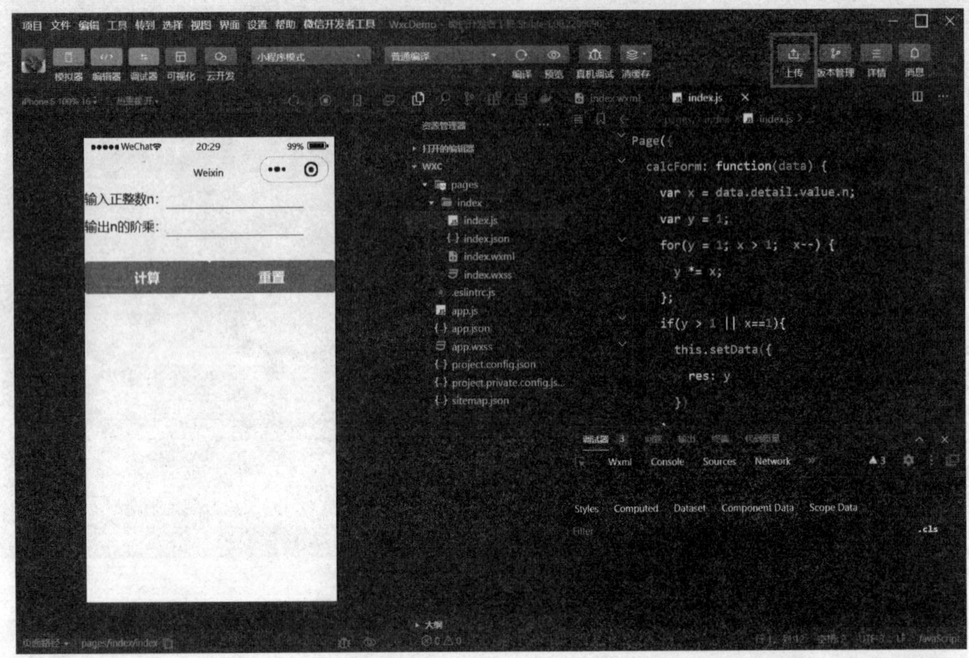


图 9-23 单击"上传"按钮

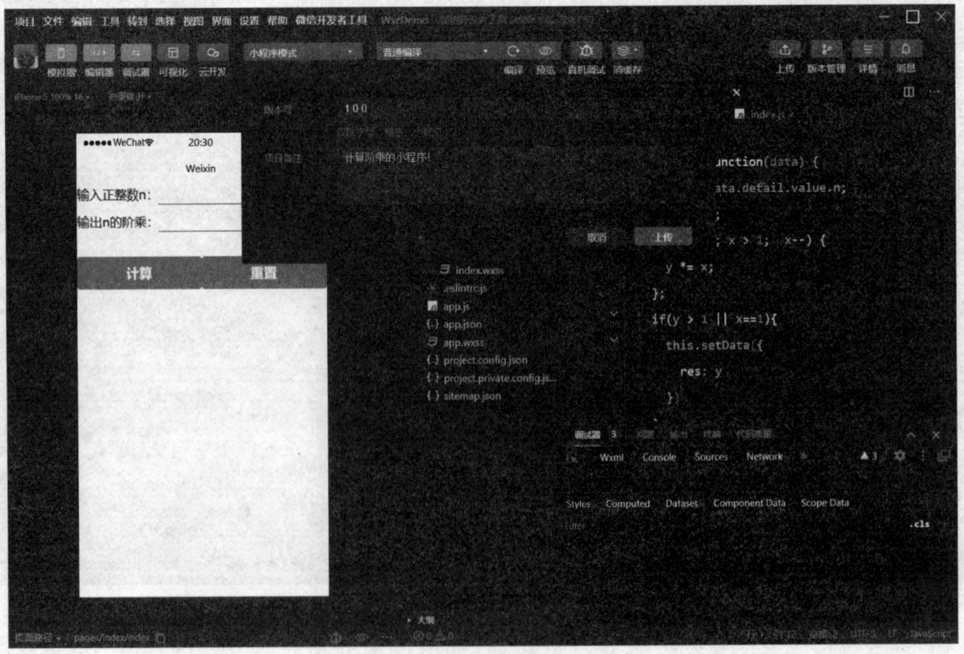


图 9-24 填写小程序基本信息

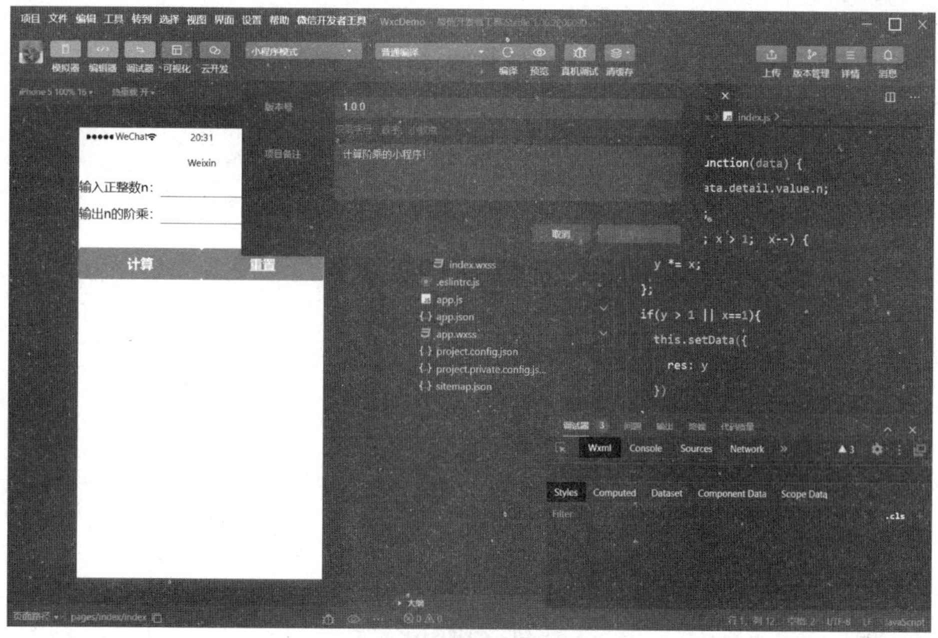

图 9-25　等待上传完成

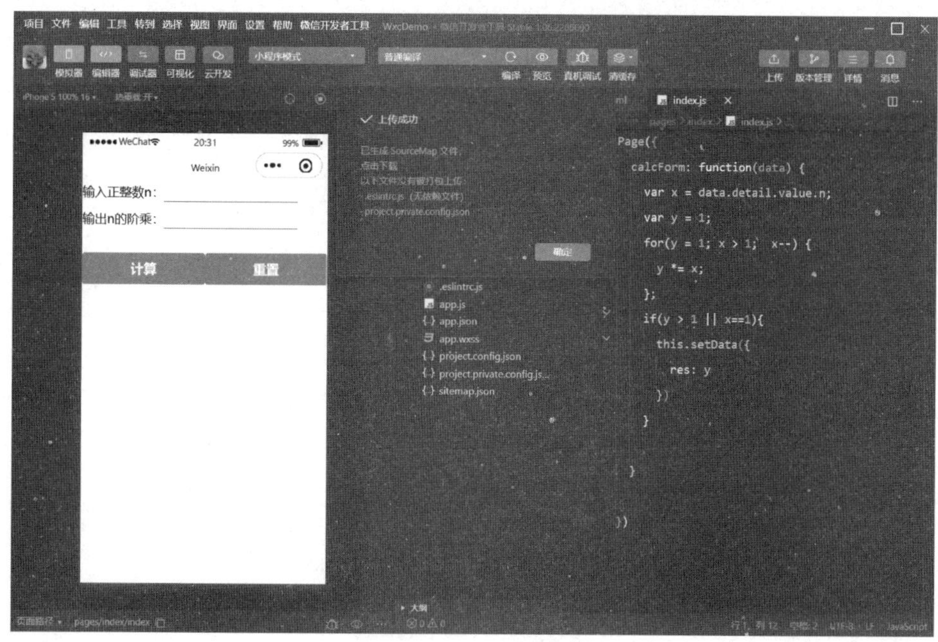

图 9-26　上传完毕

(2) 小程序试用。完成小程序开发及上传步骤后，进入小程序开发者管理界面，查看依次选择“管理”→“版本管理”→“开发版本”选项，可找到已上传的小程序并进行扫码体验，具体过程如图 9-27 和图 9-28 所示。

用手机微信扫码，根据提示进入此计算阶乘的小程序进行试用，具体过程如图 9-29～图 9-31 所示。

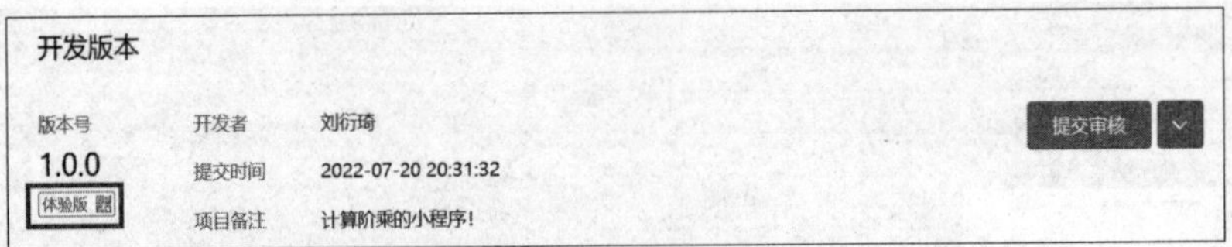


图 9-27　已上传的小程序

图 9-28　扫码体验小程序

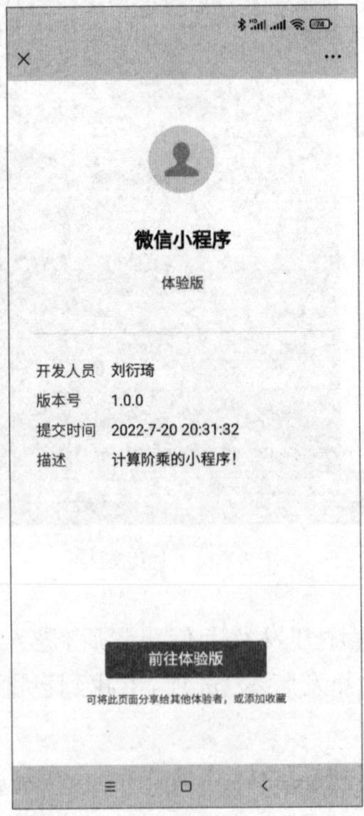


图 9-29　根据提示进入小程序

图 9-30　小程序试用示例 1

图 9-31　小程序试用示例 2

(3) 小程序审核。根据小程序的接入流程，完成小程序开发后，可进入如图 9-27 所示的页面，提交代码至微信团队审核，审核通过后即可发布小程序。

至此，通过一个阶乘计算例子，演示了如何设计开发小程序、上传到微信端、扫码试用的过程，感兴趣的读者也可通过专门介绍小程序开发的书籍更深入地学习。

# 9.3　大数据与人工智能软件开发

## 9.3.1　大数据与人工智能简介

随着经济社会的不断发展，信息化、网络化和数字化也逐渐融入人们的日常生活场景，促使人类社会进入了大数据时代，对生产和生活带来了深刻的改变，大数据逐步成为一种“基础设施”。以大数据技术为基础，云计算、5G 和高性能计算等新技术的发展也进一步推动了人工智能算法创新和落地应用，产生了巨大经济效益和社会效益。

### 1. 大数据

进入 21 世纪以来，随着互联网技术的迅速发展，自 2009 年开始，大数据成为互联网领域的“流行”词汇，随之兴起了包括数据存储、数据可视化、数据分析和数据安全等在内的多个行业，在一定程度上引领了信息技术行业的发展。

大数据在最开始并没有一个明确的定义，一般泛指要处理的数据规模很大，超出了当时计算机硬件处理能力，使得工程人员需要考虑升级更新数据工具来完成数据分析工作，因此大数据技术不断推陈出新。大数据技术可以简单理解为从海量多源的数据中，快速处理得到有价值信息的技术。目前大数据的特征可概括为 5V，即 volume(大容量)、velocity(速度快)、variety(多种类)、value(低价值密度)、veracity(真实性)。

(1) volume(大容量)。大数据具有容量大的特点，包括采集、存储和计算的数据量都非常大，并且能容纳日益增长的新数据。

(2) velocity(速度快)。大数据技术处理的数据不仅增长速度快，而且具有较高的处理时效性，能够较快地返回有价值的信息。

(3) variety(多种类)。大数据处理的数据种类和来源呈现多样化的特点，包括结构化、半结构化和非结构化数据，如社交网络信息、多类型的文件和地理位置等。

(4) value(低价值密度)。大数据处理的数据具有数据量大、价值密度相对较低的特点,对数据挖掘分析提出了更高要求。例如,海量用户的访问日志,数据规模大但价值密度较低,结合业务逻辑和人工智能算法进行深入挖掘,发现用户行为并进行信息流推荐,是大数据时代比较典型的应用场景之一。

(5) veracity(真实性)。大数据处理的数据应具有较高准确度和可信赖度,只有真实性高的大数据才能获得合理可靠的分析决策结果。

**2. 人工智能**

人工智能(artificial intelligence,AI)一词最初源自美国,20 世纪 50 年代达特茅斯会议讨论了如何利用机器来模拟人类学习及其他方面智能等主题,产生了人工智能的概念。从计算机科学角度来看,人工智能可视作产生一种模拟人类智能并做出反馈的应用,如语音识别、图像识别、自然语言处理和机器人等。人工智能是一门富有挑战性的学科,自诞生以来就引起了人们高度关注并引发了广泛讨论,发展历程也曲折起伏,可基本划分为六个阶段。

(1) 起步发展阶段。1956 年至 20 世纪 60 年代初期,自提出人工智能概念后,众多学者在各自研究领域进行了探索并取得了许多成果,如利用 AI 做符号逻辑推理来进行定理证明、玩跳棋游戏等,使得人工智能发展进入第一个高峰期。

(2) 反思发展阶段。20 世纪 60 年代至 70 年代初期,人工智能在起步阶段的发展在一定程度上抬高了人们对 AI 的期望,促使人们开始尝试利用 AI 完成更具挑战性的任务,提出了一些不切实际的研发目标,但是伴随着多个任务挑战的失败和目标落空而引起了人们对 AI 的争议,人工智能发展进入低谷期。

(3) 应用发展阶段。20 世纪 70 年代中期至 80 年代中期,在此期间推出了专家系统,通过计算机模拟不同领域专家的知识和经验,并将其应用于特定问题求解,将 AI 从理论研究推广到了实际应用,从传统的逻辑推理探讨转向运用领域专业知识解决实际问题的重大突破,如将专家系统应用于医疗辅助诊断、化学质谱分析和地质探矿等,人工智能进入应用发展的高峰期。

(4) 低迷发展阶段。20 世纪 80 年代中期至 90 年代中期,随着 AI 应用规模的不断扩大,专家系统也暴露出了较多问题,如应用领域局限、基础知识欠缺、推理方法固定、知识更新困难、难以兼容现有数据库等问题,人工智能发展再次进入低谷期。

(5) 稳步发展阶段。20 世纪 90 年代中期至 2010 年,随着计算机科学技术特别是互联网技术的飞速发展,人工智能也迎来了新机遇,进一步推动了 AI 技术创新研究,诞生了众多耳熟能详的智能应用,如 IBM“深蓝”战胜了人类国际象棋冠军、NASA 行星探索机器人导航火星表面等,人工智能发展进入稳步发展期。

(6) 蓬勃发展阶段。2011 年至今,随着移动互联网的发展,大数据、云计算和物联网等信息技术加速迭代,海量数据沉淀和硬件加速图形处理器(GPU)性能提升进一步推动了以深度神经网络为代表的 AI 技术飞速发展,产生了多个行业的落地应用,深刻影响了人们的生活。例如,谷歌 AlphaGo 战胜了人类职业围棋选手,刷脸支付、自动驾驶和 AI 翻译等应用也已深入人心,人工智能发展进入规模化发展高峰期。

人工智能发展离不开大量数据和高性能计算硬件支撑,随着大数据和以 GPU 为代表的计算硬件技术的持续发展,人工智能得以加速发展并产生出更多实用性模型。随着物联网和 5G 技术进步,人们能采集到各类数据并实现高速传输,也推动了包括边缘计算(edge computing)、万物互联(Internet of everything,IoE)等技术的发展,大数据和人工智能更贴近和服务于人们的生活,推动了时代的进步。

### 9.3.2　应用示例

图像是信息的重要载体,具有内容丰富、生动直观和易于传播等特点,随着大数据和人工智能技术的不断发展,图像大数据识别技术也得以广泛应用。手写数字图像从数据规模和信息容量上具有典型的图像大数据特点,是经典图像分类问题,也是人工智能识别方法典型应用场景之一。本小节从手写数字识别的应用出发来介绍搭建开发环境、开发手写数字识别程序、测试手写数字识别应用的关键步骤。

**1. 搭建开发环境**

本小节选择经典的 MNIST 手写数字数据集,设计基础结构的卷积神经网络模型,分析深度学习的工作原理并训练手写数字识别模型,比较分析不同网络结构的识别效果,最终形成基于卷积神经网络的手写数字识别应用。其中,MNIST 数据集由著名的人工智能专家 Yann Lecun 主导创建,共有 60000 张训练图像和 10000 张测试图像,已成为机器学习领域的基础数据集之一。MNIST 数据集可在官网(http://yann.lecun.com/exdb/mnist/)下载,对应的文件列表如图 9-32 所示。

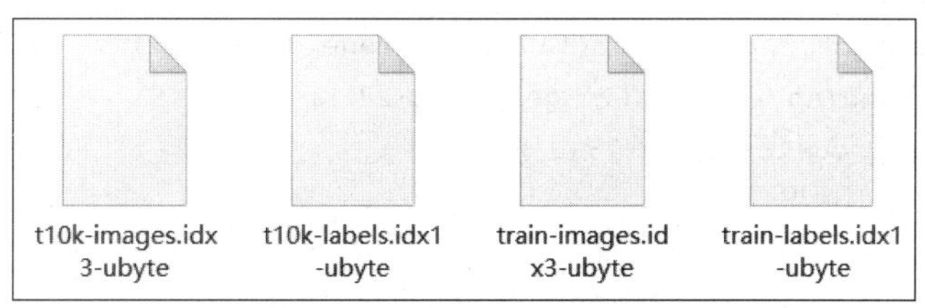


图 9-32　MNIST 数据集文件列表

可见,MNIST 数据集共包含 4 个文件,包括 0～9 的手写数字图像和标签数据,分为训练集(train 开头的文件)和测试集(t10k 开头的文件),文件说明可参见表 9-2。

**表 9-2　MNIST 数据集文件说明**

| 名　称 | 内　容 |
| --- | --- |
| train-images-idx3-ubyte | 训练集图片数据,共 60000 张 |
| train-labels-idx1-ubyte | 训练集标签数据,共 60000 条 |
| t10k-images-idx3-ubyte | 测试集图片数据,共 10000 张 |
| t10k-labels-idx1-ubyte | 测试集标签数据,共 60000 条 |

随着人工智能和机器学习的发展,基于 Python 的深度学习框架越来越流行, TensorFlow 是谷歌人工智能团队推出和维护的一款机器学习产品,已成为当前最主流的深度学习开源框架之一。本次实验用基于 TensorFlow 的框架进行程序设计,包括图片大数据解析、设计卷积神经网络模型、训练及评测等关键步骤。为了安装 TensorFlow 框架,可

在cmd窗口通过执行pip install tensorflow的命令自动安装(详细安装方式见电子活页)。

**2. 开发手写数字识别程序**

(1) 手写数字图像大数据处理。MNIST数据集并不是直观可视化的标准图像,为了进行图片大数据的解析,可按照图像28×28的维度大小进行读取,这里编写程序提取前16张图片进行显示。

```
import numpy as np
import struct
import matplotlib.pyplot as plt
#读取图像数据
with open('./data/train-images.idx3-ubyte','rb') as f:
    image_data = f.read()
#读取标签数据
with open('./data/train-labels.idx1-ubyte','rb') as f:
    label_data = f.read()
#解析图像,跳过头部标识
idx = 16
images = []
for i in range(16):
    #28*28=784
    imagei = struct.unpack_from('>784B', image_data, idx)
    images.append(np.reshape(imagei, (28, 28)))
    idx += struct.calcsize('>784B')
#解析标签,跳过头部标识
idx = 8
labels=struct.unpack_from('>16B', label_data, idx)
#显示图像
for i in range(16):
    plt.subplot(4, 4, i + 1)
    plt.title(str(labels[i]))
    plt.imshow(images[i], cmap='gray')
    plt.axis('off')
plt.show()
```

程序运行后,会解析MNIST数据集文件,提取前16幅图片并创建Figure窗体进行显示,程序运行结果如图9-33所示。

可见,MNIST数据集的图片为手写数字的黑白图,且数字与标签一一对应。为了方便进行实验分析,这里对0～9这10个数字,每个数字取1000张图片构成一个小型的数据集,并将图片存储到db文件夹内对应的数字标签子文件夹。

```
import numpy as np
import struct
import os
from PIL import Image
```

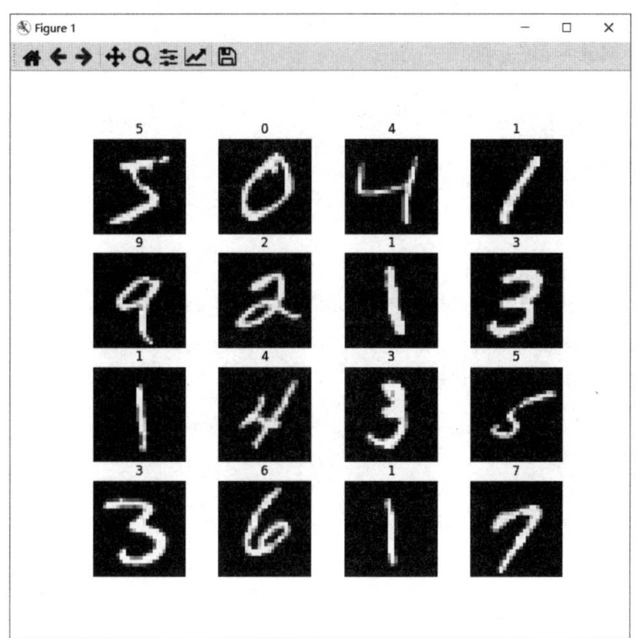


图 9-33　MNIST 数据集解析示例

```
#读取图像数据
with open('./data/train-images.idx3-ubyte','rb') as f:
    image_data = f.read()
#读取标签数据
with open('./data/train-labels.idx1-ubyte','rb') as f:
    label_data = f.read()
#解析标签,跳过头部标识
idx = 8
labels=struct.unpack_from('>60000B', label_data, idx)
#按 0~9 构建词典
db = {}
for i in range(0, 10):
    db[i] = []
#遍历标签,0~9 每个数字取 N 张图
N = 1000
for i in range(0, len(labels)):
    if len(db[labels[i]]) < N:
        db[labels[i]].append(i)
    #如果获取完毕,则终止循环
    check_flag = True
    for j in range(0, 10):
        if len(db[j]) < N:
            #存在未获取完毕的数据标签
            check_flag = False
            break
```

```
    if check_flag is True:
        #数据获取完毕,停止循环
        break
#解析图像,跳过头部标识
idx = 16
images = []
for j in range(i+1):
    #28*28=784
    imagei = struct.unpack_from('>784B', image_data, idx)
    images.append(np.reshape(imagei, (28, 28)))
    idx += struct.calcsize('>784B')
#按 0~9 获取图像并存储
for i in range(0, 10):
    fd = './db/'+str(i)
    if os.path.exists(fd) is False:
        os.makedirs(fd)
    k = 0
    for j in db[i]:
        k = k + 1
        #提取图像
        img = Image.fromarray(images[j]).convert('L')
        #保存图像
        img.save(fd+'/'+str(k)+'.png')
```

程序运行后,会解析 MNIST 数据集文件,按 0～9 的数字标签分别提取 1000 幅图像进行存储,程序运行结果如图 9-34 所示。

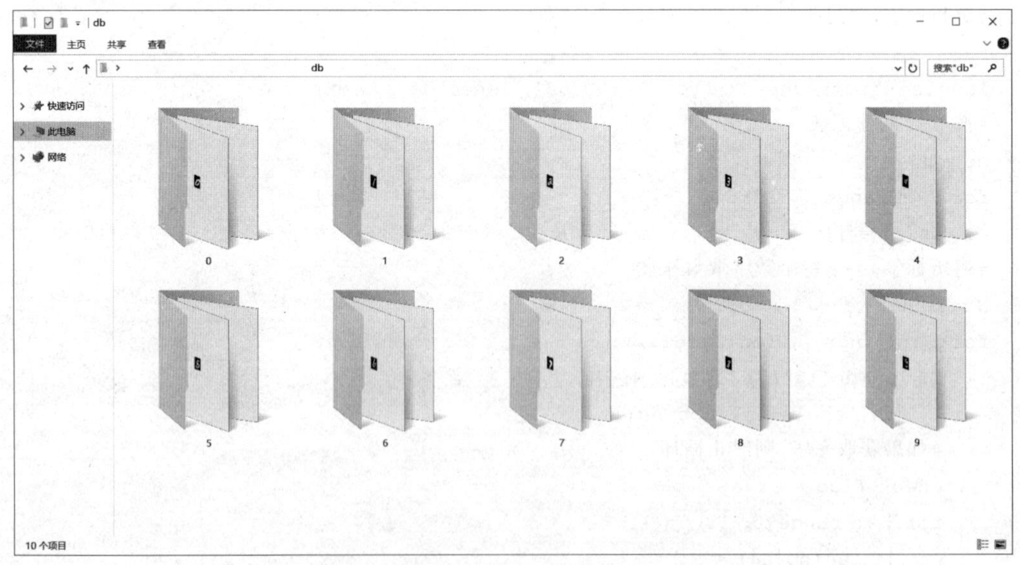


图 9-34 MNIST 数据集图片文件夹

为了便于直观地进行图片配置,选择如图 9-34 所示的小型数据集作为实验数据,并将其按比例拆分得到训练集和测试集，关键代码如下：

```
#按比例生成训练集、测试集
def gen_db_folder(input_db):
    sub_db_list = os.listdir(input_db)
    #训练集比例
    rate = 0.8
    #路径检查
    train_db = './train'
    test_db = './test'
    init_folder(train_db)
    init_folder(test_db)
    for sub_db in sub_db_list:
        input_dbi = input_db + '/' + sub_db + '/'
        #目标文件夹
        train_dbi = train_db + '/' + sub_db + '/'
        test_dbi = test_db + '/' + sub_db + '/'
        mk_folder(train_dbi)
        mk_folder(test_dbi)
        #遍历文件夹
        fs = os.listdir(input_dbi)
        random.shuffle(fs)
        le = int(len(fs) * rate)
        #复制文件
        for f in fs[:le]:
            shutil.copy(input_dbi + f, train_dbi)
        for f in fs[le:]:
            shutil.copy(input_dbi + f, test_dbi)
```

调用函数 gen_db_folder()，传入数据集文件夹目录，将生成如图 9-35 所示的 train 和 test 文件夹。

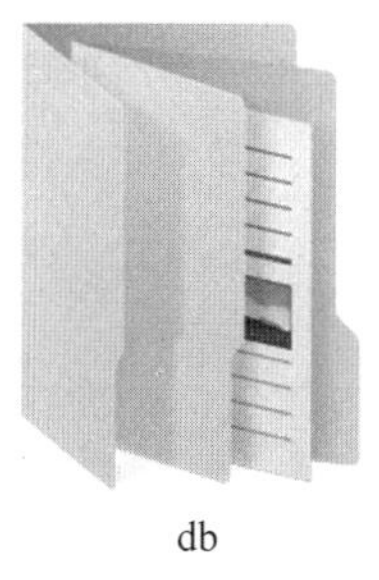
db

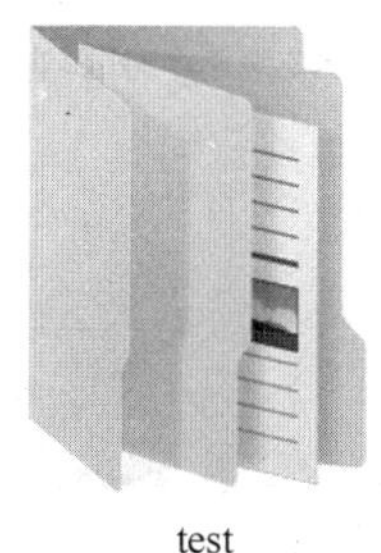
test

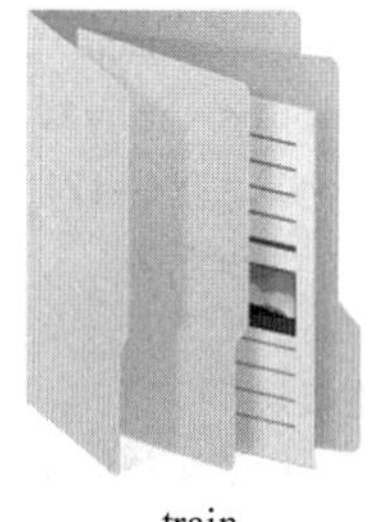
train

图 9-35　数据集拆分

如图 9-35 所示，对原始的 db 文件夹按比例进行拆分，得到了训练集和测试集文件夹，用于后面的网络训练和评测。

(2) AI 模型设计及训练。本应用采用基础的 TensorFlow 网络设计函数进行网络构建,通过 conv2d 卷积、max_pooling2d 池化、relu 激活和 dense 全连接等模块进行网格设计。

```
#定义 CNN
def make_cnn():
    input_x = tf.reshape(X, shape=[-1, IMAGE_HEIGHT, IMAGE_WIDTH, 1])
    #第一层结构
    #使用 conv2d
    conv1 = tf.compat.v1.layers.conv2d(
        inputs=input_x,
        filters=32,
        kernel_size=[5, 5],
        strides=1,
        padding='same',
        activation=tf.nn.relu
    )
    #使用 max_pooling2d
    pool1 = tf.compat.v1.layers.max_pooling2d(
        inputs=conv1,
        pool_size=[2, 2],
        strides=2
    )
    #第二层结构
    #使用 conv2d
    conv2 = tf.compat.v1.layers.conv2d(
        inputs=pool1,
        filters=32,
        kernel_size=[5, 5],
        strides=1,
        padding='same',
        activation=tf.nn.relu
    )
    #使用 max_pooling2d
    pool2 = tf.compat.v1.layers.max_pooling2d(
        inputs=conv2,
        pool_size=[2, 2],
        strides=2
    )
    #全连接层
    flat = tf.reshape(pool2, [-1, 7 * 7 * 32])
    dense = tf.compat.v1.layers.dense(
        inputs=flat,
        units=1024,
        activation=tf.nn.relu
    )
    #使用 dropout
    dropout = tf.compat.v1.layers.dropout(
```

```
        inputs=dense,
        rate=0.5
    )
    #输出层
    output_y = tf.compat.v1.layers.dense(
        inputs=dropout,
        units=MAX_VEC_LENGHT
    )
    return output_y
```

调用函数 make_cnn()可基于 TensorFlow 定义一个简单的 CNN 网络模型，包括 2 个卷积层、1 个全连接层。结合前面生成的数据集，即可加载数据进行模型的训练和存储。

```
with tf.compat.v1.Session(config=config) as sess:
    sess.run(tf.compat.v1.global_variables_initializer())
    step = 0
    while step < max_step:
        batch_x, batch_y = get_next_batch(64)
        _, loss_ = sess.run([optimizer, loss], feed_dict={X: batch_x,
                                                          Y: batch_y})
        if step % 100 == 0:
            #每 100 步计算一次准确率
            batch_x_test, batch_y_test = get_next_batch(100, all_test_files)
            acc = sess.run(accuracy, feed_dict={X: batch_x_test,
                                                 Y: batch_y_test})
            print('第' + str(step) + '步,准确率为', acc)
        step += 1
    #保存
    saver.save(sess, './models/cnn_tf.ckpt')
```

程序运行后，将在 models 文件夹下自动保存当前的模型参数，便于后面进行的网络评测，网络模型文件如图 9-36 所示。

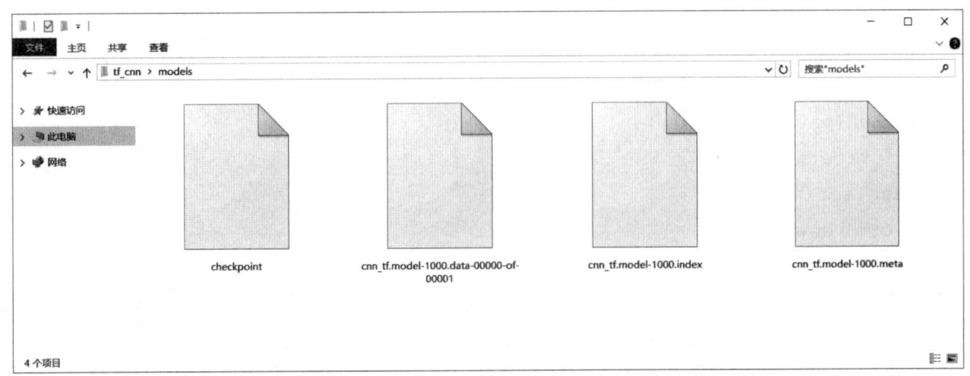


图 9-36　保存的 TensorFlow 模型文件

如图 9-36 所示，训练后的模型参数被保存为离线文件，便于在后面的模型评测过程中进行加载调用。

(3) AI网络模型加载及调用。训练完毕后，可加载已保存的离线模型文件，并选择手写数字图像进行网络测试。这里依然选择基础的TensorFlow函数实现测试识别的功能。

```
#加载模型并识别
def sess_ocr(im):
    output = make_cnn()
    saver = tf.compat.v1.train.Saver()
    with tf.compat.v1.Session() as sess:
        #复原模型
        saver.restore(sess, './models/cnn_tf.ckpt')
        predict = tf.argmax(tf.reshape(output, [-1, 1, MAX_VEC_LENGHT]), 2)
        text_list = sess.run(predict, feed_dict={X: [im]})
        text = text_list[0]

    return text
#入口函数
def ocr_handle(filename):
    image = get_image(filename)
    image = image.flatten() / 255
    predict_text = sess_ocr(image)
    return predict_text
```

这两个函数实现了对网络模型进行加载、输入文件名进行识别的功能。为了便于实验演示，可基于前面学习过的Python GUI内容，通过设计窗体来进行交互式的手写数字识别。

**3. 测试手写数字识别应用**

为了方便进行验证，我们基于Python的tkinter可视化工具包设计简单的GUI进行交互式操作，可实现图像文件选择、图像读取、图像识别和弹窗显示的效果。

```
#加载文件
def choosepic():
    path_ = askopenfilename()
    if len(path_) < 1:
        return
    path.set(path_)
    global now_img
    now_img = file_entry.get()
    #读取并显示
    img_open = Image.open(file_entry.get())
    img_open = img_open.resize((360, 270))
    img = ImageTk.PhotoImage(img_open)
    image_label.config(image=img)
    image_label.image = img
```

```
#按钮回调函数
def btn():
    global now_img
    res = test_tf.ocr_handle(now_img)
    tkinter.messagebox.showinfo('提示', '识别结果是:%s'%res)
```

程序运行后，将弹出 GUI 窗体，提供"选择图片""CNN 识别"按钮和图像显示区域，如图 9-37 所示。

图 9-37　手写数字 GUI

单击选择图片按钮，读取测试图像并进行 CNN 识别，程序会自动加载已保存的 TensorFlow 模型进行识别并弹窗显示结果，实验效果如图 9-38 和图 9-39 所示。

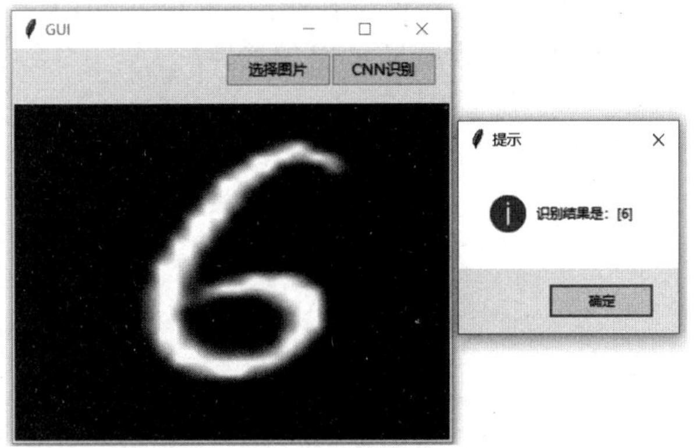


图 9-38　手写数字识别实验

如图 9-38 和图 9-39 所示，选择某待测手写数字图像进行 CNN 识别，可获得正确的识别结果。通过实验评测过程可以发现，采用 CNN 模型进行手写数字的分类识别具有一定的通用性，特别是对如图 9-39 所示的新增手绘数字草图也能正确地识别，这也反映出 CNN 强大的特征提取和抽象化能力。

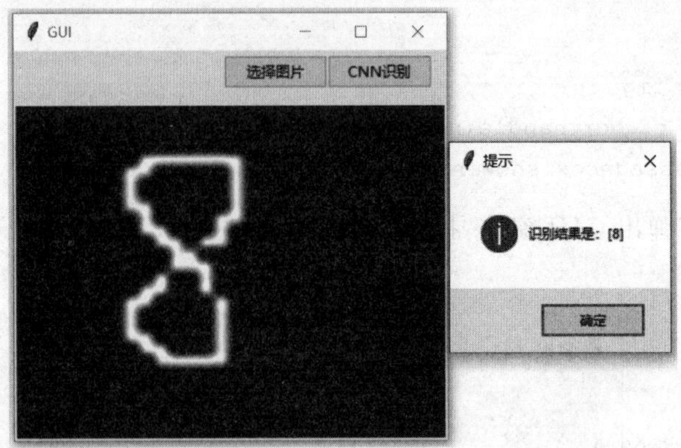


图 9-39 新增的手绘草图数字识别实验

本节以一个简单的手写数字识别为例阐述了如何解析图片大数据、设计卷积神经网络模型、训练及评测的过程,感兴趣的读者也可通过专门介绍大数据和人工智能开发的书籍进行学习。

## 9.4 思考与实践

1. 理解下列名称及其含义。

(1) APP、小程序、大数据、人工智能。

(2) 大数据、人工智能。

(3) AI模型。

2. 结合先行案例,指出APP程序设计与前面学习的程序设计有什么不同。

3. 什么是小程序?如何理解小程序与APP的差异?

4. 举几个流行的APP和小程序。

5. 大数据和人工智能如何影响了人们的生活?试举例说明。

# 参 考 文 献

[1] 江红.Python 编程从入门到实战[M].北京：清华大学出版社，2021.
[2] 杨连贺.Python 程序设计基础及应用[M].北京：清华大学出版社，2022.
[3] 史向东.Python 编程自学手册[M].北京：电子工业出版社，2020.
[4] 骆焦煌.Python 程序设计基础教程[M].2 版.北京：清华大学出版社，2022.
[5] 马文豪.零基础轻松学 Python[M].北京：电子工业出版社，2019.
[6] 陈强.Python 语言从入门到精通[M].北京：机械工业出版社，2020.
[7] 王桂芝.Python 程序设计基础与实战(微课版)[M].北京：人民邮电出版社，2022.
[8] 楼桦.Python 程序设计基础[M].北京：高等教育出版社，2022.
[9] 龚沛曾.Python 程序设计及应用[M].北京：高等教育出版社，2021.
[10] 赵雷.Python 编程导论[M].北京：清华大学出版社，2022.
[11] 庄浩.Python 编程基础[M].北京：机械工业出版社，2021.
[12] 陈波.Python 编程基础及应用[M].北京：高等教育出版社，2020.